MÉMOIRE

SUR

LA FERTILISATION DES LANDES

DE

LA CAMPINE ET DES DUNES;

PAR

A. EENENS,

LIEUTENANT COLONEL D'ARTILLERIE.

(Couronné et publié par l'Académie royale de Belgique.)

BRUXELLES,

M. HAYEZ, IMPRIMEUR DE L'ACADÉMIE ROYALE.

1849.

ACADÉMIE ROYALE

DES SCIENCES, DES LETTRES ET DES BEAUX-ARTS DE BELGIQUE.

MÉMOIRE

SUR

LA FERTILISATION DES LANDES

DE

LA CAMPINE ET DES DUNES.

MÉMOIRE

SUR LA

FERTILISATION DES LANDES

DE

LA CAMPINE ET DES DUNES;

PAR

M. EENENS,

LIEUTENANT-COLONEL D'ARTILLERIE.

(Couronné et publié par l'Académie royale de Belgique.)

BRUXELLES,

M. HAYEZ, IMPRIMEUR DE L'ACADÉMIE ROYALE.

—

1849.

MÉMOIRE

SUR

LA FERTILISATION DES LANDES

DE

LA CAMPINE ET DES DUNES;

PAR

M. EENENS,

LIEUTENANT-COLONEL D'ARTILLERIE.

(Couronné par l'Académie royale de Belgique.)

MÉMOIRE

SUR

LA FERTILISATION DES LANDES

DE

LA CAMPINE ET DES DUNES.

« La terre, bien ou mal employée, et les travaux des sujets, bien ou mal dirigés, décident de la richesse ou de l'indigence des États. »

L'Académie royale de Belgique a proposé, au concours de 1848, pour quatrième question, *une dissertation raisonnée sur les meilleurs moyens de fertiliser, soit les landes de la Campine, soit les landes des Ardennes, sous le point de vue de la création de forêts, d'enclos, de rideaux d'arbres, de prairies et de terres arables, ainsi que sous le rapport de l'irrigation.*

Nous avons l'honneur de lui soumettre, en réponse à cette question, un mémoire traitant de la fertilisation des landes de la Campine et des dunes.

L'idée dominante de notre travail, celle qui nous a guidé dans toutes les considérations que nous avons développées, c'est la possibilité, et l'Académie paraît l'admettre, de trouver dans la mise en culture de nos landes le moyen de soulager les populations des Flandres, naguère si laborieuses encore.

Cette question est intimement liée à la prospérité de la Belgique, dont la situation matérielle se présentera sous un jour favorable, dès que le sol des landes, fécondé par des bras vigoureux et habiles, mais oisifs aujourd'hui, pourra nourrir, en les employant, un nombre considérable d'habitants des communes rurales des Flandres.

Nous avons cru que, pour atteindre ce but, il entrait bien moins dans les vues de l'Académie d'indiquer des moyens nouveaux que de citer ceux que l'expérience avait sanctionnés, et de les combiner le plus avantageusement possible, afin d'obtenir un heureux résultat de leur application au sol de la Campine.

Nous avons appuyé nos propositions, en citant l'opinion d'hommes dont les noms font autorité en agriculture. L'Académie désirant des données précises dont l'application puisse être immédiate, nous avons dû entrer dans des détails pratiques auxquels ce motif servira d'excuse.

Nous croyons que l'amélioration du sol, par rapport à sa texture, est d'une utilité indispensable, et qu'il ne faut pas reculer devant la dépense qu'elle occasionne, quelque forte qu'elle soit, lorsqu'il s'agit d'assurer pour toujours la bonne qualité de la terre qu'on veut féconder. Cette dépense serait couverte infailliblement, après un certain nombre d'années, par la plus-value des récoltes annuelles, et les frais de culture seraient réduits, parce qu'une moindre quantité d'engrais donnerait de beaux produits, ou une même quantité d'engrais plus de produits.

Les terres une fois cultivées, le sont pendant des siècles. En calculant la différence de la valeur annuelle des récoltes, dans des terres sablonneuses médiocres et dans les mêmes terres améliorées par l'addition de l'argile, on trouve que la dépense est avantageuse, puisque, après avoir été couvertes par les récoltes des premières années, elles soutiennent l'augmentation continue des produits.

L'amendement au moyen de l'argile, opération sur laquelle nous insistons, est donc extrêmement important, au point de vue de l'intérêt national.

Cependant une telle opération exige des sacrifices pécuniaires trop lourds pour ne pas faire reculer l'entreprise particulière.

Nous avons cru convenable d'indiquer un moyen d'obtenir, presque sans frais, la transformation complète des landes de la Campine, car nous sommes mû par l'idée que le capitaliste, l'homme riche, n'ira qu'exceptionnellement s'installer dans la bruyère pour la mettre en culture.

Il hésitera presque toujours devant la pensée de confier à un agent le maniement de fortes sommes. Le petit cultivateur, manquant de fumier et dénué de ressources pour en acquérir, n'agira qu'avec une excessive lenteur.

Cependant la Belgique doit hâter, autant que possible, le moment de la mise en rapport des terres incultes de la Campine. L'intérêt du pays le réclame impérieusement. Mais une telle opération exige une impulsion vigoureuse et l'aide de puissants moyens.

Nous croyons les avoir indiqués; l'Académie en jugera.

Nous avons traité la question posée par la savante Compagnie, dans l'ordre qui suit :

I. Aperçu historique.
II. Considérations générales sur le défrichement des landes de la Campine.
III. Climat.
IV. Sol.
V. Amendement.
VI. Engrais.
VII. Écoulement des eaux et irrigations.
VIII. Clôtures, plantations pour abris.
IX. Plantations.
X. Défrichement.
XI. Assolement.
XII. Prairies.
XIII. Grandes et petites fermes.
XIV. Fertilisation des dunes.
XV. Emploi de l'armée.
XVI. Routes et voies de communication.
XVII. Conclusions.—Paupérisme.—Résumé.

I. APERÇU HISTORIQUE.

Le sol de la Belgique fut habité, dans des temps fort reculés, par quelques tribus éparses qui, tout en y occupant les cantons les plus fertiles, menaient une existence précaire.

Les Galls ou Celtes s'y établirent plus tard. Venus, paraît-il, des contrées qui avoisinent l'Elbe, ils ne possédaient que leurs armes et leurs troupeaux; s'ils cultivaient la terre, c'était très-imparfaitement et sans s'y attacher avec la persévérance qui donne de la fixité aux races agricoles. L'invasion de la Belgique par les Galls ou Celtes s'accomplit vraisemblablement, au VIIme siècle, avant notre ère; mais les nations qui y vivaient déjà ne furent point chassées; les deux races vécurent l'une à côté de l'autre, et finirent par se confondre, en partie. On vit figurer seule, sur les champs de bataille, la race des vainqueurs; celle des vaincus, réduite, sans doute, à un état d'infériorité, s'occupa de la culture du sol.

Les Belges, environ trois siècles avant notre ère, conquirent sur la race celtique tout l'espace entre le Rhin et la Seine. Les peuplades qui habitaient notre pays, avant la domination des Romains, étaient fréquemment en guerre entre elles; souvent aussi elles furent refoulées et expulsées par d'autres populations sorties de la Germanie.

Tant que durèrent ces invasions et ces guerres, il est certain que l'agriculture ne pouvait être florissante.

D'après les Commentaires de César, les invasions des peuples d'outre-Rhin, que lui-même dut repousser plusieurs fois, avaient précédé son arrivée dans la Gaule.

Rien de précis ne peut être énoncé sur l'agriculture de cette époque. Nous devrons nous contenter de quelques considérations générales très-vagues, car les documents nous manquent.

Un auteur, fort érudit dans les connaissances agricoles, Schwerz, directeur de l'institut expérimental de Hohenheim, dit que l'histoire de l'agriculture se lie à celle des peuples. Nulle part cette union n'est plus visible que dans les divers changements que les systèmes d'agriculture ont éprouvés. Pour pouvoir bien les apprécier, il est nécessaire d'observer ces deux histoires en même temps. L'histoire des peuples ne devant servir ici que de guide, son rôle ne sera qu'accessoire.

Schwerz indique sept époques différentes qui se sont succédé dans le mode de culture ou de jouissance de la terre.

La première époque est celle du système pastoral pur, où l'existence et la fortune de l'homme ne reposent que sur ses troupeaux et, par conséquent, sur la pâture.

L'homme accorda quelques soins aux animaux qu'il rendit domestiques, en leur procurant la nourriture que la nature leur refusait, pendant l'hiver, et en les conduisant, en troupeaux, aux pâturages les plus abondants, lorsque les chaleurs brûlantes de l'été en avaient desséché un grand nombre.

C'est ainsi que naquit le système pastoral primitif le plus simple, le plus facile, le moins coûteux et partant le plus productif de tous.

Aussi longtemps que les populations, peu nombreuses, vécurent éparses sur de vastes territoires, l'agriculture pastorale fut seule adoptée. Ce système était apparemment suivi par les premiers habitants de la Belgique et les Galls ou Celtes.

La deuxième époque est celle du système pastoral mixte, dans lequel, selon les temps et les circonstances, on intercalait quelque culture de céréales, parce que le système pastoral pur n'est praticable que sur une grande étendue de terrain dépeuplée, jouissant de la faculté de produire de la pâture en abondance, et qu'il a dû nécessairement être restreint à mesure de l'accroissement de la population. Mais cette culture avait lieu sans règles fixes et on n'y donnait, comme à la pâture, que peu ou pas de soin.

En même temps que la vie nomade commençait à prendre une fin, la propriété devait subir une modification de partage. Le bétail, d'ailleurs, ne pouvait plus suffire à l'entretien d'une population déjà nombreuse.

L'agriculture, dans le pays occupé par les Belges, avant l'arrivée des Romains, paraît avoir été successivement celle de ces deux époques; nous devons, du moins, le présumer, puisque les peuplades d'origine germanique se plaisaient à multiplier le menu bétail qui, au dire de Tacite, était en général d'une petite espèce. Le gros bétail, ajoute-t-il, n'y a pas même cette parure qui fait ailleurs l'ornement de sa tête (1). Leur pays était assez fertile en grains. Il était d'usage de fournir spontanément aux chefs une certaine quantité de blé et de bétail. Par ces hommages on subvenait à leurs besoins (2).

Nous avons des notions plus exactes sur l'agriculture de nos contrées au temps où les Romains vinrent y porter la guerre et les soumettre à leur domination. Nous pouvons recourir aux historiens contemporains, dont les ouvrages sont parvenus jusqu'à nous, mais en tenant toujours bien compte qu'ils considéraient les anciens habitants de la Belgique comme des barbares, comme des peuples tout à fait sauvages. D'après ces auteurs, les populations qui occupaient alors le sol de la Belgique étaient, en partie, nomades : ils n'avaient ni terres ni demeures en propriété fixe, mais ils se transportaient incessamment d'un lieu dans un autre, selon leur convenance, s'établissant là où ils prévoyaient qu'ils pourraient rencontrer de bons pâturages pour leurs troupeaux et obtenir une récolte abondante (3).

La fertilité du sol attira nos ancêtres. « Venus de la Germanie, » ils s'établirent dans notre pays, après avoir chassé devant eux » les Gaulois qui l'habitaient. Les premiers qui passèrent le » Rhin furent alors appelés Germains, et ils prirent ensuite la » qualification de Tongrois (4). » Adonnés à l'agriculture et à la guerre, les uns demeuraient dans le pays et le cultivaient pour eux et pour les absents; mais, l'année suivante, ceux qui avaient

(1) Tac., *Germ.*, V.
(2) Id. *id.* XV.
(3) Id. *id.* XXXI.
(4) Id. *id.* II.

été employés à la culture allaient, à leur tour, remplacer les autres à la guerre. L'agriculture et la guerre marchaient ainsi de front et sans interruption. « Ils s'emparaient tous ensemble » d'une certaine étendue de terrain, suivant le nombre des cul- » tivateurs, et se la partageaient ensuite à proportion de leurs » besoins. Ces partages étaient toujours faciles à cause de l'im- » mensité de leurs campagnes. Ils changeaient de champ, tous » les ans, et abandonnaient celui qu'ils avaient cultivé (1). » Les aliments étaient fort simples : des fruits sauvages, ou du lait battu, ou de la venaison toute fraîche et sans aucun apprêt, sans assaisonnement (2).

Cependant l'accroissement de la population rendit le pâturage de plus en plus difficile, et les moyens de subsistance étant devenus plus rares, il fallut recourir plus sérieusement à la culture du grain et se fixer plus spécialement sur le sol. L'organisation des tribus qui abandonnaient la vie nomade était, en général, basée sur la communauté. On n'accordait pas à l'homme la propriété du champ qu'il avait cultivé.

La terre, conquise au prix du sang, et défendue par la force des armes, était regardée comme le domaine commun de la nation. On en faisait, chaque année, un nouveau partage. Cet usage, longtemps en vigueur, maintenait l'égalité entre les membres de chaque tribu; il entretenait un mode d'habitation et de culture en rapport avec lui.

La peuplade était divisée, dit le professeur Moke, en tribus de cent familles, qui dressaient leur cabane sur la même colline ou dans la même vallée. On distribuait le pays en autant de cantons qu'il y avait de centaines de familles, et chacune occupait celui qui lui était assigné. L'espace qu'elle destinait à la culture recevait le nom de *boel*, et ses limites étaient marquées par un ruisseau, une forêt, un rempart de terre, une haie de grands arbres.

(1) Tac., *Germ.*, XXVI.
(2) Id. *id.* XXIII.

Le milieu était réservé aux habitations, rapprochées l'une de l'autre, quoique sans se toucher : chacune ayant son enclos à part. Elles étaient disposées dans un ordre fixe, de manière à former un ensemble régulier : c'était le village que les vieilles lois appellent la tête du canton (*hauvaert* ou *haupt*).

Pour en tracer le plan, le chef marquait d'abord deux chemins qui, traversant tout le territoire, venaient se croiser au milieu, où on laissait une grande place ou un espace libre.

Le terrain environnant, destiné aux habitations, se divisait en parts uniformes, qui toutes devaient aboutir à la place centrale, afin que le guerrier pût s'y rendre sans passer par le sol d'autrui.

Toutes ces parts étaient fermées, à l'extérieur, par une grande haie, qui formait l'enceinte du village entier, et que les cent familles concouraient également à entretenir et à défendre.

Au delà de l'enceinte dans laquelle étaient réunies les cabanes, s'étendaient les terres mises en culture, qui, tantôt se répartissaient annuellement, tantôt demeuraient communes à tous les habitants. Dans ce dernier cas, le produit des moissons se distribuait entre les cent familles, dans la proportion des besoins.

Mais la méthode ordinaire paraît avoir été d'attacher à chaque habitation située dans le village, la jouissance des champs les plus voisins et d'en faire un même lot que le sort assignait, chaque année, à un nouveau possesseur.

Quant à la partie du territoire laissée inculte et qui était en dehors du *boel*, elle restait indivise, chacun ayant le droit d'y conduire ses troupeaux, comme dans les pâturages communs de nos anciens villages. En changeant, chaque année, de terre, ils en ont toujours de reste. « Ils ne s'attachent point à tirer » d'un sol tout ce qu'il peut produire, eu égard à sa fécondité » et à son étendue; ils ne s'occupent ni de planter des arbres, » ni de clore des prairies, ni d'arroser des jardins. Ils ne demandent à la terre que du grain. Aussi ne divisent-ils pas l'année » en quatre saisons. Ils n'ont l'idée et le nom que de l'hiver,

» du printemps et de l'été. Ils ne connaissent ni les fruits ni » le nom de l'automne (1). »

Puisque la propriété et l'habitation n'appartenaient à personne en particulier, on en conclura nécessairement que ces mutations continuelles devaient avoir un funeste effet sur la culture des terres, dont il n'est guère possible de tirer bon parti lorsqu'on en change tous les ans.

Les serfs étaient désignés sous le nom de *laeten*, mot qui semble rappeler l'origine des tribus qui avaient perdu, par la conquête, leurs droits sur le territoire où elles étaient tolérées.

Plutôt fermier qu'esclave, chacun avait son habitation et son ménage, et payait certaines redevances de blé, de bétail ou d'étoffe, pour prix de la part de terrain qui lui était concédé (2).

Les Nerviens qui, selon Tacite, montraient l'ambition de passer pour les descendants de peuples germains, comme si, par la gloire d'une pareille origine, dit-il, ils voulaient prouver qu'ils ne tiennent en rien des Gaulois et de leur mollesse; les Nerviens étaient un peuple considérable qui, lors de l'invasion des Belges, s'appropria le pays situé entre l'Escaut et la Meuse, sur une longueur d'à peu près 20 lieues, depuis les environs de Cambrai jusqu'au Ruppel, et dispersa ses bandes nombreuses, des deux côtés de la Sambre. Ils s'attachèrent à demeurer tels, sur le sol de la Gaule, qu'ils étaient partis des contrées d'outre-Rhin (3).

Le partage annuel des terres, sur lequel Tacite est d'accord avec César, fut maintenu par les coutumes nerviennes.

Voici les raisons que donnent, pour expliquer leurs transmigrations annuelles, les peuples mêmes chez lesquels il était d'usage de cultiver tantôt un canton, tantôt un autre :

« Ils craignaient que chacun n'affectionnât trop son champ, » et que le goût de la propriété ne lui fît préférer les paisibles » occupations de l'agriculture au métier des armes. Les établis-

(1) Tac., *Germ.*, XXVI.
(2) Id. *id.*, XXV.
(3) Caesar. *De Bello gall.*, II, 15 et suivants.

» sements, une fois devenus fixes, les grands auraient étendu » leur domaine, et, tôt ou tard, le simple peuple aurait été » privé de tout, parce que les plus forts dépouilleraient les plus » faibles. Les propriétaires auraient bâti solidement : ils auraient » pris des précautions contre le froid et le chaud. Ce commen- » cement de délicatesse aurait bientôt amené la recherche des » commodités de la vie, et, par une suite naturelle, la passion » de l'argent avec tous les vices et les malheurs dont elle est la » source. Une fréquente distribution de terres, proportionnée » aux besoins de chaque famille, entretiendrait l'esprit d'éga- » lité; elle préviendrait les murmures du peuple, qui se verrait » aussi bien traité que les grands (1). »

Le pays situé entre le Rhin et la Seine, que la victoire avait fait tomber au pouvoir de la race belge, renfermait des régions de nature et d'aspect divers.

Dans la partie qui forme aujourd'hui le nord de la France, les terres étaient plus propres à la culture que dans celle qui porte encore le nom de Belgique.

Le territoire qui forme actuellement notre pays peut se décrire en ces termes, pour l'époque de César :

Dans la partie orientale, la sombre forêt des Ardennes, qui semblait presque impénétrable, en couvrait une grande étendue; elle allait au delà des rives de la Moselle et jusqu'à l'embouchure de l'Escaut et de la Meuse.

Du Démer aux bouches de l'Escaut s'étendaient des landes stériles et nues, des plaines de sable appelées aujourd'hui *la Campine*.

Dans la partie occidentale, de l'Escaut à la mer, le pays était couvert de marais et de vastes forêts qui servaient de refuge aux Morins et aux Ménapiens contre les légions de César, mais derrière lesquels ils avaient de nombreux villages, riches en troupeaux et en moissons.

Nous voyons dans les Commentaires de César que ces peuples

(1) Caesar, *De Bello gall.*, lib. VI, 22.

avaient des champs cultivés, des édifices et des bourgs. Ce progrès ne peut cependant être enregistré comme un fait général, car chez plusieurs peuplades, où les hommes les plus vigoureux s'adonnaient principalement à la chasse, les travaux agricoles et l'entretien du ménage étaient abandonnés aux femmes, aux vieillards et aux êtres les plus faibles de la famille (1). Cette indication tendrait à prouver qu'à cette époque l'agriculture n'était pas en honneur dans toute la Belgique.

M. Schayes indique, comme une preuve des progrès des Celtes dans la culture, l'invention de la charrue à train, dont ils introduisirent l'usage en Italie. Le coutre et la herse paraissent aussi avoir été découverts par les Celtes (2).

« Les Gaulois semaient dans des terres neuves, bien remuées;
» après y avoir semé, ils y passaient la herse pour couvrir la se-
» maille (3). »

Bien que les écrits des Romains nous dépeignent les habitants de la Belgique comme peu agricoles, et surtout peu friands, car Tacite leur fait manger des fruits sauvages, de la venaison toute fraîche sans apprêt, du lait caillé, etc., et César en a vu qui buvaient de l'eau mêlée à du houblon; cependant ils étaient assez industrieux pour tirer de l'orge et du froment, par la fermentation, une boisson semblable au vin; et Tacite, qui nous cite ce fait, ajoute que les peuples habitant le long du Rhin achetaient, en outre, du vin. De la manière dont ils préparaient leur boisson houblonnée, nous pouvons hardiment conclure que la bière était connue de nos ancêtres, avant le temps des Romains (4).

Pline nous apprend qu'ils se servaient de la marne pour engraisser leurs terres. Il en nomme deux espèces qui se trouvent l'une et l'autre en Belgique. « Il y en a une, dit-il, qu'ils

(1) Tac., *Germ.*, XV.

(2) *Les Pays-Bas avant et durant la domination romaine*, par A.-G.-B. Schayes, Bruxelles, 1837, tom. I, p. 78.

(3) Plin., *Hist. natur.*, lib. XVIII, cap. 8.

(4) Tac., *Germ.*, XXIII.

» nomment *Eglecopala;* elle se durcit à l'air, mais la gelée et le » soleil la dissolvent insensiblement. Ils se servent aussi de la » marne sablonneuse, qui vaut mieux que la précédente pour les » terres humides : les Ubiens en font usage; ils creusent la » terre à trois pieds de profondeur pour y répandre une couche » de marne d'un pied de hauteur; mais cet engrais n'est bon » que pour dix ans (1). »

Le même auteur produit une indication bien remarquable de progrès dans les combinaisons agricoles. Au Ier siècle de notre ère, trois ans avant que Pline écrivît le XVIIIe livre de son Histoire naturelle, les récoltes furent détruites en Belgique, principalement dans le pays de Trèves, par un hiver tellement rigoureux qu'il ne restait pas d'espoir d'en rien recueillir. Les cultivateurs belges se montrèrent assez industrieux pour trouver un remède à ce mal, en labourant et en semant de nouveau leurs champs, au mois de mars, ce qui leur réussit, car la récolte fut des plus abondantes (2).

Ils se servaient de la faux pour faucher les herbes, mais ils ne coupaient que les plus longues et laissaient les courtes (3). Ils coupaient le blé avec une faucille (4). On en voit la figure sur la colonne Trajane.

Le savant naturaliste romain dit qu'on faisait sauter les grains des épis, dans quelques contrées, en passant dessus un cylindre extrêmement lourd ; dans d'autres, en les faisant fouler par des chevaux; ou, enfin, en les battant avec un fléau (5). Nous sommes autorisé à croire que cette dernière méthode était d'usage chez les anciens Belges, préférablement à toute autre, parce qu'elle est encore usitée dans toute la Belgique.

Pline attribue aux Gaulois l'invention du crible (6).

(1) Plin., *Hist. nat.*, lib. XVII, cap. 6.
(2) Id., *id.*, lib. XVIII, cap. 20.
(3) Id., *id.*, id., cap. 28.
(4) Id., *id.*, id., cap. 30.
(5) Id., *id.*, id., id.
(6) Id., *id.*, id., cap. 2.

Nous avons vu que le bétail était nombreux et que Tacite faisait remarquer la petitesse de l'espèce. Nous devons supposer que l'insuffisance de la nourriture qui, pendant l'hiver, était sans doute mal assurée, nuisait au développement de sa taille.

La Belgique possédait des moutons en si grande quantité, qu'elle fournissait de laine Rome et toute l'Italie (1).

Pline témoigne sa surprise de voir les bergers belges se servir de chiens pour la conduite de leurs troupeaux (2).

Strabon dit que les moutons donnaient une laine rude qui servait à tisser des draps grossiers et épais nommés *læna*. Peut-être étaient-ce des couvertures de laine dont le climat de la Belgique et de la Germanie nécessitait l'emploi (3).

Les porcs passaient les nuits dans les champs. Le nombre en était si grand que les Belges en faisaient une branche de commerce très-considérable, et qu'ils approvisionnaient Rome de porc salé (4). Les glands, dont abondaient nos forêts de chêne, alors si nombreuses en Belgique, offraient à ces animaux une nourriture des mieux appropriées.

Nos pères avaient le talent de faire du savon avec une lessive de cendre de bois de hêtre et de graisse de bouc ou de chèvre. Ils le fabriquaient liquide ou solide, et s'en servaient pour enduire les cheveux. A Rome même, on l'employait beaucoup à cet usage (5). Martial le nomme *écume de Batavie* (6).

Ils se nourrissaient de pommes sauvages qui, vraisemblablement, abondaient dans leurs forêts. Pline dit qu'il y avait chez eux une espèce de pomme qu'il nommait *spadonia* (7). D'après le même auteur, il y avait en Italie une espèce de nèfle nommée

(1) Horat., lib. III, od. 11.
(2) Plin., *Hist. nat.*, lib. VIII, cap. 40.
(3) Strab., lib. IV.
(4) Id., id.
(5) Plin., *Hist. nat.*, lib. XXVIII, cap. 12.
(6) Mart., *Epig.*, lib. XVIII, t. III.
(7) Plin., *Hist. nat.*, lib. XV, cap. 14.

gauloise (1), et des cerises que les Belges appelaient *lusitanica*, portugaises (2).

Les Romains ne connaissaient pas de lin plus blanc que celui des Gaules. Pline dit qu'on le semait, au printemps, dans des terres sablonneuses, et qu'on l'arrachait en été; mais que cette plante est très-nuisible à la terre, dont elle épuise toute la graisse (3).

Les terres des Germains produisaient des navets énormes (4).

Les Ménapiens et les Morins envoyaient en Italie des jambons vantés par Martial (XIII, 54), et de grands troupeaux d'oies grasses et blanches, recherchées pour les qualités du duvet. On les nommait *ganza*, nom qu'elles portent encore aujourd'hui; la lettre *a* avait été ajoutée par les Romains pour lui donner une terminaison latine.

Nous voyons Probus écrire au sénat romain, après avoir repoussé les barbares au delà du Rhin : « Les barbares cultivent, » ensemencent vos terres, et ils combattent sous nos dra- » peaux. »

Ce qui suit se rapporte à l'année 276 de notre ère :

« Les champs de la Gaule sont cultivés au moyen des bœufs » des barbares. Les attelages des Germains courbent la tête » sous le joug de nos cultivateurs. Les troupeaux des diverses » nations servent à notre nourriture et errent dans nos pâ- » turages. L'espèce chevaline se multiplie pour remonter no- » tre cavalerie. Nos greniers sont pleins de blé pris aux bar- » bares (5). »

Les Belges étaient grands amateurs de chevaux; aussi n'épargnaient-ils rien pour s'en procurer de bons (6). On demandait tant aux Belges, sous Dioclétien, pour remonter la

(1) Plin., *Hist. nat.*, lib. XV, cap. 14.
(2) Id., *id.*, id., cap. 20.
(3) Id., *id.*, lib. XIX, cap. 1.
(4) Id., *id.*, id., cap. 30.
(5) Vopiscus, *in Probo*, cap. 15, *ad senatum*.
(6) Diod., *Sicil.*, t. I, fol. 252.

cavalerie romaine, qu'ils se plaignaient de ne pas pouvoir les fournir (1).

Le contact d'une nation plus policée et l'influence du service militaire, qui plaisait à la jeunesse belge, dans les armées romaines, où l'on voyait des cohortes nerviennes et tongroises, commandées par leurs propres chefs, transformèrent insensiblement les usages et les idées de nos pères.

Des chaussées romaines, traversant le pays dans diverses directions, ouvrirent des communications avec des contrées voisines. Des villes s'élevèrent, avec leurs temples, leurs aqueducs, leurs bains publics. Les habitations primitives, construites en bois, ne furent plus que la demeure des pauvres; les champs communs, que des terres abandonnées, tandis qu'autrefois « les » Belges n'avaient point de villes, et qu'ils ne pouvaient même » souffrir ce qui y ressemblait. Leurs familles vivaient isolées, » habitant éparses çà et là, selon qu'un bois, un champ, une » fontaine les avaient fixées. Chaque maison était séparée par » un espace, soit précaution contre les accidents du feu, soit » ignorance de l'art de bâtir; ils n'employaient ni pierres, ni » tuiles, mais ils se servaient de bois informes, sans songer ni » à l'agrément ni à la commodité (2). »

Cependant la population décroissait, à cause, sans doute, de l'état servile des cultivateurs sous la loi romaine. La race d'hommes libres qui cultivaient jadis, en commun, les terres du village, avait disparu avec la communauté primitive, et l'adoption des usages étrangers avait été funeste aux populations agricoles.

D'après Salvien, auteur du IVe siècle, les colons belges étaient dans un tel état de dépendance et de misère qu'ils accueillirent, comme des libérateurs, les barbares, dont les invasions s'étendirent jusque chez eux.

Les vexations, les exactions de tout genre s'exerçaient, sans

(1) Tac., *Ann.*, lib. 2, cap. 5.
(2) Tac., *Germ.*, 16.

pitié, par les agents du fisc, les intendants de l'empereur, sur les populations rurales. Ces officiers, *procuratores Caesaris*, étaient chargés de la perception et de l'emploi des tributs et des impôts; ils avaient aussi mission de régir les terres confisquées au profit du domaine impérial et d'en toucher les revenus. La cour favorisait ces fonctionnaires, parce qu'elle pouvait, à l'occasion, faire restituer à son profit le produit de leurs rapines. La plupart d'entre eux, abusant de la confiance du prince, commettaient d'horribles exactions, surtout dans une province aussi éloignée que l'était la Gaule Belgique. Les mauvais princes, qui souvent montaient sur le trône à cette époque, leur donnaient presque toujours raison, lorsque des plaintes parvenaient jusqu'à eux, et alors, malheur à qui les avait faites!

L'avidité et la dureté de ces officiers sont au nombre des causes principales qui ont précipité la destruction de l'Empire.

Les tributs se payaient généralement en blés. Tacite nous apprend qu'on poussait la moquerie et l'insulte jusqu'à forcer les laboureurs à attendre que l'on voulût bien leur vendre leur propre grain, qu'ils devaient ensuite revendre à perte. Chaque canton, qui aurait dû naturellement fournir à la subsistance des troupes établies dans le voisinage, avait ordre d'approvisionner celles dont les quartiers se trouvaient le moins à sa portée, par la longueur ou la difficulté des chemins. Le résultat de cette vexation était de rendre lucratif pour quelques-uns, qui en profitaient, ce que les autres auraient pu faire commodément et presque sans frais.

Pour mieux faire comprendre l'influence funeste d'un tel état de choses sur les populations rurales et, par conséquent, sur l'agriculture elle-même, il est utile d'expliquer ici comment les Romains levaient les impôts dans les provinces conquises.

Chaque province payait à l'État un tribut en nature. Dans celles qu'on ménageait, les laboureurs ne devaient que le dixième de leurs récoltes. Dans les autres, chaque propriétaire était obligé de fournir une quantité fixe de blé, à raison de tant par arpent.

Outre le blé provenant du dixième et l'impôt, les propriétaires étaient obligés de fournir, pour de l'argent, et de conduire sur les lieux, les grains que leur demandait le Gouvernement pour la subsistance des troupes ou pour d'autres besoins. La province devait fournir, en outre, au gouverneur, pour l'entretien de sa maison, un nombre fixe de mesures de blé *dont il avait droit de régler arbitrairement le prix*. On composait d'ordinaire avec lui, et on lui donnait ce blé, en argent, d'après l'estimation convenue.

Il se commettait sur ces trois articles, et principalement sur les deux premiers, des abus énormes.

Aussitôt après la récolte, ceux qui avaient mission de lever le blé de tribut, faisaient fermer les greniers du laboureur et ne lui permettaient point d'en tirer un grain, qu'il n'eût payé sa redevance à l'État. Le laboureur ne demandait pas mieux que de s'acquitter, mais on disait n'avoir pas le temps de venir compter avec lui. On le laissait languir à la porte de son grenier, jusqu'à ce qu'il eût consenti à donner aux exacteurs une somme d'argent ou une quantité de grain plus forte parfois que le tribut même. Le malheureux laboureur devait solliciter ainsi, à titre de grâce, une mainlevée qu'on lui vendait chèrement.

Il était obligé, comme nous l'avons dit, de fournir du blé aux légions. On payait celui-là, mais toujours en-dessous de sa valeur, et, pour comble d'injustice, ce n'étaient pas les habitants les plus voisins des quartiers d'une légion qui recevaient l'ordre d'y voiturer des grains; c'étaient, au contraire, les plus éloignés. Ceux-ci, pour se rédimer d'un transport aussi ruineux, comptaient une somme d'argent sur laquelle les entrepreneurs faisaient des profits très-considérables.

C'est en consultant le troisième livre de Cicéron contre Verrès, qu'on peut connaître en détail les brigandages exercés par les autorités romaines, au sujet des blés dans les provinces.

Nous pouvons donc nous expliquer facilement la décroissance continue de la population, malgré les nombreuses colonies de

Franks, de Saxons, que les Romains versèrent en Belgique, pendant le IIIme et le IVme siècle.

La comparaison du Gouvernement de cette époque avec celui de l'empire turc est fort bien établie par M. Schayes (1). Même despotisme et même anarchie; tous les fléaux qui ne cessent d'accroître la dépopulation et la misère de l'empire des Turcs, la peste, la famine, le brigandage militaire, la guerre intestine, désolaient également l'Empire romain, dont le Gouvernement le plus despotique de tous ceux de l'antiquité, le plus oppressif et le plus contraire au développement de la civilisation et de la prospérité publique, pèsa sur la Belgique, pendant plus de quatre siècles.

« Les proconsuls ou les préteurs, à qui le Gouvernement des » pays provinciaux était confié, cumulaient tous les pouvoirs à » la fois; ils commandaient les armées, faisaient les lois, ren- » daient la justice, imposaient des taxes arbitraires; ils avaient » pour adjoint un questeur chargé de la levée de ces taxes et » du règlement des comptes. Jamais despotisme plus dur et plus » illimité ne pesa sur les peuples (2). »

Ces préteurs ou ces proconsuls abusaient de leur autorité civile et militaire, pour piller et vexer les habitants des provinces soumises à leur juridiction; s'indemnisant ainsi, pendant le peu de temps que duraient leurs fonctions, des sommes considérables par lesquelles ils avaient acheté leurs charges aux infâmes ministres et aux favoris des tyrans de Rome, qui disposaient, à leur gré, de toutes les dignités de l'Empire et en trafiquaient publiquement, de la manière la plus honteuse.

Les révoltes, qui éclataient sans cesse dans les différentes provinces de l'Empire, n'ont eu la plupart pour motif que les exactions et la tyrannie des délégués romains.

En nommant à une charge publique, Néron disait toujours à celui auquel il l'a conférait : « Vous savez ce qu'il me faut, fai-

(1) *Les Pays-Bas, avant et durant la domination des Romains,* tome II, page 3.

(2) Thierry, *Histoire des Gaules*, tome II, page 189.

» sons en sorte que les richesses des particuliers deviennent les » nôtres (1). »

« Je prétends, disait Caracalla, qu'il n'y ait que moi dans » tout l'univers qui possède de l'argent. Je veux avoir tout pour » en faire des largesses aux soldats. » Il répétait sans cesse que l'unique soin d'un souverain doit être de s'assurer l'affection de ses soldats et qu'il doit compter pour rien le reste de ses sujets (2).

Indépendamment des exactions, les charges énormes qui pesaient sur les provinces suffisaient seules pour réduire les habitants à la dernière misère. Les provinces, accablées d'impôts de toute nature, tantôt étaient soumises à une capitation, *census capitis*, tantôt se voyaient dépouillées de leurs meilleures terres, que la République affermait pour son compte à des agriculteurs et à des nourrisseurs de bestiaux, *pecuarii*. Quelquefois, outre la dîme des terres, *census soli*, elles supportaient des droits considérables d'entrée et de sortie, des réquisitions en blés, en bestiaux, en chevaux; des corvées, des impôts sur les voyageurs; des impôts pour le déplacement des cadavres, des impôts sur les mines et sur les salines, etc.

La domination étrangère avait été bien funeste aux populations rurales; la population urbaine, d'abord traitée avec plus de faveur par le Gouvernement, avait fini, après la ruine des campagnards, par être opprimée et rançonnée, à son tour, d'une manière affreuse.

La rapacité du fisc ayant dévoré peu à peu les ressources de la classe moyenne, il ne resta plus, dans les cités mêmes, qu'un petit nombre de riches, seuls maîtres du pouvoir et de la fortune publique (3).

Une partie toutefois des habitants du territoire de la Belgique, les *Flemings*, avaient résisté, quoique sous la souveraineté

(1) Suet. *in Nerone*, cap. 32.

(2) Dio Cass., *Hist. rom.*, lib. LXXVI.

(3) Moke, *Mœurs et usages des Belges*, tome I, page 47.

de Rome, à l'introduction de la langue et des institutions latines.

La cause en est surtout dans la nature même du pays. La vallée de l'Escaut, à partir de Tournay, celles de la Lys et du Ruppel, dans toute leur longueur, n'étaient à sec qu'une partie de l'année. Au delà commençaient les sables qu'on achève à peine de fertiliser dans la Flandre, et qui, dans la Campine, conservent encore l'aspect du désert, aspect qu'ils doivent perdre bientôt, du moins nous l'espérons.

Le long des côtes, le sol semblait, suivant l'expression d'un auteur du IVe siècle, appartenir encore à l'Océan. Aucune route militaire ne paraît avoir été tracée, dans cette contrée humide, avant les derniers temps de l'Empire.

Le défrichement des bruyères sauvages, près du village de Santroden, sur la route d'Anvers à Breda, fut commencé par les mêmes tribus qui disputèrent le littoral de la Flandre aux flots de la mer (1).

Peu d'années avant l'ère chrétienne, plusieurs milliers de Suèves captifs furent transportés par les Romains dans les cantons incultes qui bordaient la Lys.

Les Saliens, qui furent établis, de même, dans la plaine de l'Yssel, cessèrent de l'habiter, vers la fin du IIIme siècle, pour se porter dans le Brabant septentrional, où ils se fixèrent, au déclin de la puissance romaine. Cette tribu franke, apporta des coutumes toutes empreintes encore du caractère germanique, mais déjà modifiées par l'effet du temps, car l'on n'y retrouvait plus les vieilles institutions nationales décrites par Tacite. La souveraineté du village n'avait pas cessé d'appartenir aux habitants; les pâturages et les bois d'alentour formaient, comme jadis, leurs propriétés communes, mais on n'apercevait plus de trace de l'ancien partage annuel des habitations et des champs, ni chez les Franks ni chez les autres Germains de cette époque. L'historien romain l'avait indiqué d'avance : l'ancien système de communauté supposait la possession d'un vaste territoire. Dès

(1) Moke, *Mœurs et usages des Belges*, tome I, page 50.

que l'espace manqua, les parts restèrent fixes et devinrent l'héritage des familles. L'agriculture s'améliora, on le conçoit sans peine, car un changement continuel de domicile ou de séjour ne pouvait avoir qu'un funeste effet sur la culture des terres.

Les Franks qui, au Ve siècle, chassèrent les Romains de la Belgique, furent accueillis par les Belges, non en ennemis, mais comme des libérateurs et des compatriotes, qui venaient les rendre à leur ancienne indépendance et les délivrer d'un joug devenu insupportable.

Nous pensons en avoir dit assez pour faire connaître approximativement ce qu'était l'agriculture en Belgique, au temps de César, de Tacite et de Strabon. Il est à présumer, toutefois, que l'arrivée des Romains modifia beaucoup les anciennes coutumes et qu'on suivit des pratiques agricoles plus avancées. Tacite semble confirmer cette supposition en rapportant qu'au temps de Néron, les Frisons vinrent sur la rive du Rhin, les guerriers à travers les bois et les marais, les autres par les lacs, occuper les terres vacantes réservées aux soldats romains; qu'ils avaient déjà construit des maisons et ensemencé les champs, qu'ils cultivaient comme leur sol paternel (1).

C'est ainsi que nos ancêtres trouvèrent à améliorer leurs procédés agricoles, au contact des Romains, chez lesquels l'agriculture était fort honorée au temps de la splendeur de Rome. Romulus, son fondateur, ne permit aux hommes libres que deux exercices : les armes et l'agriculture; aussi les plus grands hommes de guerre et d'État étaient-ils agriculteurs. Toute la Campagne de Rome fut cultivée par les vainqueurs des nations. Chaque citoyen romain faisait valoir son patrimoine et en tirait sa subsistance. Il fallait être propriétaire et, par conséquent, cultivateur pour être admis au nombre des défenseurs de la patrie. Les consuls trouvèrent les choses dans cet état et n'y firent aucun changement. On vit, pendant plusieurs siècles, les plus célèbres d'entre les Romains quitter les champs pour remplir les

(1) Tac., *Ann.*, lib. XIII, cap. 54.

premiers emplois de la République; et, ce qui est beaucoup plus remarquable, revenir des premiers emplois de la République aux occupations de la campagne. Lorsque la patrie avait besoin de leurs services, on retrouvait ces illustres agriculteurs toujours prêts à voler à la défense de leur pays. Serranus semait son champ au moment où on l'appelait à la tête de l'armée romaine. Cincinnatus labourait une pièce de terre, qu'il possédait au delà du Tibre, quand il reçut sa nomination de dictateur. Quittant ce paisible exercice, il prit le commandement des armées, vainquit les ennemis, fit passer les captifs sous le joug, reçut les honneurs du triomphe et retourna à son champ, après l'avoir quitté seize jours.

Pour faire ressortir encore, en quelques mots, combien, aux beaux jours de Rome, tout dénotait la haute estime que l'agriculture avait acquise, nous rappellerons que, dans la distinction des citoyens romains, les premiers et les plus considérables étaient ceux qui formaient les tribus rustiques, *rusticae tribus*, et que c'était une grande ignominie d'être réduit, par le défaut d'une sage économie et d'une bonne direction, à passer de la culture de ses champs au nombre des habitants de la tribu urbaine, *in tribu urbanâ*.

La grande prospérité de l'agriculture des Romains cessa lorsque l'ambition de parvenir et de gouverner eut remplacé, chez quelques-uns, l'amour désintéressé de la patrie et le goût paisible des travaux agricoles. Lorsque des ambitieux sans pudeur eurent dirigé les idées du peuple vers la guerre, toutes les ressources de la République furent uniquement employées à alimenter et à recruter les légions.

La culture des terres délaissées par les citoyens libres, qui ne déposaient plus les armes, fut confiée à des esclaves ou affermée à des affranchis. Pline, frappé du contraste de Rome de son temps et de Rome ancienne, se demande quelle était la cause de la fertilité de son sol : « Il nous donnait, dit-il, des fruits en » abondance; la terre prenait, pour ainsi dire, plaisir à être cul- » tivée par des mains chargées de lauriers et décorées de l'hon-

» neur du triomphe; et, pour répondre à cet honneur, elle s'ef-
» forçait de multiplier ses productions. Il n'en est plus de même
» aujourd'hui; nous l'avons abandonnée à des fermiers merce-
» naires, nous la faisons cultiver par des esclaves ou des crimi-
» nels, et l'on serait tenté de croire qu'elle a ressenti ces af-
» fronts. » Bientôt des contributions de toute espèce frappèrent la terre et ses produits, et les travaux de la campagne perdirent toute considération.

Les Romains, qui dominèrent dans notre pays, pendant plusieurs siècles, ne négligèrent aucune occasion de prendre à l'étranger et de naturaliser chez eux toutes les connaissances propres au perfectionnement de l'agriculture, qu'ils regardèrent, pendant longtemps, comme la base fondamentale de leur prospérité. Lorsque l'agriculture, entièrement déconsidérée dans l'opinion publique, en Italie, ne fut plus en état d'alimenter la ville éternelle, les Romains furent nourris par les peuples conquis qu'ils avaient familiarisés avec les meilleures pratiques agricoles de l'époque.

Il ne faut donc pas s'étonner si, du temps de Strabon, les Gaules donnaient beaucoup de blés et d'autres denrées, produits des champs qu'on y cultivait; car nos ancêtres ont profité des leçons de leurs maîtres, parfois même en les améliorant, lorsque les circonstances locales et leur propre expérience en donnaient le conseil. Ils connaissaient l'emploi de la marne, selon le témoignage, déjà cité, de Pline. Après avoir dit, dans plusieurs endroits, que notre sol ne pouvait pas être rendu plus propre à la culture, même au moyen d'une grande quantité de fumier, ce naturaliste nous apprend que nous possédions assez bien l'art de fertiliser les terres pour les amender, en y mêlant celles d'une nature différente.

Nous voyons ainsi que les anciens habitants de la Belgique, plus portés d'abord à la chasse et à la guerre qu'à l'agriculture, s'attachèrent insensiblement davantage à leurs champs, et qu'ils réussirent à améliorer progressivement la culture, pendant les premiers siècles de notre ère.

Cependant, lorsque les Franks envahirent la Gaule, et jusqu'au IXe siècle, dans la plus grande partie des Pays-Bas, l'agriculture devait encore renaître; les marais, les étangs, les forêts couvraient toujours une grande étendue. On commençait à sécher les uns et à défricher les autres, mais lentement et pour autant que la nécessité ou quelques motifs particuliers paraissaient l'exiger.

Le commerce était inconnu et en partie inutile, à cause du peu de sûreté des chemins, la terre étant couverte de brigands et la mer infestée de pirates (1).

Les Franks-Saliens s'étaient établis, en amis et en alliés, sur les rives de l'Escaut et dans la Campine.

Moke, dans son ouvrage sur les mœurs et usages des Belges, nous montre comment la propriété foncière, si longtemps repoussée par les mœurs germaniques, devint peu à peu la base de la nouvelle organisation. Son élément le plus simple était la *manse* ou l'habitation, c'est-à-dire la quantité de terre occupée par une seule famille. Un usage, à peu près général en Belgique, en portait l'étendue à douze bonniers, ce qui répond presque au même nombre d'hectares et à la grandeur ordinaire de nos petites fermes. La fixité assez constante de cette mesure permet de croire que telle avait été chez les vieux Germains la part de terre labourable, assignée à chaque homme, dans la division annuelle du canton, et qu'ainsi se perpétuaient, sous le régime de la propriété personnelle, quelques restes de l'antique égalité. Mais ces parts modestes, insuffisantes pour l'ambition des conquérants, n'étaient guère celles des familles de race salienne. Nous voyons dans les lois sur le service militaire que quatre *manses* fournissaient un seul combattant, preuve certaine qu'en général la propriété du Frank s'élevait, au moins, à cette quantité.

Les concessions royales, ou les parts de terrain, qui furent

(1) Mémoire de L.-J.-E. Pluvier, couronné par l'Académie de Bruxelles, le 14 octobre 1770, page 10.

assignées jadis aux vainqueurs, et dont se forma le domaine de leurs descendants, semblent avoir été d'abord composées d'une ou de plusieurs anciennes villes, qui conservèrent ainsi leur nom et leurs limites.

Les lots de douze bonniers, comme nous le verrons plus tard, n'étaient point l'héritage du *leude*, mais une subdivision établie par lui-même dans la villa dont il était le propriétaire. Cette subdivision a pour premier but l'établissement des serfs qui, dans la Germanie, sont de véritables colons, demeurant sur leur part de terrain et ne devant qu'un tribut fixe ou un travail déterminé. Sans doute, l'exemple des Romains avait appris aux Franks à s'écarter quelquefois de cet usage, pour tenir une partie de leurs serviteurs dans une dépendance plus immédiate et plus complète; mais en Belgique, où les Saliens avaient trouvé les campagnes peuplées par des hommes du Nord, la servitude s'était conservée, sous sa forme primitive, sans se confondre avec l'esclavage. Le serf agricole avait sa case et son champ, et c'était par cette classe de cultivateurs que la plus grande partie des manses se trouvait occupée. D'autres manses devenaient la demeure d'hommes libres qui, manquant de terre, engageaient leur foi et leur épée à celui qui les recevait sur son domaine, comme le faisaient les vieux Germains aux chefs dont ils venaient habiter la maison. Les Franks appauvris s'engageaient eux-mêmes au service de ceux dont la fortune s'était assez accrue pour leur permettre d'acheter des villas entières, comme le prouvent les chartes.

Chaque villa avait donc un véritable seigneur, dénomination employée dans les lois, à partir du VIe siècle; c'était le propriétaire du sol à qui les autres habitants étaient attachés par un lien fixe. Le morcellement des héritages troublait seul parfois la régularité de cet ordre de choses; mais le plus souvent, chaque domaine restait entier : les familles conquérantes étant devenues si riches que leur ambition se contentait difficilement de parts médiocres. Aussi voyons-nous peu de manses tenues librement par la postérité des premiers possesseurs : presque toujours elles furent accordées aux deux classes que nous avons citées plus haut, celle des serfs et celle des Franks, restés pauvres après la conquête. Ces derniers étaient de condition libre; celui qui les recevait dans sa villa n'exigeait d'eux, pour redevance, qu'une certaine partie de leur moisson, soit quelques travaux agricoles, comme le labour d'un champ, la coupe et le transport des foins d'une prairie, tandis qu'aux serfs il imposait principalement la corvée, c'est-à-dire l'obligation de travailler pour lui trois jours par semaine, et leurs femmes étaient forcées de filer, de tisser, quelquefois même de brasser la bière ou de cuire le pain pour sa maison.

La richesse du propriétaire consistait surtout en moissons et en troupeaux. Comme on ne cultivait, en général, que les terres fertiles, les récoltes étaient abondantes; mais on élevait moins de bêtes à cornes, ce que semblent expliquer les habitudes de guerre et de chasse, héréditaires chez les Franks. En revanche, les brebis se comptaient par centaines; il en était de même des porcs, dont la chair, préparée de diverses façons, semble avoir été alors la nourriture la plus recherchée. La volaille était aussi abondante; elle s'élevait surtout autour de la maison du maître et des moulins, où son entretien était plus facile. L'usage voulait encore qu'une terre importante ne manquât ni de pigeons, ni de perdrix, ni de cailles, ni de tourterelles, ni de paons et de faisans. On ne mettait pas moins de prix au choix et à la délicatesse des fruits que donnait le verger.

L'organisation du travail dans la villa était bien moins imparfaite qu'on ne serait porté à le croire. L'ouvrage des champs était dirigé par le maire ou mayeur, serf préposé à d'autres serfs, comme, sous les Romains, le fermier esclave, villicus. Le soin avec lequel étaient entretenus les bâtiments et les clôtures, la distinction régulière des différentes sortes de travaux, les amendements de la terre par la marne, sont autant de preuves de l'état florissant que présentait déjà l'agriculture.

Les lois des Franks-Saliens et celles des Ripuaires paraissent avoir été destinées à favoriser l'agriculture des terres ménapiennes, jadis vantées par les Romains (1). Elles mentionnent des prairies, que la main de l'homme fertilisait, en y creusant des ruisseaux (2), des champs où on semait le lin (3), des jardins, clos de haies, où la greffe avait été appliquée aux pommiers et aux poiriers (4), des fermes, que gardaient des chiens vigilants, retenus au chenil, jusqu'au coucher du soleil, des granges que la loi salique appelle *scuriae*. Il y avait chez les Belges, à cette époque, des chariots pour transporter tout ce qui est nécessaire à l'agriculture. Ils attachaient des clochettes au col des bestiaux, lorsqu'ils les laissaient paître dans les forêts (5). Chaque animal, utile à l'agriculture, y était protégé par une forte amende qui punissait les larcins. Il paraît que les Romains ne connaissaient pas d'autre moyen pour moudre le blé que le moulin à bras, tandis que les lois saliques prouvent incontestablement que le moulin à eau était connu des Franks, puisqu'il y avait une peine établie contre celui qui romprait l'écluse retenant l'eau destinée à faire tourner un moulin pour moudre le grain (6).

Nous n'entreprendrons pas de faire une analyse suivie des résultats que présenta chez nous l'agriculture, dans ces siècles de désolation qui virent commencer et achever la ruine de l'Empire romain. On concevra facilement que ces résultats doivent avoir été insignifiants, si l'on se rappelle que les Vme, VIme et VIIme siècles furent signalés par des bouleversements de toute nature. C'est dans ces temps que les Huns, venus des frontières de la Chine, heurtèrent et entraînèrent avec eux les Alains des bords de la mer Caspienne, dissipèrent la monarchie des Goths, fondée au nord du Danube par le vieux Hermanrick, et décidèrent ces déplacements violents d'une multitude de peuples barbares.

Quelle physionomie pouvait avoir l'agriculture, lorsque les

(1) Varro, *de Re rusticâ*, I, 7; Pline, liv. XVII, 6 et 7.
(2) *Lex Sal.*, tit. XXIX, 17, 18, 20.
(3) *Id.* id. id. 14.
(4) *Id.* id. id. 8, 10, 16.
(5) *Lex ripuaria*, tit. XLIV et XXVII.
(6) *Lex sal.*, tit. XXV, art. 2; *de furtis in molino commissis*.

Bourguignons, les Suèves, les Vandales, quittant leurs rives natales de la mer Baltique, gravissent les Alpes, débordent, les uns, en Italie et s'y font battre par Stilicon, tandis que les autres, restés en arrière, se retirent en Germanie, y errent quelque temps à l'aventure; puis, franchissant le Rhin, envahissent les Gaules et marchent au pillage de ces régions nouvelles?

Que pourrait-on préciser à l'égard de l'agriculture, au milieu de la tourmente qu'essuya toute l'Europe, lorsque les Huns, sous la conduite d'Attila, travaillaient à fonder un empire immense, du Danube à la Baltique et des rives du Rhin aux bords de l'Océan oriental? On sait que ce prince, auquel les peuples effrayés donnèrent le nom de Fléau de Dieu, envahit la Gaule avec 700,000 barbares, et que, pour le défaire dans les plaines de Châlons ou de la Sologne, le général romain Aëtius eut besoin non-seulement des Visigoths commandés par Théodoric, mais des Franks conduits par Mérowig.

Nous aurons d'ailleurs à signaler encore bien des dévastations de la part des Normands, lorsqu'après une longue suite de malheurs, de guerres, de fléaux de toute espèce, l'agriculture paraissait se relever en Belgique. Ce fut, en effet, au IXme et au Xme siècle, que les peuples maritimes des côtes du Juttland et de la Norwége vinrent, à leur tour, désoler l'Europe, débarquant sur les côtes, remontant les rivières, pillant, brûlant et saccageant. L'Allemagne, la France, la Belgique, l'Angleterre et l'Irlande eurent cruellement à souffrir de ces terribles ravages.

Il nous sera donc impossible de faire autre chose que d'enregistrer quelques faits épars de l'histoire agricole de ces temps, sans nous attacher à les mettre dans un ordre rigoureux, mais en les consignant à mesure qu'ils se présentent sous la main, selon les rares documents auxquels il nous est donné de recourir.

En 651, nos annales font mention de Liebwin, illustre apôtre de race anglo-saxonne. Il visita le monastère de St-Bavon, puis alla prêcher dans le *Brakband*. Tel était le nom que portait la contrée couverte de bois, qui s'étendait entre l'Escaut et la Meuse. Une femme pauvre, mais pieuse, lui donna l'hospitalité, au village d'Houthem. Ce pays, peu éloigné de Gand, était, dit l'auteur de la Vie de Liebwin, vaste, plein de délices et fécondé par les bienfaits de Dieu. Le lait et le miel, les moissons et les fruits y abondaient. Ses habitants étaient d'une taille élevée et se distinguaient par leur courage dans les combats, mais ils s'abandonnaient au vol et au parjure, et on les voyait, avides d'homicides, s'égorger les uns les autres (1).

Au milieu des dangers qui l'entouraient, le disciple de saint Augustin adressa à l'abbé de Saint-Bavon, Florbert, une lettre dont voici quelques extraits :

« Peuple impie du Brakband, pourquoi me poursuis-tu dans » tes barbares fureurs? Je te porte la paix, pourquoi me rends-» tu la guerre?... La cruauté qui t'anime me présage un heureux » triomphe et me promet la palme du martyre....

» Cependant il est quelques consolations pour mon esprit » attristé, et la nuit n'étend point partout sur moi ses voiles » sombres. Gand m'offre un asile....

» Pendant que je t'écris, ô Florbert, le laboureur actif, pres-» sant son âne qui succombe sous le poids, arrive avec ses dons » accoutumés. Il nous porte les délices des champs : du lait, du » beurre et des œufs, qui couronnent des paniers remplis de » fromages....

» Houthem, pays coupable, pourquoi, malgré ta riche agri-» culture, ne donnes-tu au seigneur d'autres moissons que l'or-» tie et l'ivraie?... » (2).

Saint Amand, qui mourut en 679, prêcha dans les provinces septentrionales de la Gaule. Ayant appris qu'il y avait au delà de l'Escaut un pays, connu sous le nom de *Gand*, dont la férocité détournait tous les prêtres d'aller y annoncer la parole de Dieu, il s'y rendit; mais, quoiqu'il se fût adressé à Riker, évêque de Noyon, dont le diocèse comprenait le territoire de Gand, pour

(1) *Ut feroces canes invicem mordentes, mutuâ de caede prosternentes.* Ghesq., *Acta SS. Belgii*, III, p. 106.

(2) Ghesq., *Acta SS. Belgii*, I, p. 459; *Acta SS. Ord. S. Ben.*, II, p. 587.

que le roi Dagbert, qui venait de recueillir l'héritage de la Neustrie, accordât à ses efforts la protection de son autorité, il souffrit mille injures, fut frappé par les habitants de Gand, repoussé avec outrage par les femmes et les cultivateurs des champs, et même précipité dans l'Escaut (1). Tandis que la mission de saint Amand s'exerçait sur les rives de l'Escaut, Odomar renversait à Térouane et à Boulogne le temple des idoles et recevait d'un noble du pays le domaine de Sithiu, situé sur l'Aa, qui comprenait des moulins, des fermes, des forêts et des prés (2).

Ces documents, qui appartiennent à l'époque même, nous prouvent que l'agriculture avait étendu ses progrès chez les populations du Brabant et de la Flandre, souvent rebelles aux exhortations des apôtres qui allaient y répandre la foi.

Au commencement du IXe siècle, le Karl des colonies saxonnes établies sur nos rivages, tour à tour guerrier, pendant la guerre, et laboureur, pendant la paix, associait à la fois le travail et la gloire à la liberté. Il appartenait aux peuples du Nord de réhabiliter les arts utiles et de placer à côté de l'épée le soc de la charrue.

Les forêts étaient destinées surtout à l'approvisionnement des palais des princes. La chasse n'y était qu'un délassement assez rare, un fait presque exceptionnel. Il y avait, hors des domaines royaux, une étendue suffisante de bois et de bruyères où l'on pouvait poursuivre le gibier. Aussi Karl-le-Chauve a-t-il soin de recommander à son fils de ne pas chasser dans les forêts, ou, tout au plus, en passant et le moins possible. (3)

« Nous voulons, porte un capitulaire de 800, que nos forêts » soient bien surveillées et que si un défrichement est néces- » saire, nos forestiers le fassent exécuter et qu'ils ne laissent » point les bois envahir nos champs. Là où les bois ne peuvent

(1) *Vita S^t Am. ap.* Boll., *Acta SS.*, Junii I.

(2) Bolland., *Acta SS.*, Sept., 2; Miraeus, *Don*, p. 5.

(3) *Tantummodo in transitu et sicut minus potest.* — Baluze, II, col. 268.

» être supprimés, qu'ils ne permettent pas qu'on les coupe trop » fréquemment. »

D'autres dispositions frappent sévèrement quiconque osait conduire ses troupeaux dans l'enceinte de ces domaines.

Éginhard fit reconstruire le monastère de Gand, détruit par un incendie, et rétablit l'ordre dans l'administration des vastes possessions territoriales de ses abbayes. Voici un extrait des registres de l'abbaye de *St-Pierre de Blandinium*, au commencement du IXe siècle :

« *Aux vénérables prêtres et diacres du monastère de Blandinium,*
» *Eginhard, abbé indigne.*

» Comme il est arrivé que nos prédécesseurs ont négligé de » vous donner les secours dont vous aviez besoin, et vous ont » souvent laissés manquer des choses nécessaires à la vie, nous » avons jugé convenable de vous assigner une portion particu- » lière des biens de ce monastère qui, jusqu'à ce jour, étaient » communs entre nous, afin que vous en fassiez tel usage que » vous jugerez bon, à savoir : la terre labourable de Kraneberge, » où l'on peut semer 25 muids; celle de Farnoth, où l'on peut » en semer 12; une pâture à vaches, un pré à foin et une autre » prairie située près de la mer, où l'on peut nourrir 120 brebis, » et, près du monastère, 3 fermes qui en relèvent; au village » de Fretenghem, une ferme habitée par deux hommes; au » lieu qu'on nomme *Olfne*, une maison et tout ce qui en dé- » pend;...... Nous vous accordons, de plus, une partie de la » vigne plantée dans l'intérieur de votre cloître et de la forêt » nommée *Skeldehout*, où l'on peut nourrir 30 porcs, dans la » saison des glands.

» Dans les fermes situées près des monastères, se trouvent » des terres, soumises au droit des seigneuries, où on peut » semer 95 muids; un pré où l'on peut récolter 50 charrettées » de foin; une terre où l'on peut semer, tous les trois ans, 15 » muids d'avoine.

» Foderik a une ferme à Dodonet; il doit 20 pains, 30 pintes » de bierre, un porc, un tiers de livre de lin, une poule, 5

» œufs, un muid d'avoine. Il payera, la première année, 2 sous, » à l'époque de la vendange; la deuxième année, 2 sous, au » temps de la moisson, et ne sera tenu, la troisième année, à » aucun payement, afin qu'il puisse tisser un vêtement.

» Dans le *Fleanderland* se trouve un marais : on y paye le » cens, le fromage et 25 sous en argent. Là vivent 50 membres » des gildes, *geldingi quinquaginta*, 18 jeunes colons attachés » aux terres, *hagastaldi*, et 7 jeunes filles (1).

Nous voyons dans ce précieux document une organisation sociale semblable à celle que les Franks ont établie dans les Gaules.

Autrefois les guerriers germains suivaient les chefs à la guerre et devenaient leurs compagnons, *gesels, gazals*. Les rois franks, maîtres d'un vaste territoire, leur distribuaient des domaines à titre de bénéfice, *jure beneficii*. Le *gazal* ou *vassalus*, comme le nomment les lois frankes, s'engage par serment à servir le roi, avec un nombre d'hommes de guerre, réglé d'après l'importance du bénéfice.

Au-dessous du gazal ou vassal, paraissent les serfs ou colons ruraux, *hagastaldi censales*, attachés à la culture des terres relevant du domaine, et soumis au droit de seigneurie, *mansi servientes, terra dominicata*, qui, chaque année, sont tenus de payer des redevances prélevées sur les récoltes de leurs champs.

Au IXe siècle, commencèrent les dévastations des Normands. En Frise, pays qui s'étendait alors jusqu'à celui de Waes, l'Océan, dans une tempête, engloutit plus de 2,000 habitations.

En 837, une flotte normande brûle le château d'Anvers.

En 845, les mêmes barbares livrent aux flammes le monastère de *Sithiu* dont nous avons parlé plus haut. Les moines de Gand, pleins de terreur, déposèrent leurs reliques dans le sanctuaire de St-Omer, qui était entouré d'une forte muraille et défendu par des tours. Elles y restèrent quarante années, avant qu'on osât les en retirer.

(1) *Priv. Mon. Bland.*, page 75.

En 850, les Normands incendient les monastères de *Blandinium*, de Tronchiennes et de St-Bavon. L'année suivante, un de leurs chefs, Godfried s'établit au bord de l'Escaut.

En 861, comme ils étendaient leurs conquêtes, Karl-le-Chauve, pour acheter le repos de son royaume, donna à leur duc Weeland cinq à six mille livres d'argent, beaucoup de blé et de nombreux troupeaux.

En 880, ils élevèrent des retranchements à Courtrai et y établirent leur résidence d'hiver. Ils ravagèrent, par le fer et par la flamme, le pays des Ménapiens et des Suèves (1).

En 883, ils se dirigèrent vers les bords de la mer et chassèrent de leurs foyers les habitants du *Fleanderland.* En 884, ils se fixèrent à Louvain.

On peut juger par là quel spectacle présentait notre territoire à la fin du IXe siècle! les Normands n'avaient pas cessé de le dévaster. Nos cités servaient de camps à leurs armées, qui y venaient déposer leur butin et préparer leurs conquêtes. On ne trouvait plus que des campagnes stériles, où se réunissaient les habitants fugitifs, dernier reste des races exterminées par le fer et la flamme des ennemis.

Sur vingt-huit années, de 987 à 1015, dix-neuf sont marquées par des famines et des épidémies. En 1007, une peste épouvantable parut dans le pays; elle se déclara de nouveau vers l'an 1012.

Une ancienne chronique rapporte qu'en 1014, une cruelle famine se répandit sur notre pays et menaça les hommes d'une destruction presque complète. « Les tempêtes arrêtaient les » semailles; les inondations ruinaient les moissons. Pendant » trois années, le sillon resta stérile; l'ivraie et les mauvaises » herbes couvraient les champs. Les riches étaient pâles de » faim comme les pauvres : les hommes puissants ne trouvaient

(1) *Menapios atque Suevos usque ad internecionem delevere, quia valdè illis infesti erant, omnemque terram vorax flamma consumpsit.* Ann. Vedast., 880.

» plus rien à piller dans cette misère universelle. Je ne puis » sans horreur, exposer les crimes des hommes; une faim hor- » rible les poussait à se nourrir de chair humaine » (1).

Les documents du moyen âge nous dépeignent la partie centrale de la Flandre sous les mêmes couleurs que César et Strabon. D'anciens chroniqueurs la désignent sous le nom de forêt sans fin et sans miséricorde, parce qu'elle servait de repaire à de nombreuses bandes de brigands.

Namque ferox regio et terra infecunda removit
Pontifices cunctos, nec quisquam est ausus adire
Silvicolas apros, saevas feritate cohortes.

(Milo, *Vita metrica S. Amandi*, Boland., t. 1, feb., p. 880.)

Les officiers préposés à son gouvernement s'appelaient forestiers de la Flandre. Selon la chronique de Saint-Bertin, Liderik, qui prit aussi cette dénomination de forestier, trouva la contrée inculte, dépeuplée, couverte d'immenses forêts. Une des plus grandes occupait, du temps de saint Amand et de saint Bavon, tout l'espace compris entre les villes actuelles de Gand, de Bruges et de Thourout. Elle était impénétrable au VIIe siècle. Nous apprenons, par la légende de saint Bavon, que la contrée où se trouve aujourd'hui la commune de Mendonck n'offrait, à la même époque, qu'un endroit désert, appelé *Methmedeng*, au centre d'une épaisse forêt, à deux milles de Gand, dont cette solitude était séparée par un vaste marais. Baudemont, disciple de saint Amand, parle du territoire de Gand, aujourd'hui si riche, si peuplé, si remarquable par sa belle culture, comme d'une contrée stérile, inculte et sauvage. Le mauvais état de ces terres, qui sont sablonneuses et presque stériles, de leur nature, ne peut cependant pas être attribué aux dévastations des guerres continuelles. Elles n'avaient, sans doute, jamais été cultivées, et

(1) *Rad. Glaber*. L. IV, ch. 4, et *Chr. St-Bav.*, 989.

ne furent défrichées que plusieurs siècles après, sous le gouvernement de Charles-Quint.

Saint Trond fonda en 650, dans la partie de la forêt de Thourout où est située aujourd'hui la ville de Bruges, un monastère qui porte le nom d'*Eeckhout* (forêt de chênes), de l'espèce d'arbres dont était composée cette forêt. Celle de Winendael s'étendait à l'ouest de la forêt de Thourout, et, entre Poperinghe et Ypres, tout le pays était également couvert d'une épaisse forêt appelée, au moyen âge, *Thigubusca*. La chronique de Saint-Bertin rapporte qu'anciennement le territoire de la ville d'Ypres n'offrait partout que des bois et des marais. Nous devons mentionner encore ceux de Maldeghem, Pootsbergen, Liedekerke et d'autres qui constituaient une fraction de l'immense forêt des Ardennes.

Toutes ces forêts servaient d'asile à une multitude d'anachorètes, dont plusieurs ermitages se changèrent en monastères considérables, après l'expulsion des Normands.

Le pays de Waes consistait en bruyères ou en terres noyées et envahies par la mer et l'Escaut.

Le nom de Brabant, au moyen âge *Bracbantum*, dénomination dérivée de *braek*, terre en friche, couverte de bois, fait suffisamment connaître l'ancien état de cette partie de la Belgique. La légende de saint Rombaut nous apprend qu'à l'époque où vivait ce saint, au VIIe siècle, l'emplacement de la ville actuelle de Malines et des lieux environnants était occupé par une forêt remplie de loups. Les territoires de Bruxelles, Louvain, Aerschot, Nivelles, Mons, St-Ghislain, Jodoigne, Wavre, etc., étaient incultes et inhabités. Tous les bords de la Senne étaient couverts de bois et de marais. Nous lisons dans l'ouvrage des Bollandistes, tome III, page 389, mois de juin, que Dilbeek, à $^3/_4$ de lieue de Bruxelles, où vécut saint Alène, offrait alors une double protection contre les incursions des gentils, par l'épaisseur considérable de la forêt et les grandes inondations. Les villages actuels de Ruysbroek, Melsbroek, Willebroek, etc., rappellent, par leur terminaison, les marécages remplacés aujourd'hui par les belles prairies qui bordent la Senne. L'ancien nom de Bruxelles, *Broeksel*, indique la nature du terrain de la partie basse de la ville, qui tire son origine des environs de la place de St-Géry.

Ce fut dans des marais vastes et profonds, attenants à la Dyle, à Louvain, que périrent près de 100,000 Normands défaits par l'empereur Arnould, en 890.

La partie méridionale, le Hainaut, n'offrait ni un aspect moins sauvage, ni une agriculture plus florissante. Selon les légendes de sainte Vaudru et de saint Ghislain, l'emplacement de la ville de Mons était, au VIIe siècle, une montagne déserte, couverte de ronces et de buissons. Le désert s'étendait jusqu'à l'endroit où saint Ghislain alla se confiner. La légende dit qu'il y trouva une ourse et ses oursons. Dans ce temps-là, ces animaux n'étaient pas rares en Belgique, où de vastes forêts leur servaient de repaire. L'empereur Othon, dans un diplôme de 943, défend la chasse aux ours. Lorsque ces bois disparurent, ils se retirèrent dans les épaisses forêts du Nord.

Le pays qui compose aujourd'hui la province de Namur n'était anciennement qu'une forêt. La population s'étant augmentée par le temps, les bois furent essartés, défrichés et réduits insensiblement en terres labourables. Plusieurs villages conservent le nom de ces travaux : Sart, Sart-Custine, Sart-St-Lambert, Sart-St-Aubain, Ransart, Lodelinsart, etc. Le peu de lieux habités que les actes du moyen âge mentionnent, dans la province de Namur et les Ardennes, et la multitude de monastères qu'on y fonda, à cette époque, prouvent qu'au commencement du moyen âge, la forêt des Ardennes couvrait encore presque toute cette partie de la Belgique. Les monastères s'établissaient presque toujours dans des lieux incultes et déserts. Au VIIe siècle, la ville de Namur et ses environs étaient des lieux déserts et boisés. Il en était de même de l'emplacement des abbayes de Maloigne, d'Andenne, de Waulsort, de Moustier, de Floreffe, de Geronsart et de la petite ville de Walcourt.

Les environs de Tongres et de Maestricht paraissent avoir été cultivés. Le reste du territoire de Limbourg et de Liége ressemblait à la province de Namur.

D'après la légende de saint Monulphe, l'emplacement de la ville de Liége était une forêt solitaire. Lorsque saint Lambert, qui parvint à l'épiscopat, en 658, visita ces lieux, il n'y existait qu'un petit hameau au milieu des bois. Tout le terrain qu'occupe le faubourg d'Amercœur était, suivant les annales du Xe siècle, un terrain vague et un repaire d'animaux sauvages. L'endroit où Goderan fonda le monastère de St-Gilles, était couvert d'une forêt servant d'asile à une nombreuse bande de malfaiteurs.

La partie sud-est du Luxembourg, les Ardennes proprement dites, nous donne la meilleure idée de ce qu'était la province entière, sous la domination romaine, et pendant les siècles postérieurs. Les environs de Luxembourg furent défrichés, en partie, au XIe siècle, par l'abbaye de Marienthal. Les endroits qui virent s'élever, au VIIe siècle, sous le roi Sigebert, les abbayes de Stavelot et de Malmedi, étaient, au dire des anciens chroniqueurs, des déserts affreux.

L'existence, en Belgique, d'animaux sauvages qui ne vivent de nos jours que dans les régions les plus reculées de l'Europe, nous fait mieux connaître que tout le reste l'état de la Belgique à l'époque dont nous venons de parler.

Les poésies de Venance Fortunat, qui datent du VIe siècle, peu après l'expulsion des Romains des Gaules, énumèrent, parmi les animaux sauvages qui peuplaient la forêt des Ardennes et les Vosges, l'ours, l'élan, l'urus, le bison et l'onagre. L'évêque saint Vaast, visitant, vers la fin du Ve siècle, les ruines de la ville d'Arras, récemment détruite par les Huns, vit avec douleur son église métropolitaine servir de tanière à un ours. D'après la légende de sainte Gudule, ces animaux habitaient la forêt de Soignes et les environs de Bruxelles, au commencement du IXe siècle. L'empereur Charlemagne y rencontra, à la chasse, un ours d'une taille monstrueuse, qu'il poursuivit jusqu'au village de Moorsel, entre Alost et Termonde. Les loups aussi y étaient si nombreux que cet empereur, dans un capitulaire de l'an 812, prescrivit d'entretenir deux louvetiers par canton.

La rudesse du climat était alors extrême, et les hivers étaient fort longs, à cause des bois et des marais qui couvraient notre pays. M. Moreau de Jonès estime que les forêts de la Belgique, il y a dix-huit siècles, exerçaient une telle influence sur le climat, que la température moyenne du mois le plus froid était de 5 à 6 degrés plus basse qu'aujourd'hui. Chaque hiver, le Rhin se couvrait d'une couche de glace si épaisse, qu'on traversait partout ce fleuve, sans danger, à pied comme à cheval (1). On peut juger de la longueur des hivers, à cette époque, par la coutume qu'avaient, au IVe siècle, les armées romaines de n'entrer jamais en campagne dans les Gaules avant le mois de juillet.

Les documents anciens nous apprennent que, pendant les huit premiers siècles de notre ère, la Campine offrait un aspect d'abandon et de solitude plus triste même que celui de la Flandre et du Brabant. Des bruyères, des marécages, de sombres forêts qu'occupaient quelques peuplades barbares isolées, sans commerce avec les peuples limitrophes, vivant de chasse, et, le plus souvent, de brigandage; voilà comment elle est dépeinte par les anciennes légendes, et notamment par celle de saint Lambert, qu'écrivit, au XIe siècle, un chanoine de Liége. L'auteur de l'ancienne relation des miracles de saint Trond, qui vivait à la même époque, dépeint la Campine comme des steppes immenses brûlées par l'ardeur du soleil, condamnées à une éternelle stérilité, et servant de repaire à une multitude de brigands qui, maîtres absolus de ces déserts, dépouillent et assassinent impunément tout voyageur qui a l'imprudence d'aborder ce pays inhospitalier.

Nous avons vu ce que devint notre pays, à la suite de l'énorme perte d'hommes que des fléaux divers coûtèrent à cette partie des Gaules, à la suite des vigoureux efforts que multiplièrent les Belges pour recouvrer leur indépendance, à la suite aussi des insubordinations et des révoltes qui agitaient les armées romaines, campées sur les bords de la Meuse et du Rhin. Pendant que ces armées proclamaient des empereurs, les frontières res-

(1) *Herodian. in Alexand. Severo.*

taient sans défense, le pays était envahi et saccagé, les populations rurales étaient massacrées et pillées. Si, à ces désastres, à cette dépopulation, triste et premier fruit de la rapacité des administrateurs romains, à ces ruines de toute nature, nous ajoutons les ravages successifs des Huns, des Vandales et des Normands, nous devons nécessairement conclure que les habitants des campagnes disparaissant dans ce chaos, des champs autrefois cultivés redevinrent des bruyères ou des bois. Ce n'est qu'à l'époque où les incursions des Normands cessèrent que, les débris de la population commençant à respirer, la fondation des monastères rendit l'essor à l'agriculture; alors seulement les terres furent défrichées, les marais desséchés.

Charles-le-Simple, avant d'accorder la Normandie à Rollon, en 911, voulut d'abord lui céder la Flandre. *Flandrensem vero provinciam, ut ex eà viveret, voluit rex ei primum dare; sed ille noluit prae paludum impeditione recipere* (1). Et cependant la Normandie, que Rollon préféra à la Flandre, n'était alors qu'une terre inculte et couverte de bois : *sylvis ubique adultis a cultro et vomere torpebat inculta.*

Le système féodal avait exercé une grande influence sur la prospérité de l'agriculture. Les seigneurs franks, qui obtinrent de la libéralité des souverains des domaines, à titre de bénéfice, se construisirent une demeure au centre de leurs terres. Les titres du moyen âge donnent le nom de *villa dominicata* à ces manoirs seigneuriaux, y compris les propriétés que le seigneur exploitait lui-même, par les ouvriers de sa basse-cour. L'ensemble du domaine entier, avec ses fermes ou *manses*, portait la dénomination de *villa*, d'où est dérivée celle de village.

Lorsque, aux Xe, XIe, XIIe et XIIIe siècles, l'anarchie, née de la faiblesse et des troubles de l'empire germanique, eut plongé les Pays-Bas dans des guerres interminables et des dissensions

(1) Wilhelm, *Gemit.*, cap. 17-19, *de ducibus normannis*, dans la collection *Hibernica anglica, etc., ex bibl*, Guill. Camdeni. Francfort, 1602.

civiles, suscitées surtout par les seigneurs féodaux, les terres des abbayes et des églises servirent d'asile aux habitants des campagnes, toujours opprimés et pillés par ces petits tyrans. Des paysans libres se déclaraient serfs de tel ou tel saint, et sacrifiaient leur liberté et celle de leur famille pour jouir d'un sort plus doux et plus tranquille. Ils allaient demeurer autour du monastère ou de l'église dont ils dépendaient, et ils formaient des bourgs. Les abbayes, à mesure qu'elles s'établirent, exercèrent donc une grande influence sur les progrès de l'agriculture et l'amélioration des mœurs. On leur dut une administration plus régulière et l'adoucissement de la servitude. Les invasions des Normands avaient, à la vérité, détruit de fond en comble cette civilisation naissante; mais, au milieu du XIe siècle, on la vit reprendre sous Baudouin-le-Pieux, qui mourut en 1067. Pour prouver la situation prospère de la Belgique à cette époque, citons une lettre de Gervais, évêque de Reims. Elle fournit des détails pleins d'intérêt sur l'administration des pays gouvernés par ce prince. « Que dirai-je de l'affluence des diverses richesses que le » Seigneur a voulu t'attribuer, par droit héréditaire, à un si haut » degré qu'il est peu d'hommes qui puissent t'être comparés à » cet égard? Que dirai-je *des efforts persévérants par lesquels » tu as si habilement fécondé un sol qui, jusqu'alors inculte, » surpasse aujourd'hui les terres les plus fertiles?* Docile aux » vœux des laboureurs, il leur prodigue les fruits et les mois- » sons, et les prés se couvrent de nombreux troupeaux. Racon- » terai-je que tes peuples te doivent le don du vin qui leur était » inconnu? Afin que rien ne manquât aux habitants de tes pro- » vinces, tu parvins à apprendre au cultivateur à cultiver la » vigne, de sorte qu'après avoir longtemps ignoré ce qu'était le » vin, il préside aujourd'hui aux travaux des vendanges. Qu'a- » jouterai-je sur tes autres trésors, sur tes joyaux et tes vête- » ments précieux? Tout ce que le soleil voit naître, dans quelque » région ou sur quelque mer que ce soit, t'est aussitôt offert, » ô prince Baudouin, et puisse-t-il pendant longtemps en être » ainsi, puisqu'il n'est personne plus digne que toi de posséder

» ces biens (1)! » Sous son fils, Baudouin-le-Bon, qui lui succéda, mais ne régna que trois années, les portes des maisons ne se fermaient plus la nuit, par précaution contre les voleurs, et le campagnard abandonnait dans les champs le soc de sa charrue (2).

Après la mort de ce dernier, Philippe Ier, roi de France, attisa en Flandre toutes les discordes qui devaient affaiblir ce pays, et les Flamands regrettèrent la paix, qui, selon l'expression d'un historien, avait fait un paradis de leurs campagnes (3).

Les monastères se relevèrent sous le comte Arnould-le-Vieux et ses successeurs. En Flandre, ils entreprirent, avec succès, le défrichement des terres incultes, firent connaître plusieurs branches d'industrie et favorisèrent le commerce.

Le pays de Waes ne fut pas aussi heureux : l'unique abbaye qu'il possédait n'offrit longtemps encore que des ruines, et les églises de ses rares villages ne se rétablirent elles-mêmes que bien lentement. Ces villages étaient *Dacknam, Bevera, Tamisch, Waesmunsterium, Bardemare* ou *Saleghem, Verrebroeck, Belcele, Pumbeke, Lokeren* et les anciens châteaux de *Burght*, *Voorholt* et *Rupelmonde*. Le pays de Waes ne possédait de terres fertiles que dans les parties riveraines de l'Escaut. La majeure partie des autres ne produisaient que de mauvaises herbes et des genêts.

Il est fait mention des polders sous Philippe d'Alsace, en 1167 (4). Les territoires, à l'embouchure de l'Escaut, noyés par les eaux, ont subi de grands changements par les atterrissements successifs et les endiguements qui créèrent les polders. Ceux de Nieuwvosmaer, dans la partie qui comprend la côte septentrionale de la Flandre zélandaise, ne consistaient, vers l'an 1274, qu'en un grand nombre d'îlots. D'après la carte de la Flandre, dressée à cette époque, par ordre du comte Gui de Dampierre, ces îlots, alors incultes et inhabités pour la plupart, ont été réunis par l'endiguement des canaux qui formaient leur séparation.

(1) *Belgisch Museum*, IV, p. 172.
(2) *Corp. Chron. Fl.*, I, p. 53.
(3) *Id.*, *id.*, I, p. 54.
(4) *Cartulaire de St-Bavon*, p. 47.

Il en était de même à l'embouchure de la Meuse. En 1304, le bras de ce fleuve qui séparait l'îlot de Drieschor de l'île de Schouwen, avait encore une telle largeur, que la flotte entière de Philippe-le-Bel, roi de France, forte de plus de 1,600 voiles, y manœuvra à l'aise. En 1374, ce canal, déjà comblé par les alluvions, fut joint par une digue à Schouwen et Drieschor.

La Zélande entière ne renfermait, en 1480, que 93,000 acres de terres productives. En 1513, elle en contenait déjà 140,590. Par analogie, nous pouvons juger quelle extension prenait l'agriculture dans les autres provinces du pays, à la même époque.

Sur 49,616 acres de terre que contient le pays de Waes, plus de 12,000 consistent uniquement en polders, dont les endiguements ne remontent, en grande partie, qu'au XVme et au XVIme siècle. Par lettre d'octroi de 1432, Philippe-le-Bon permit l'endiguement et la mise en culture des polders situés entre Kieldrecht, Calloo et Verrebroek : « Vendons, y dit ce prince, » transportons et baillons outre en héritage perpétuel à nos » bien amez Josse Triest, Johan Veydt, etc., etc., tous les scors » gisants entre Kieldrecht, Calloo et Verrebroeck, tout ainsi » comme ils gisent et se comprendent en moers, terres, pastu- » rages, eaux, woestines, déserts, roseaulx, glaiez, regetz de la » mer, que la rivière de l'Escaut y pourrait rejeter, et dont ils » sçauront et pourront faire prouffit et avantages au temps ad- » venir, en quelque manière que ce soit ou puisse être, sans en » rien retenir ni excepter. » L'endiguement de Calloo, effectué en 1450, comprend 995 bonniers 45 verges.

Les polders de Ste-Anne-Ketenisse et de Beveren, qui datent de la même époque, renferment ensemble 1,191 bonniers 153 verges. En 1514, on créa à Calloo, par des travaux de dessèchement, 3,000 acres de terre cultivable.

Anciennement, avant la construction de la longue chaîne de digues qui maintient son cours, l'Escaut envahissait, à chaque marée, les terres les plus fertiles de la Flandre, et les enlevait ainsi à la culture.

Les débordements journaliers de l'Océan n'exerçaient pas

moins de ravages dans la partie occidentale du territoire. Les flots de la mer y couvraient les plaines, à chaque marée haute, et pénétraient jusqu'au centre du pays, souvent à 8 lieues de la côte. Ils y formaient des golfes, des lacs et des eaux stagnantes, qui se convertirent en marais et dont les agriculteurs flamands ont fait un territoire très-productif.

La petite ville de Dam, aujourd'hui séparée de la mer, par une distance de 3 lieues, possédait, au XIIIme siècle, un port assez spacieux pour abriter toute la flotte de Philippe-le-Bel qui, comme nous l'avons dit, comptait plus de 1,600 voiles. A cette époque, Axel, Dixmude, Loo-Christi, étaient, comme Ardenbourg, St-Omer et Térouane, des villes situées au bord de la mer. Il en était de même, il y a peu de siècles, de la petite ville de Furnes, aujourd'hui à 2 lieues de la côte.

Les ancres et les débris de navires découverts à différentes époques, jusque dans les parties de la Flandre les plus éloignées de la mer, attestent combien les débordements de l'Océan ont dû exercer de ravages dans ces contrées. En 1803, on déterra dans les tourbières de Flines-lez-Marchiennes, à 2 lieues de Douai, un bateau plat, creusé dans le tronc d'un arbre, comme ceux dont se servaient les pirates saxons du Vme siècle et les Normands au IXe. Ce bateau fut trouvé à 16 pieds de profondeur, dans un banc de coquillages et d'autres débris maritimes.

La rapidité que mit l'Océan à se retirer des côtes de la Flandre est telle qu'en 1750, le fort de Risban, construit par ordre de Louis XIV pour la défense du port de Dunkerque, se trouvait déjà à 300 toises des basses marées, et qu'en 1773, ces dernières étaient de 100 toises au moins plus éloignées du port de Nieuport qu'elles ne l'étaient en 1750. L'histoire nous apprend que c'est en traversant la mer, avec ses chiens et ses faucons, pour aller chasser sur les côtes marécageuses de la Flandre, les oiseaux qui y abondaient des contrées septentrionales, qu'Harold, roi des Anglo-Saxons, fut jeté par la tempête près de l'embouchure de la Somme, dans les États du comte de Ponthieu, qui le livra au duc de Normandie.

Il est souvent question, dans des titres qui remontent jusqu'au commencement du XIIme siècle, de terres nouvelles créées dans ces parages par la retraite de l'Océan. Si, dès lors, le décroissement de la mer sur les côtes de la Flandre s'opérait avec autant de rapidité que dans les derniers temps, on aurait lieu de croire que toute l'étendue de cette côte, à une distance de plusieurs lieues de la mer, était encore sous les flots à l'époque de la domination romaine.

L'Océan ne laissa d'abord à découvert que les parties les plus élevées de la côte. Il se forma, dans les terres basses, des lacs et des marais que l'industrie de nos ancêtres et les travaux ordonnés par les souverains du pays changèrent plus tard en belles campagnes bien cultivées.

Philippe d'Alsace, comte de Flandre, déjà cité, fit dessécher, en 1169, et mettre en culture un immense marais, entre Watte et Bourbourg, et un autre près de la ville d'Aire (1).

Au commencement du XVIIme siècle, deux vastes lacs, désignés sous le nom de *moeres* et sur lesquels on voyait les navires voguer à pleines voiles, se trouvaient entre Dunkerque, Furnes et Bergues-St-Winox. Wenceslas Coberger d'Anvers entreprit de les dessécher. Il était premier architecte des archiducs Albert et Isabelle (2). C'est à lui que revient tout l'honneur de cette grande entreprise. Les travaux commencèrent en 1620. Dès 1622, la moere était presque entièrement à sec, mais le desséchement ne fut complet que 7 ans après.

On sema, sur la boue, du colza, qui y réussit à merveille, et cette vaste étendue d'eau fut transformée en gras pâturages et en terres labourables ornées de belles plantations.

Une église et quarante maisons y furent bâties, en 1641, par le baron de Noirmont, acquéreur de la propriété de Coberger.

La grande moere avait une superficie de 7,098 mesures et 66

(1) Miræus, *Dipl.*, tome I, chap. 65.
(2) Il construisit l'église des Augustins à Bruxelles.

verges, dont le roi eut pour sa part 5,400 mesures et Coberger les 5,698 mesures et 66 verges restantes.

Lorsqu'en 1646, l'armée française se trouvait devant Furnes, on ouvrit à Dunkerque, le 4 septembre, l'écluse dite de Coberger, parce qu'on craignait un siége. Une partie de la Flandre maritime fut inondée par le refoulement des marées, et les moeres, furent si subitement mises sous les eaux, qu'à peine les habitants purent se sauver. Toutes les maisons et les fermes s'écroulèrent successivement, et les belles plantations d'arbres périrent par l'eau salée.

Le duc d'Aremberg fit dessécher en Flandre, en 1785 et 1786, plus de 600 bonniers de marais. Cette opération lui coûta au delà de 600,000 florins.

De tels travaux ne peuvent être entrepris qu'au sein d'une longue paix. L'extension de l'agriculture se lie, comme nous l'avons déjà dit, aux événements historiques signalés par les annales de notre pays. Les guerres, les mauvais gouvernements, ont ralenti ou détruit l'agriculture en Belgique. Elle fuit les lieux où on l'opprime et ne s'arrête que dans les contrées où elle peut fleurir en paix. Nous la voyons régner là où il n'existait autrefois que des déserts, tandis que les lieux où elle cesse de régner deviennent des solitudes.

C'est ainsi que la fondation des monastères métamorphosa la Belgique et lui donna une toute nouvelle physionomie. Un grand nombre de nos bourgs et de nos villages doivent leur origine à ces institutions religieuses. Aussi la population s'était tellement augmentée que le pays n'était plus reconnaissable. Comme preuve historique de cet accroissement de population, nous citerons qu'en 1047, l'empereur d'Allemagne Henri-le-Noir, ayant réuni une nombreuse armée, traversa le pays de Cambrai pour pénétrer en Flandre; mais qu'il ne put y réussir, parce qu'un rempart, défendu par un fossé et garni de palissades, fut construit depuis Normholt jusqu'à la Bassée. Un si grand zèle, disent les chroniques du temps, animait ceux qui prirent part à ce travail de défense nationale, qu'en trois jours et trois nuits, ce retranchement, qui s'étendait sur une longueur de 9 lieues, fut complétement achevé. L'empereur, étonné de la puissance de la Flandre, se retira. Le comte Baudouin le poursuivit jusqu'au Rhin et livra aux flammes le palais impérial de Nimègue (1). Nous mentionnons ce fait, parce qu'il nous montre non-seulement l'accroissement de la population, mais encore l'aptitude qu'elle avait acquise, à cette époque, à manier la bêche pour exécuter aussi vite un travail de terrassement des plus considérables. Ce fait nous indique, en dernier lieu, la grande abondance de bois, qui faisait trouver, sous la main, et permettait d'abattre l'énorme quantité de palissades nécessaire pour en garnir un tel ouvrage.

La religion était le premier but de ces établissements monastiques, mais l'agriculture et le bon ordre en reçurent de grands avantages. Ces bons religieux, qui ne s'étaient pas donnés à Dieu pour mener une vie fainéante, travaillaient de leurs mains à essarter, dessécher, labourer, planter et bâtir, moins pour eux, qui vivaient avec une grande frugalité, que pour nourrir les pauvres. C'est grâce à leurs laborieux travaux, grâce à la bonne impulsion et à la bonne direction qu'ils donnèrent aux populations rurales, que des déserts incultes et sauvages se transformèrent en lieux très-fertiles. C'est dans la double vue de l'amélioration morale et matérielle que furent établis les premiers monastères. Les souverains les dotèrent richement, les populations les aidèrent d'une manière efficace; le succès de ces établissements fut si éclatant que les princes, d'après Montesquieu, regardaient les dons immenses qu'ils leur faisaient, moins comme une action religieuse que comme une mesure politique.

» Pendant six ou sept siècles, dit l'abbé Mann, la persévérante » industrie des moines s'est exercée sur des sables arides et en a » amené une partie à un degré de fécondité remarquable. Aussi» tôt qu'ils avaient porté, par les travaux et les engrais, une por» tion des terrains de bruyère à un degré de culture suffisant » pour nourrir une famille, ils y faisaient bâtir des habitations

(1) *Chr. S. Bav.* 1047.

» commodes et y établissaient un fermier, à des conditions équi-
» tables. C'est par de tels moyens que de vastes espaces, dans
» la Campine, ont été convertis en des terres très-bien cultivées
» et couvertes de villages, d'églises et de maisons. L'abbaye de
» Tongerloo disposait de 70 cures dans les villages qui l'entou-
» rent et qui lui doivent leur existence. »

L'activité infatigable des moines, l'extension que prit la culture des terres par l'emploi utile de leurs revenus annuels, avaient tiré pour ainsi dire du néant des productions de toute espèce. Cet heureux changement augmenta la quantité des denrées alimentaires en proportion de l'accroissement de la population. Les moines ne pouvaient employer ni plus sûrement, ni plus avantageusement l'excédant de leurs revenus annuels, qu'en le consacrant à l'augmentation de la valeur des terres dont cet excédant était le produit. Obligés, par devoir d'état, à secourir l'indigence, les monastères distribuaient, comme secours, le salaire d'un travail productif : véritable aumône conforme aux préceptes de la morale et aux intérêts de la politique. De vastes déserts, des forêts épaisses, des marais croupissants, des terres immenses ensevelies sous les eaux, des bruyères sablonneuses où on ne rencontrait auparavant que quelques villes en ruines, quelques châteaux construits à la hâte, et des demeures éparses, selon les mœurs des Germains, se transformèrent en prairies et en campagnes riantes où s'élevaient des villes déjà populeuses et marchandes.

Afin de donner une idée de l'intelligente habileté avec laquelle les monastères parvenaient à faire défricher leurs terres incultes, nous traduisons une charte inédite, que nous devons à l'obligeance de M. l'académicien Schayes. Elle est tirée du cartulaire du chapitre de St-Pierre, à Anderlecht, et se rapporte à l'année 1250 (1).

(1) *L...., châtelain de Bruxelles, N...., doyen de Hal, R...., prêtre de Braine-Lalleud, et F...., prêtre de Plancenois, à tous ceux qui les présentes verront, salut et connaissance de la vérité.*

Chacun saura qu'un différend s'est élevé devant l'official de Cambrai entre les vénérables et discrets personnages Th...., prévôt, N...., doyen, et tout le chapitre de Cambrai, d'une part, et Regnier Rivelle du Petit-Braine. Jehan.

Presque tout l'espace entre la Dendre et l'Escaut, qui faisait jadis partie du Brabant, était, il y a six à sept siècles, inculte et inhabité.

Une charte de 1210 fait donation à l'église d'Afflighem du désert situé entre Wemmel et Jette pour le cultiver.

La colline sur laquelle s'élève une partie de la petite ville

dit Hanecon, Thomas du Mont, Regnier, frère Braviart, Werrick du Petit-Braine, Jehan, dit Hanoye, Morgamick, dit Denier, et Walter de Fossart, d'autre part, relativement à la culture des terres situées près de Braine-Lalleud, regardant ledit chapitre de Cambrai comme dot accordée à l'église de Cambrai; que chacun des personnages désignés exploitera ladite terre, en proportion de ce que chacun en possède, depuis la prochaine fête de St-Remi, pendant douze ans. Chacun cultivera soigneusement, d'après l'usage, *et en temps opportun, comme l'envoyé dudit chapitre le jugera convenable, avec ses propres instruments et charrois, et ensemencera, sans aucun frais ni labeur, pour le chapitre de Cambrai.* Au mois d'août de chaque année, chacun d'eux réunira, pour la dixième gerbe, les fruits desdites terres, et les divisera en deux parties égales. *L'envoyé du chapitre de Cambrai en choisira une pour lui,* que chacun d'eux sera tenu, chaque année, *de conduire à Braine-Lalleud,* au lieu désigné par l'envoyé du chapitre. Chacun d'eux sera en outre tenu, pour sa partie de terre en particulier, d'amender toute ladite terre, dans l'espace des douze ans précités, au moyen de la marne et du fumier : sauf cependant les parties de cette terre qui auraient été amendées par le marnage, dans l'espace des trois dernières années récemment écoulées.

Comme, aux confins de la paroisse de Braine-Lalleud, se trouve située une partie de terres incultes, vulgairement appelée *le Terrenbas,* qui regarde ledit chapitre, les personnes désignées ci-dessus *sont tenues de rendre à la culture toute cette terre inculte,* chacune en proportion des terres qu'elle cultive, et de la manière désignée ci-dessus. Si lesdits hommes ne suivaient pas à la lettre les conventions susmentionnées, *le chapitre aurait son recours sur la moitié des fruits accordés pour la culture de cette terre auxdits personnages.* Le chapitre percevrait seulement de ladite moitié la part qui lui serait accordée, d'après l'estimation d'hommes probes, et d'après les dommages que ledit chapitre affirmerait, sous serment, lui avoir été apportés par la négligence desdites conventions. *Au bout des douze années, la susdite terre tout entière reviendra au chapitre, nonobstant l'amélioration apportée aux terrains par lesdits hommes.* En foi de quoi nous avons donné au même chapitre, sur la demande desdits hommes, les présentes lettres revêtues de nos sceaux.

d'Aerschot n'était, au XIVe siècle, qu'un terrain vague, que Jean 1er, duc de Brabant, donna aux habitants de ce lieu, alors simple village, placé au pied de cette colline, dont le nom de *Braeck* (terre en friche), que porte encore cette élévation, rappelle ce qu'elle était autrefois.

La forêt de Soignes couvrait encore, au XIIIe siècle, tout l'espace occupé aujourd'hui par la ville haute à Bruxelles et par les faubourgs de Namur, de Louvain et le Parc. Le défrichement de l'espace compris entre les villages d'Uccle, Bootendael et Auderghem, sur une superficie de 3/4 de lieue, ne date que de la seconde moitié du siècle dernier (1). La forêt des Ardennes avait, en 1581, une étendue de 42,000 arpents; en 1829, seulement 28,000; diminution de 14,000 arpents de bois en 248 ans (2).

La charte de fondation de l'abbaye de Grand-Bigard, émanée de Godefroid-le-Barbu, comte de Louvain, dépeint l'emplacement de cette abbaye comme un désert (3).

A cette époque, les monastères, vrais monuments de travail et de paix, étaient recherchés par des hommes jusque-là voués à la guerre et à la discorde. Vers l'année 1092, six hommes d'armes qui, par le conseil de l'évêque de Cologne, avaient résolu de se vouer à la vie religieuse, se retirèrent à Affighem, dans un lieu désert, refuge, jusqu'alors, de voleurs infestant la route de Flandre en Brabant. Ils n'apportaient avec eux que trois pains et un fromage, qu'ils avaient reçus comme aumône; mais ils possédaient quelques instruments de fer pour cultiver la terre et lui faire produire des moissons. Ils bâtirent d'abord un petit oratoire, ensuite un asile pour les pauvres, puis un hospice pour les voyageurs, et, enfin, une chaumière pour eux-mêmes. Le saint prêtre Fulgentius fut leur premier abbé. Le monastère d'Affighem devint bientôt puissant et célèbre.

(1) *Histoire de Bruxelles*, par l'abbé Mann, tome II, appendice.

(2) Faisscau-Lavaune, *Recherches statistiques sur les forêts de la France;* Paris, 1829, *Bulletin des sciences géog.*, tome XIX, p. 2.

(3) Miræus, *Dipl.*, tome I, chap. 88, *Donnat. piar.*

Il n'y a pas deux siècles et demi que l'espace qui conduit au château d'Heverlé, offrait un terrain stérile et raboteux. « Avant » d'arriver au château d'Heverlé, dit l'abbé de Feller, on voit, à » gauche du grand chemin, un monument bien digne de consi- » dération, qui atteste que toutes les terres aujourd'hui unies et » fertiles, n'étaient autrefois qu'un groupe de cônes de la hau- » teur du monument qui en marque l'élévation. L'inscription » qu'il porte n'est point lisible. Un de mes amis s'est chargé de » la déchiffrer et de me l'envoyer. La voici : Tous ces chemins, » drèves, places, terres, prairies, jardainages et autres lieux, » estants allentour et dépendant de ce château de Heverlé, sont » estées montaignes semblables à cette hurée et pierres hautes » de XX pieds, lesquelles Hault, Puissant, Ill^me^ et Ex^me^ Prince, » messyre Charles, Syre et P^ce^ duc de Croy et d'Aerschot a fait » démolir et aplanir comme se voit, depuis le 1er janvier 1596, » jour que, comme seigneur et baron de cette terre et signorie, » il a prins possession d'icelle. » (1).

L'espace qui sépare la ville de Louvain de celle de Tirlemont était, il y a quelques siècles, entièrement couvert de bois, ainsi que l'emplacement et le territoire de Jodoigne.

La petite ville de Léau était entourée de marais et d'eaux stagnantes, qui corrompaient l'air et produisaient des fièvres et des épidémies, auxquelles le dessèchement et la mise en culture de ces marécages mirent fin.

Un lac de trois lieues de circuit, qui existait entre Haesdonck et Rupelmonde, a été également desséché (2).

Au commencement du XIIe siècle, lorsque saint Bernard fonda l'abbaye de Villers, tout l'espace compris entre cette abbaye et la ville de Nivelles, distant de 3 lieues, était entièrement couvert de bois et inculte. Par lettres de l'an 1255, Henri II, duc de Brabant, donna au prévôt de Nivelles les communaux incultes entre le village de Promelles et la grande route de Nivelles à Genappe (3).

(1) De Feller, *Itinéraire*, tome II, p. 553.

(2) Vandenbogaerde. *Het land van Waes*, tome I. p. 688.

(3) Butkens. *Trophées de Brabant.*

Par lettres de 1290, Adélaïde, dame d'Hoboken, confirma la donation faite par sa mère au monastère des dominicaines d'Auderghem, près de Bruxelles. Cette donation consistait en dîmes de terres nouvelles, défrichées dans les paroisses de Heckeren et de Hoboken.

Au XVe siècle, au lieu de la petite ville de Spa et de ses environs, on ne voyait encore que des bois et des bruyères.

Le défrichement des vastes bruyères qui existaient autour de Verviers, ne remonte qu'à l'année 1779 (1).

Une foule de chartes du XIIe et du XIIIe siècle, constatent combien la culture du beau pays de Flandre était différente alors de sa culture actuelle et témoignent des efforts faits, dès cette époque, pour élever cette province à la splendeur qu'elle a acquise de nos jours.

Dans l'année 1162, des défrichements avaient eu lieu, sous Robert de Béthune, comte de Flandre, dans les environs de Courtrai.

Une charte de la comtesse Jeanne de Constantinople, de l'an 1216, fait mention de terres incultes nouvellement défrichées dans les paroisses des ghilden de Thourout et de Lichtervelde. Thierry d'Alsace, comte de Flandre, pour peupler les champs en friche de la paroisse de Reyneghem, fit un appel à tous ceux qui voudraient se fixer dans ces lieux, leur promettant aide et appui et surtout la bâtisse d'une église.

Une charte de 1240 atteste qu'on s'occupait activement à défricher les forêts et les lieux incultes dans toute l'étendue du diocèse de Tournay.

Le comte Baudouin IX, paisible possesseur, en 1231, du pays de Waes, prit à cœur d'y améliorer l'agriculture et d'y développer la civilisation. Il concédait volontiers des terrains aux abbayes qui, seules d'ailleurs, étaient à même de les défricher. Un religieux du monastère de Saint-Pierre de Gand, nommé Baudoin de Boela, avait formé, dans une forêt du pays de Waes, une

(1) *Itinéraire de l'abbé de Feller*, t. II, p. 211.

communauté peu nombreuse. Le comte Baudouin aida efficacement ces moines courageux, dont l'exemple porta le peuple au travail; et, grâce à eux, de nouveaux centres de population, de nouvelles communes s'établirent.

Baudoin de Bocla jeta, en 1197, les fondements d'un monastère dans une forêt, au milieu d'une vaste solitude du pays de Waes appelée *Bodeloo*. Ces lieux sont dépeints comme une contrée déserte, couverte de bois, servant de repaire à des animaux sauvages (1). Chaque nuit, les loups venaient y rôder, en grand nombre, autour des murs de l'abbaye.

Une foule d'actes anciens de donation ou de vente de terre, tant de la Flandre que des autres provinces de la Belgique, contiennent ces mots : *Terra tam culta quam inculta*, et : *Terra novalis*, pour désigner la qualité des propriétés. C'est pour nous une preuve de l'état inculte et désert d'une grande partie de la Belgique, il y a huit ou dix siècles. Les principaux défrichements de la Flandre, aujourd'hui si remarquable par son agriculture, et l'accroissement de sa population, ne remontent, comme nous l'avons déjà fait voir, qu'au XIIe et au XIIIe siècle; et même, la portion la plus riche et la mieux cultivée de cette province, le pays de Waes, en était encore la plus pauvre et la plus déserte, il y a 300 ou 400 ans.

De vastes défrichements entrepris par les abbayes de Tongerloo, d'Averbode et de Postel convertirent en riches et fertiles campagnes une grande partie de bruyères arides de la Campine, regardée, jusqu'au XIe siècle, comme une terre condamnée à une éternelle stérilité. Cette heureuse métamorphose est due à l'industrie des habitants, stimulée par l'exemple que donnèrent les monastères de l'ordre de Cîteaux, fondés dans ces lieux (2). C'est par eux qu'à l'instar des sables et des bruyères de la Flandre, une partie de ceux de la Campine ont été convertis en fertiles campagnes.

(1) Sanderus, *Flandr. illust.*, lib. IX.
(2) *Acta SS. Belgii*, tome V, p. 56.

Nous citerons ici, comme jalon indiquant la renaissance de l'agriculture dans nos différentes provinces, l'époque de la fondation de diverses abbayes.

L'acte de fondation de l'abbaye d'Averbode, daté de l'an 1136, témoigne qu'antérieurement, les environs de ce monastère étaient d'affreux déserts et des repaires de bandits (1). Les terres de cette abbaye présentent aujourd'hui de magnifiques bois de chênes, de superbes prairies, des champs couverts de riches moissons. La mise en culture d'une partie considérable de ces terres ne remonte qu'au XVIIIe siècle. Nous voyons à la page 75 du *Mémoire historique et politique sur la nation Belge*, par Verhoeven, mémoire couronné par l'Académie, en 1789, que le monastère d'Averbode avait fait défricher récemment plusieurs centaines de bonniers de bruyères et de déserts. « Ils offrent déjà aujourd'hui » le plus bel aspect, par les plantations de bois de chêne, de » sapin, d'aune, et par les allées de hêtres, d'ormes, de tilleuls » et d'autres arbres placés, selon la nature du sol. Ils viennent » à merveille là où 40 ans auparavant, *comme nous en sommes » le témoin oculaire, on ne découvrait qu'une bruyère mon» tueuse, inégale et des vallées remplies d'eau croupissante.* Ceux » qui connaissent les marais appelés la Greeve, desséchés et » mis en culture par l'abbé de Tongerloo, du temps qu'il était » proviseur, seront convaincus qu'une entreprise pareille ne » *saurait jamais avoir lieu que dans un corps permanent.* Une » grande partie des revenus de l'abbaye y fut engloutie; les pau» vres seuls en profitèrent; l'oisiveté fut bannie, et, après de » longs travaux, des lacs immenses furent en partie desséchés, » d'autres convertis en étangs poissonneux et en canaux. *En » réfléchissant sur la fertilité des campagnes et sur l'ingratitude » du sol sur lequel sont bâties les deux abbayes de Tongerloo et » d'Averbode, on dirait que toutes les deux, à l'envi l'une de l'au» tre, ont épuisé tout ce que l'industrie et l'expérience en agricul» ture peuvent suggérer.* »

(1) Miræus, *Dipl.*, t. I. p. 102.

L'origine de la prévôté de Postel est fixée, par Wichmans, vers l'an 1140. « Il suffit, dit l'auteur du mémoire, de l'avoir vu pour » être convaincu qu'un endroit si ingrat n'a pu être habité que » par des hommes vraiment inspirés de Dieu, qui ont été tirés » de l'abbaye de Floreffe. »

Les provinces situées entre l'Escaut, la Meuse et le Démer, parties les moins boisées de la Belgique aujourd'hui, étaient jadis remplies de bois, comme nos autres provinces, ainsi que l'attestent nos anciennes chartes et chroniques et les noms d'un grand nombre de villes, bourgs et villages. La même observation s'applique au territoire compris entre la grande et la petite Nèthe et la Dyle. Guicciardini, dans son ouvrage imprimé en 1567, cite comme principales forêts du Brabant: Soignes, Saventhem-Loo, Grootenhout, Grootenheist et Meerdal (1).

Les plus anciens documents relatifs aux défrichements de la Campine remontent au XIIIe siècle. Arnould, seigneur de Breda, en 1276, 1277 et 1282, et Rase de Gavre, en 1291, donnèrent à l'abbaye de St-Bernard plus de 2,000 bonniers de bruyères et de terres incultes sur le territoire de Gestel, que les religieux convertirent en culture (2).

L'auteur des *Délices du pays de Liége* s'exprime en ces termes, au sujet des religieux de la congrégation de Saint-Joseph, qui s'établit, en 1685, au village d'Achel : « Le superflu dont ils se » privent rigidement multiplia chez eux le nécessaire et leur » donna, en moins de 60 ans, les moyens de changer un désert » ingrat et sauvage en une habitation également fertile et agréa- » ble. Elle est située à l'extrémité du village d'Achel, *partie sur* » *des sables mouvants* et partie sur un marécage qu'on n'a pu » rendre praticable qu'en relevant le terrain. Ces lieux ont pris » une forme bien différente entre leurs mains. On y aborde au- » jourd'hui par de belles avenues d'arbres de haute futaie plantés » au cordeau, etc. Ces religieux ont su se faire des terres arables

(1) *Description des Pays-Bas*. Anvers, chez Silvius, 1567, in-fol., p. 63.
(2) Miræus, *Dipl.*, t. II.

» et des prairies qui occupent une étendue considérable, le tout » entouré de canaux, de haies soigneusement taillées et de di- » verses allées de haute futaie. »

A la seconde moitié du siècle dernier, on défricha, dans le Brabant septentrional, en peu d'années, au delà de 100,000 bonniers de bruyères, et, dans le court espace d'une année (1805), plusieurs autres milliers de bonniers furent également convertis en culture (1).

C'est à la fin du siècle dernier qu'on entreprit le défrichement des vastes bruyères qui entourent la ville de Hasselt.

Les croisades, qui durèrent près de deux siècles, ne furent pas sans résultats pour les progrès de l'agriculture en Belgique. Il était impossible à nos compatriotes, qui firent souvent le voyage de la Terre-Sainte, de traverser des pays mieux cultivés que les leurs, sans désirer de rapporter des productions qu'ils espéraient adapter au sol de leur patrie. Ils rapportèrent des pays étrangers de nouveaux fruits et de nouvelles plantes. C'est probablement de cette époque que date la culture du blé sarrazin, si précieux pour les terres sablonneuses. La tradition rapporte que, dans l'église de Zuydorpe, sont déposées les cendres d'un croisé qui, à son retour d'Asie, apporta dans la Flandre le blé noir nommé sarrazin (2).

La navigation et le commerce avaient pris un grand développement au XIVe et au XVe siècle, et les Flamands, portant dans tous les pays les draps qu'ils fabriquaient, y connurent de nouvelles productions, qu'ils s'empressèrent de rapporter chez eux.

Ce développement rapide du commerce, dont les intérêts se lient si intimement à ceux de l'agriculture, réagit fortement sur elle, pendant le moyen âge, lors de la grande prospérité de Bruges, Gand, Ypres, Louvain, Tournay, Liége, Dinant, etc.

L'augmentation de la population nécessita sans cesse la mise

(1) *Statistiek van het Departement Braband.*

(2) *Tableau Statist. du Département de l'Escaut.* Paris, Imp impér., in-fol., page 64.

en culture de nouvelles terres, jusqu'alors négligées, à cause de leur infertilité. L'emploi plus fréquent des engrais qui se multipliaient par l'agglomération des habitants, avait permis de soumettre à la charrue des terres qu'on dédaignait autrefois. Les premiers pas dans les perfectionnements des méthodes de culture étaient l'œuvre des choses elles-mêmes : la nature du terrain et la densité de la population servaient de guides. Le temps n'était plus où les habitants, peu nombreux, disposaient d'immenses territoires sur lesquels s'étaient accumulés, depuis des siècles, tous les débris de la végétation.

Lorsque le sol était vierge encore, il donnait des récoltes faciles et riches. On conçoit que les efforts de l'homme s'y exerçant peu, les engrais étaient presque complétement négligés. On ne s'adressait qu'aux terrains légers et faciles à remuer. Les plantes sauvages arrachées, on traçait des sillons. On y semait des céréales et on y faisait récolte sur récolte, jusqu'à ce que le produit descendît à 3 ou 4 pour un. Puis, lorsqu'on jugeait le sol suffisamment épuisé, on allait défricher d'autres terrains qu'on fatiguait de même. Tel a été le système adopté autrefois dans les États-Unis de l'Amérique du Nord; tel est encore celui qui est suivi, de nos jours, dans les plaines de la Russie et de la Pologne.

Il est presque inutile de dire qu'à cette période des connaissances agronomiques, les engrais sont ou totalement négligés ou considérés comme des immondices nuisibles qu'il faut balayer au loin. Mais lorsque le pays se peupla davantage, il devint nécessaire de demander aux mêmes terres des récoltes plus fréquentes, et les rotations de culture s'introduisirent dans le travail agricole. Les fermiers divisèrent leur exploitation en trois parties : l'une, transformée en prairie perpétuelle, et destinée à fournir aux bestiaux des pâturages, pendant l'été, et du foin, pour l'hiver; les deux autres portions de l'exploitation, consacrées au labour, ne furent soumises à la charrue qu'alternativement, et, sur deux années, en passaient une en jachère. A cette période de l'agriculture, on commença à comprendre déjà l'importance des engrais; on les recueillit avec quelque soin, pour les répandre sur les terres dont on voulait augmenter la fertilité.

Pour satisfaire aux besoins d'une population croissante, les agriculteurs, qui connaissaient la valeur du fumier, se décidèrent à diminuer l'étendue des bonnes terres laissées en pâturage, et ils les convertirent en terres arables, se tournant ainsi vers la culture des plantes, qui remplaçaient l'herbe des prés pour la nourriture du bétail.

La culture en grand des navets, des carottes, des trèfles et de la spergule, pour les bestiaux, est si ancienne que les historiens du pays ne font aucune mention de l'époque où elle a commencé.

Les Flamands ne tardèrent pas à introduire un progrès plus marqué dans la science agricole. Ils firent produire à leurs champs, la même année, une seconde récolte de navets ou de spergule, après celle des grains qu'ils y avaient obtenue.

C'est ainsi que, de temps immémorial, le cultivateur, dans la Flandre, a pu entretenir un nombreux bétail, qui lui donnait du fumier en abondance, et lui permettait d'entreprendre la mise en culture de terres sablonneuses, à sa portée, mais délaissées jusqu'alors.

Les champs de la Flandre sont, par le système de culture qui y est adopté, continuellement couverts de récoltes.

La culture de la pomme de terre a pris une énorme extension. M. Charles Morren, professeur de botanique et d'agriculture, à l'Université de Liége, nous apprend que la Belgique a eu l'honneur de donner le jour au premier propagateur de ce pain du pauvre. « C'est Charles de l'Écluse (Clusius) qui, au commencement de 1588, reçut deux pommes de terre de Philippe de Sivry, seigneur belge de Walhain et gouverneur de Mons. C'est par le légat du pape que ces tubercules avaient été apportés à Bruxelles. Clusius fit graver et décrivit le premier la pomme de terre pour la répandre. Il fallut néanmoins des siècles pour engager le peuple à s'en nourrir, et, sans les abbés de St-Pierre à Gand, qui forcèrent les paysans à payer la dîme

» en pommes de terre, ces précieux tubercules ne se seraient » pas de sitôt propagés dans les Flandres » (1).

En 1700, on s'occupait à peine de la culture des pommes de terre dans les jardins de quelques riches habitants de Bruges. Le fermier Verhulst, inspiré par son zèle patriotique, distribua gratuitement une grande quantité de pommes de terre à divers cultivateurs, en exigeant d'eux la promesse de concourir à la multiplication de cette plante. Ce but louable fut atteint. On trouva que la pomme de terre était d'une grande ressource, tant pour les hommes que pour le bétail. Enfin, en 1740, on apporta les premières pommes de terre au marché pour les habitants des villes, et, depuis cette époque, la culture de cette racine a fait des progrès continuels.

Nous avons vu, par tout ce qui précède, que, dans notre pays, où l'on rencontre une grande variété de terrain, les efforts des cultivateurs ont dû s'adresser tout d'abord aux terres légères et les plus riches : celles qui, exigeant le moins de temps et de travail, donnaient les récoltes les plus sûres. Des territoires, des provinces, des zones géologiques entières ont pu être labourées et semées de temps immémorial, tandis que d'autres parties de terre différemment constituées à la surface, sont restées à l'état permanent de pâturage et de prairie. Sur nos terres argileuses les plus compactes, se déploient des tapis de verdure; dans les provinces où abonde l'argile, les plus anciens villages et endroits habités sont généralement assis sur des terres légères et sur des dunes de sable, qui, çà et là, traversent ou recouvrent la couche argileuse. Mais, à mesure que la fertilité naturelle se ralentissait, surtout dans nos forêts défrichées, le cultivateur dut diminuer les jachères et augmenter ses récoltes pour faire face aux besoins d'une population toujours croissante. C'est sans doute alors que l'assolement triennal s'est substitué au système précédent, dans lequel on laissait la terre reposer une année sur

(1) Charles Morren, *Notions des sciences naturelles*, 4e partie. *Botanique*, page 82. Bruxelles, 1844.

deux. Encore aujourd'hui, le nord de l'Europe conserve cet antique mode de culture.

Les jachères ont été, aux époques primitives de l'agriculture, un procédé fort logique. Dans ces temps reculés, la restitution qu'on accordait à la terre était d'autant moindre que l'on possédait une plus grande quantité de terres arables et que l'étendue des prairies commençait à diminuer. Les jachères, surtout celles qui étaient mal cultivées, fournissaient à la pâture des troupeaux de bêtes à laine. Ceux qui nourrissaient des bêtes bovines parcouraient avec elles les forêts et les pâturages bas. Sans la connaissance des prairies artificielles, et, par suite, sans engrais suffisants, on se voyait hors d'état de forcer la terre à produire continuellement des récoltes de céréales. On les fit donc alterner avec la jachère. Cette méthode de culture paraît avoir été celle des Grecs et des Romains, jusqu'à son remplacement chez eux par l'agriculture triennale. L'assolement de Virgile, que recommande également Columelle, est : jachère et blé, alternativement. De nos jours encore, les jachères sont nécessaires et bienfaisantes partout où les engrais sont peu usités.

En effet, toutes les fois que nous ne rendons pas à la terre, par voie d'assimilation, les sucs qu'elle a dépensés pour créer nos récoltes, nous lui devons le temps nécessaire pour se reposer et recouvrer ses forces.

L'assolement de trois ans eut pour but de perfectionner l'ancien assolement des Grecs et des Romains, l'accroissement de population nécessitant une plus grande production de céréales. Pour ce motif ou tout autre, Charlemagne insiste, dans ses Capitulaires, sur ce changement. Aussi le système triennal devint bientôt celui de toute l'Europe centrale. Aujourd'hui il se maintient encore en partie. Jachère, céréales d'hiver, céréales de printemps, telle fut sa rotation. La séparation des terres arables et des prairies fut consommée. Ces dernières se passaient bien des premières, mais celles-ci ne pouvaient se passer des prairies. Un champ cultivé demande plus que du travail, il exige encore de l'engrais, et l'engrais ne pouvait être fourni que par les prairies, tant que les terres ne produisaient que de la paille. Plus la proportion des prairies, relativement aux terres, était considérable, mieux celles-ci s'en trouvaient, avec leur assolement triennal; et, si cet assolement était de quatre et même de cinq ans, on pouvait d'autant moins se passer de prairies. Il s'ensuit que la prospérité de cette méthode de culture repose uniquement sur les prairies, et qu'elle ne peut exister par elle-même, les animaux que l'homme emploie ayant aussi besoin de nourriture.

Cependant la consommation croissant chaque jour, et les ressources pour la nourriture du bétail devenant de plus en plus rares, la culture dut faire un pas de plus; elle passa à la culture alterne. La conquête du trèfle rendit moins sensible la pénurie des prairies. Si le trèfle avait pu réussir à chaque troisième année, le fourrage produit dans une année et réuni à la paille des deux récoltes de céréales, eût suffi pour entretenir chaque champ dans son cercle de production; mais les mauvaises herbes s'emparent du champ, qui se fatigue de produire aussi fréquemment du trèfle. Il fallut recourir aux racines fourragères, concurremment avec le trèfle, et pour le ramener moins souvent. Au lieu de laisser la terre improductive, on la couvrit ainsi fréquemment de récoltes, par le moyen desquelles on fit vivre de nombreux bestiaux. Avec eux les engrais augmentèrent. Ces engrais répandus sur le sol le raniment, le fécondent et préparent des récoltes plus abondantes, en échange du même travail et de la même superficie de terrain. Avant de nourrir le sol, les fourrages, en nourrissant des bœufs ou des moutons, ont été à la fois, pour le cultivateur, une source nouvelle de revenus, et, pour le pays, une source nouvelle de consommation.

On peut croire que les terres, éloignées des prairies, ne recevaient autrefois aucune culture ou qu'elles en recevaient peu. C'est à l'extension des prairies artificielles qu'elles doivent leur mise en culture. Les prairies artificielles ont appris aux fermiers qu'on pouvait se passer de prairies naturelles, en adoptant un nouveau système d'assolement qui, en dernière analyse, laissait le plus de produit net.

Il fut reconnu bientôt qu'il en coûtait moins de donner au bétail des trèfles et des racines que de le mettre en pâturage, et que les vaches laitières, nourries dans les étables, produisent plus de fumier, s'y portent mieux et donnent plus de lait que dans les prairies, où la double fatigue des chaleurs et des mouches diminue leur quantité de lait.

D'après l'ancien système de culture, les fermes ne pouvaient se passer de prairies naturelles, et cependant on y élevait moins de bétail qu'aujourd'hui. Elles étaient situées dans le voisinage de ces prairies. On distingue encore facilement ces anciennes fermes des autres, dans la Flandre et dans une partie du Brabant. Les bâtiments sont environnés d'un large fossé. A l'entrée il y a une grande porte; à côté de cette porte, il y en a une autre plus petite, par laquelle entrent et sortent les habitants de la ferme. Quelquefois, au-dessus de la grande porte, on voyait les armes de l'ancien propriétaire. Ces fermes sont d'environ 25 bonniers, y compris 3 bonniers de prairies; ou de 35 bonniers, dont 5 de prairies; la première était autrefois de 2 charrues; la seconde, de 3 charrues; mais, par le système d'assolement actuel, elles n'ont plus, la première qu'une seule charrue, la seconde que deux charrues. (1) Nous retrouvons dans ces anciennes fermes ce qui a été cité, au sujet de la manse de 12 bonniers. La première ferme est la réunion de 2 manses, 23 à 24 bonniers, celle de 35 à 36 bonniers est la réunion de 3 manses de 12 bonniers.

Le règlement du 17 octobre 1671 (2), concernant les fermiers sortants et les fermiers entrants des terres de la châtellenie du Vieux-Bourg de Gand, nous donne quelques notions positives sur l'état de l'agriculture dans la Flandre, en 1671. Voici la teneur de l'article VI de ce règlement : « Après la récolte d'une » linière, qui aura reçu des engrais convenables, l'arrière-graisse

(1) *Mémoire sur les fonds ruraux*, par J.-F. de Lichtervelde. Gand, 1815, chez De Gosin Verbaegen. p. 112.

(2) Liv. III des placards de Flandre, p. 415.

» sera estimée moitié de sa valeur primitive, ainsi que celle de » la récolte des navets dits *braekloof.* » La culture des pommes de terre, des prairies artificielles, du colza, des fèves de marais et des carottes, dont il n'est pas fait mention, paraît avoir augmenté considérablement, depuis l'époque où les petits cultivateurs seuls paraissent s'être occupés de ces produits.

Ces cultivateurs ne furent apparemment point consultés pour la rédaction de ce règlement ; il est plus probable qu'on s'adressa aux grands fermiers. L'article VII dit : « Après la dépouille de » deux fruits sur la même terre, on ne payera rien pour l'es- » timation de l'arrière-graisse; cependant, lorsqu'après la pre- » mière dépouille, l'on a jugé nécessaire d'y mettre une cer- » taine quantité d'engrais, afin d'obtenir une seconde récolte » de blé, et que, dans ce but, on a employé au moins un sixième » de la quantité ordinaire, on en payera le prix sur estima- » tion. »

Cet article prouve qu'on faisait suivre une récolte d'une seconde récolte dérobée sur la même terre, après qu'elle avait été fumée. Il nous indique, dès cette époque, la pratique d'une agriculture avantageuse, facilitant, par la culture des racines fourragères, les moyens de multiplier le bétail qui, à son tour, augmentait considérablement la masse du fumier disponible.

Les résultats de la réforme agricole ne s'arrêtèrent pas à multiplier les troupeaux et à détruire, dans beaucoup d'endroits, la jachère. Cette réforme réagit aussi, par la grande abondance des engrais, sur les terrains en friche. Des terrains sablonneux et maigres, où le blé ne croissait que de loin en loin, des landes arides, nourries maintenant par des engrais vigoureux et soulagées par des récoltes de fourrages alternées avec intelligence, produisirent des revenus importants et sûrs. De vastes solitudes ont peu à peu disparu pour se transformer en campagnes florissantes, où brillent de belles récoltes de céréales; en prairies, où paissent d'innombrables troupeaux.

Après avoir promptement défriché toutes les terres légères et d'un accès facile, les cultivateurs durent diriger leurs efforts vers une autre voie. Enhardis par les perfectionnements déjà accomplis et par des succès répétés, ils virent bientôt qu'il était possible d'abaisser le niveau des marais, d'en limiter l'étendue et de conquérir de riches alluvions sur les eaux refoulées.

On dessécha des étangs, au moyen de tranchées, destinées à conduire les eaux dans un canal d'écoulement, qui lui-même fertilise de ses ondes des terres manquant d'humidité. Ces premiers essais de dessèchement ont grandement accru la surface cultivée d'un pays sujet, comme le nôtre, à des pluies abondantes. Ils ont donné de magnifiques résultats dans la Flandre. Les immenses marais qui la recouvraient furent une conquête précieuse, livrée à l'intelligente activité de ses agriculteurs. C'est ainsi que, dans un siècle où les pays voisins ne connaissaient que le labour, l'agriculture était poussée, chez nous, à un haut degré de perfection. Elle s'établit dans le pays pour n'en plus sortir, car, dès lors, la fertilité de la Belgique ne fut plus détruite par les ravages de la guerre.

Si les premières améliorations furent faites dans la Flandre, l'agriculture fleurit également dans le Brabant et dans le Hainaut.

Les terres qui furent soumises les premières au labour à la bêche et à la charrue, étaient voisines des prés, car, avant les prairies artificielles, une ferme sans prés ne pouvait remplir l'attente du cultivateur; il lui fallait nécessairement tirer parti des pâturages, au moyen de son troupeau, qui lui fournissait les engrais indispensables à la culture de ses terres labourables. Partout où se trouvaient des pâturages, les fermes se sont multipliées en raison de l'étendue des prairies et de la distance qui les en séparait. En Flandre, toute l'industrie agricole était renfermée dans les terres voisines des prés, parce qu'on ne pouvait tirer parti des landes sablonneuses, plus ou moins mêlées de limon noir ou brun, qui n'offraient au cultivateur qu'un très-maigre pâturage, pendant les premiers jours du printemps, et qui suffisaient à peine, sur un espace immense, à un très-petit nombre de têtes de bétail.

Dans cette province, les ouvriers agricoles s'occupaient de la fabrication des toiles pour compte de leurs fermiers, lorsque les travaux des champs ne réclamaient pas leurs bras. Cette branche, alors florissante, de l'industrie flamande, fit naître l'aisance, en conservant les ouvriers qui s'en occupaient, et elle attira ceux des contrées voisines. La dénomination de plusieurs hameaux, tels que Kleyn-Vrankryk, Waelekwartier, etc., nous l'indique (1). *La population augmenta au point qu'il fallut construire des habitations dans les landes, où elles occupèrent, de prime abord, une étendue de terrain beaucoup plus grande que ne le comportait leur exploitation, parce que les propriétaires ne pouvaient se figurer qu'il y eût moyen de tirer un profit quelconque de ces bruyères sablonneuses, trop éloignées des prairies.*

Les grands fermiers protégèrent ces établissements, parce qu'ils trouvaient dans les bras de ces ouvriers un moyen sûr d'effectuer, de tout temps, leurs travaux de culture et d'étendre la fabrication des toiles. Ces ouvriers, habitant sur un sol ingrat et rebelle, dont ils ne parvenaient à récolter qu'à force d'engrais une moisson suffisamment abondante, s'appliquèrent assidûment à remplacer les prés qui leur manquaient, afin de nourrir, en toute saison, le bétail indispensable. Des essais, réussis dans des jardins, eurent les mêmes effets en grand : la culture des trèfles et de la spergule fut introduite.

L'usage des prairies artificielles dans les terres sablonneuses remonte à une époque reculée. La spergule paraît être la première plante qu'on ait cultivée à cette fin. Vinrent ensuite le trèfle, le sainfoin et les racines fourragères : les navets et les carottes en plein champ. Ce fut pour l'agriculture de la Belgique une ère toute nouvelle. Le pays se couvrit de bestiaux, et les terres les plus ingrates furent mises en culture. Remarquons ici que le pays de Waes, dont les habitants font produire à leurs terres les moissons les plus riches et la plus grande quantité de fourrages qu'un sol puisse donner, a pour armes un navet sur son écusson.

(1) J.-F. de Lichtervelde, *La bêche ou la mine d'or.* Gand, chez Vanderschelden, 1826, in-8°, p. 46.

Le système d'agriculture du Norfolk est entièrement basé sur la culture du navet, culture à laquelle cette province anglaise doit son étonnante prospérité agricole et sa grande richesse. A la fin du siècle dernier, cette contrée, jusqu'alors aride et presque inculte, subit la transformation la plus complète par l'introduction de cette même racine, qui avait, quelques siècles auparavant, enrichi le pays de Waes. Ce rapprochement mérite d'attirer l'attention, car c'est sans doute l'utilité que les habitants du pays de Waes ont retirée de la culture du navet en grand qui le leur fit adopter pour armoirie sur leur bannière. Nous pouvons du moins le supposer, en nous fondant sur ce motif.

L'adoption de cet emblème est fort ancienne. On le voit figurer avec toutes les autres armoiries de la Flandre, dans l'ouvrage intitulé : *Recherche des antiquités et noblesse de Flandre,* par Philippe de l'Espinoy, édition de Douai, 1631, à la p. 99 :

« Le pays et terre de Waes, qui est fort opulente, porte » sa bannière armoyée d'azur a la rape d'argent en na- » turel. »

L'auteur, en donnant le dessin de cette bannière, et en rapportant ce que je viens de citer, ne fait aucune distinction entre cette figure symbolique et les armoiries des autres communes de la Flandre; il ne dit rien de l'ancienneté de son origine, ce qui doit nous faire supposer qu'elle est de beaucoup antérieure à l'époque de la publication de son ouvrage.

Dans le *Long-adieu* d'Édouard de Dene, poëte brugeois qui écrivit vers 1561, on parle de *Raepeters van Waes*. Le même sobriquet se trouve déjà dans une liste de sobriquets des villes des Flandres, publiée par M. Mone (dans le *Anzeiger für Kunde der teutschen Vorzeit*), et dont ce savant fait remonter la date vers 1347.

Le Messager des sciences historiques de l'année 1838 contient, en note, à la page 19 : « Une chose assez singulière, c'est que, » sur les anciens cachets des villes et villages du pays de Waes, » on trouve presque toujours, joint aux insignes de l'armoirie, » un navet. Peut-être le navet a-t-il été regardé comme l'em- » blème de la fertilité de cette belle contrée. »

Mais le pays de Waes eût pu choisir pour emblème de fertilité tout aussi bien un autre produit, une gerbe, un épi. Il n'est peut-être pas impossible que le choix spécial du navet se lie plus intimement à la prospérité et à la richesse dont cette contrée sablonneuse lui est apparemment redevable. Jusqu'à la fin du XIVe siècle, époque où les polders furent endigués le long de l'Escaut, il n'était guère possible aux habitants de Waes d'entretenir du bétail en quantité suffisante pour assurer la fertilité de leurs terres au moyen des engrais. Ces terres, sablonneuses et légères, ne produisaient alors, selon toute apparence, qu'une végétation précaire pendant l'été et, lorsque le printemps était tardif, le bétail devait souffrir considérablement, par suite de l'épuisement de la provision des fourrages d'hiver, destinée à leur entretien.

Lorsque, par la culture en grand du navet dans les champs, les cultivateurs de Waes eurent trouvé le moyen de créer aux bestiaux une nourriture abondante et assurée pour l'hiver, on les multiplia, dans une proportion énorme, sans doute, car cette racine put servir à l'alimentation dans l'étable, pendant le cours de l'hiver. On put réserver dès lors du foin pour l'époque du printemps; et désormais, le bétail, quelque nombreux qu'il fût, n'eut plus à souffrir du dénûment des cultivateurs, en attendant la croissance des herbages, de la spergule et du seigle pour faucher en vert.

Au moyen de la masse d'engrais que procura ce bétail nombreux, la fertilité du pays de Waes fut centuplée peut-être, car elle dut servir à étendre et à améliorer énormément la culture des grains, dont les campagnards de Waes tirèrent un grand profit, tout en se procurant la paille nécessaire à la litière des animaux.

Ne sommes-nous pas fondé à croire que la culture des navets amena dans le pays de Waes un changement que nous avons vu se reproduire dans le Norfolk, quelques siècles plus tard, et ne pourrions-nous pas supposer dès lors, avec quelque raison, que des communes du pays adoptèrent l'usage de joindre un navet aux insignes de leurs armoiries, usage qui date peut-être de l'époque où la majeure partie des cultivateurs de chaque commune adopta le nouveau système agricole? Car, remarquons-le bien, *sur les anciens cachets des villes et des villages du pays de Waes, on ne trouve pas toujours, mais on trouve presque toujours, un navet joint aux insignes de l'armoirie.*

L'Angleterre a tiré de la Flandre ses légumes et ses racines(1). Jusqu'au dernier siècle, les terrains de mauvaise qualité étaient restés à peu près à l'état de nature, et on ne les a mis à profit qu'à l'époque de la culture du navet en grand, du navet qui n'était cultivé jadis que dans un petit nombre de jardins. Lord Townshend, secrétaire d'État, qui avait suivi le roi George dans une de ses excursions en Allemagne, vit des navets cultivés en plein champ, pour la nourriture des bestiaux. A son retour, il

(1) Schw., *Essai sur les Pays-Bas autrichiens*. Londres, 1788, p. 91.

en apporta de la semence, et recommanda fortement à ses fermiers une pratique qui avait rendu productifs des champs auparavant stériles. L'expérience réussit; la culture des navets en plein champ se répandit promptement dans tout le comté de Norfolk, et ensuite dans les autres districts de l'Angleterre. C'est à partir de cette époque que cette contrée a acquis sa réputation comme canton agricole. Des terrains qui ne rapportaient pas plus de 1 ou 2 schellings par acre, en rapportent maintenant 15 ou 20, et de misérables garennes, où l'on ne voyait que quelques lapins, sont couvertes des plus riches moissons.

M. Colquhoun, dans ses *Recherches statistiques,* estime qu'en Norfolk, les récoltes annuelles des navets ne s'élèvent pas à moins de 14,000,000 de liv. sterl. (350,000,000 de francs).

En moins de 50 ans, la culture importée par le noble pair se propagea dans tout le pays, et ses produits ne sont pas inférieurs à l'intérêt de la dette nationale de l'Angleterre, intérêt qui s'élève à plus d'un milliard. Le service le plus éminent, rendu à son pays, ne le mit pas à l'abri des quolibets des courtisans frivoles, qui lui avaient donné le sobriquet de *Townshend*, navet.

Le célèbre agronome allemand Schwerz, qui a publié, en 1807, un ouvrage fort estimé sur l'agriculture belge, dit, en parlant de l'agriculture flamande, *que la masse de ses produits paraît surtout considérable lorsqu'on la compare à ce que rend une même étendue de terrain en Allemagne, en France, en Angleterre ou dans tout autre pays à lui connu.*

Arthur Young prétend qu'il y a une ligne de démarcation tranchée « entre la culture de l'ancienne France et celle des Pays-» Bas, qui appartenaient autrefois à la maison de Bourgogne. » Dans celle-ci, l'agriculture était honorée; en France, elle était » dans un état d'oppression. Les limites politiques ont beau-» coup changé, mais les limites agricoles sont restées les » mêmes. » La démarcation commence au delà de Valenciennes et de Cassel.

Le professeur Balsamo, dans son ouvrage sur l'agriculture

des Pays-Bas, tout en adressant à notre pays le reproche de ne pas avoir perfectionné son agriculture, depuis le temps de Philippe-le-Bon et de Charles-Quint, fait remarquer que, dans la Flandre, *tout annonce l'origine reculée et la haute antiquité des bonnes pratiques agricoles.* Cette assertion, qui implique à la fois un blâme et un éloge, prouve d'abord que les Belges avaient devancé tous les autres peuples dans la découverte de ces bonnes pratiques agricoles, et ensuite, que l'agriculture était encore bien arriérée dans la plus grande partie de l'Europe, lorsque déjà les cultivateurs de la Flandre et du Brabant avaient atteint une grande perfection dans la culture de leurs terres.

La précieuse découverte du trèfle et de la spergule leva le plus grand obstacle qu'ils rencontrassent à l'amélioration des terres arides et donna naissance à de nouveaux établissements agricoles, qui s'étendirent aussi loin que le permettait la distance pour aller assister au service divin de la paroisse et pour recevoir des prêtres l'administration des sacrements. Toute la protection possible fut accordée à cette fin. Pour abréger le chemin, il fut permis de marcher en droiture, à travers les champs cultivés, sur l'église de la paroisse; on foulait souvent aux pieds, sur une distance d'une demi-lieue, l'espérance du cultivateur. C'est là l'origine des chemins connus sous le nom de *kerkwegen*, chemins d'église (1), qui, dans certaines communes, prenant toutes les directions, détruisent, en peu d'années, plus de productions que ne coûterait l'utile dépense d'une nouvelle église.

Les défrichements eurent donc pour limites les distances des églises. S'ils reçurent plus d'extension depuis, ce fut après l'établissement des grandes routes et le creusement des canaux, le long desquels, pour favoriser le commerce dans les endroits éloignés des villages, on construisit des auberges, qui servirent de lieux de repos aux voyageurs, aux rouliers, aux bateliers. La convenance de ces établissements y attira bientôt des cultivateurs,

(1) J.-F. de Lichtervelde, p. 47.

dont les habitations formèrent des hameaux. Les landes plus éloignées furent abandonnées pendant des siècles. On avait perdu de vue, avec les causes qui avaient contribué à ces défrichements, la manière dont ils s'étaient opérés sur les plus mauvaises terres de la Flandre. Les hameaux se transformèrent en beaux villages, juste sujet d'orgueil pour des ouvriers, qui, simples journaliers, portèrent la culture à un haut degré de supériorité, et provoquèrent l'imitation de ceux-là même qui furent leurs maîtres.

La bêche, leur instrument favori, à l'aide de laquelle ils parvinrent à façonner admirablement la terre, fit honte à la charrue des grands fermiers, qui adoptèrent plusieurs de leurs opérations. Ils firent les premiers essais de la culture en grand des pommes de terre, du chanvre, des carottes et des fèves de marais, et attirèrent les grands fermiers sur leurs traces. Nous avons vu, par le règlement sur la remise des terres de 1671, que les grands fermiers, consultés sur ce règlement, ne pratiquaient pas, à cette époque, ces cultures, quoiqu'elles fussent, la plupart, antérieures à la promulgation; mais les petits cultivateurs, ceux auxquels on était redevable du défrichement de la bruyère, étaient les seuls qui s'en occupassent.

Les ouvriers s'élevèrent au premier rang des fabricants de toile. Ils introduisirent, par leur prodigieuse activité, la fabrication des étoffes où l'on emploie le fil et la laine, le fil et le coton. C'est à eux que sont dues les manufactures de St-Nicolas, Renaix, Waerschoot, Eecloo, où se confectionnent ces étoffes. Cette industrie est accessoire à l'agriculture.

On se figure difficilement que la classe ouvrière fut, par cette industrie qui la caractérise, l'instrument de tant de richesses. Les champs, plus beaux que ceux des grands fermiers, loin de laisser aucune trace de ce qu'ils avaient été, font plutôt naître l'idée que l'art agricole, ce nourricier des autres arts qui en dépendent tous, y prit sa source au milieu de ces habiles artisans.

En considérant attentivement le sol, les fossés qui divisent à l'infini les terres labourables, les prés et les bois, on se rappelle que cette vaste contrée, aujourd'hui si bien cultivée, offrait partout, dans son état primitif, d'immenses marécages. L'homme, avant de pouvoir obtenir des produits alimentaires de ces terrains, les moins favorisés de la nature, a dû lutter péniblement pour surmonter les obstacles qui s'opposaient à leur mise en culture. Il n'y parvint qu'au prix d'opiniâtres travaux; l'espoir de recueillir le fruit de ses peines l'excita à braver la fatigue, et nos grands travaux de desséchement furent exécutés à la bêche, aucun autre instrument ne pouvant y agir dans le principe.

On peut être certain que ces marécages étaient à l'abandon, lorsque les journaliers flamands, se trouvant dans leur voisinage, près des fermes qui employaient leurs bras, les ont mis en culture, sans autre secours que l'épargne sur leur salaire (1).

Il était naturel que des gens riches ne portassent point leurs vues sur de mauvaises terres, aussi longtemps qu'il s'en présentait de bonnes à cultiver, et, à cette époque, de grandes ressources s'offraient à eux pour des spéculations de ce genre. De plus, l'idée de pouvoir se passer de prairies naturelles pour l'établissement d'une ferme n'entrait point dans l'esprit des riches fermiers : il leur paraissait impossible de tirer un parti quelconque des landes et des terrains marécageux, oubliant qu'*une grande fécondité dépend moins du sol lui-même que de ceux qui le cultivent.*

Dès que les cultivateurs flamands se sentirent le courage de surmonter tant d'obstacles, les progrès de l'agriculture ne pouvaient plus s'arrêter; aussi l'influence de leur bonne culture s'étendit-elle sur la Belgique entière, qui profita de leur exemple.

Peut-être que s'ils avaient été placés sur un terrain naturellement riche, cet avantage les eût plongés dans l'indolence, et que leurs pratiques agricoles se fussent confondues avec les systèmes appliqués à des terres qu'il suffit, pour ainsi dire, de remuer. Mais ils n'ont eu en partage que les terres ingrates, dédaignées par les grands fermiers qui, placés sur un sol plus favorable, ne voyaient pas d'intérêt à les cultiver.

(1) J.-F. de Lichtervelde, p. 50.

Ainsi donc, le perfectionnement de l'agriculture, dans la Flandre, n'est point dû aux grands fermiers, mais il est le fruit de l'application infatigable des petits cultivateurs; ceux-ci ont donné l'impulsion aux autres, qui n'agirent que suivant les expériences faites, sous le double rapport du travail de la terre proprement dit et de l'assolement.

C'est au commencement du XVIe siècle que, selon le témoignage oculaire de l'historien contemporain Jacques de Meyer, les Flamands, après avoir mis en produit les terres les plus fertiles, entreprirent, principalement aux environs de Bruges et de Gand, la culture de celles qui n'étaient pas absolument stériles, et que quelques-uns s'efforcèrent même de vaincre un sol rebelle et sablonneux laissé jusqu'alors en friche (1).

Le célèbre historiographe de la Flandre, que nous venons de citer, nous parle aussi des grandes collections d'arbres fruitiers, de fleurs, d'herbes salutaires, d'arbres et d'arbustes qui, au commencement du XVIe siècle, croissaient déjà dans cette province et faisaient l'admiration de l'étranger (2).

Anvers, alors l'une des villes les plus commerçantes de la terre, ne se distingua pas moins par son amour pour les plantes et les nombreuses collections qu'on y forma. Becanus, s'adressant, en 1569, au conseil d'Anvers, dit que, s'il voulait décrire la variété des végétaux qui croissent dans les jardins de cette ville, il serait obligé d'en remplir un volume entier, puisqu'on ne trouve presque nulle part une plante qui n'y soit cultivée avec soin, non-seulement par les pharmaciens, mais aussi par les autres habitants. Il dit encore qu'on n'épargne aucune dépense pour satisfaire ce goût, et cela, sans autre dessein que celui de jouir de la vue de ces plantes; que telle était l'ardeur incroyable du peuple d'Anvers pour la connaissance et la culture des végétaux, que, dans cette partie, il semble surpasser toutes les autres nations (3).

(1) Jac. Mey., *Rer. Flandr.*, tome. X, 1531, in-fol., fol. 40.
(2) Id. *id.* id. id. fol. 43.
(3) *Goropii Becani Origines Antwerpianae.* Antw., Plantin, 1569, in-fol. *In praefat. ad Senat. Antw.*

Nous avons cité ce progrès remarquable d'horticulture, parce que ceux qui s'en occupaient répandirent apparemment, parmi leurs fermiers, par leur contact et leur conversation, l'influence des connaissances qu'ils avaient acquises. La connexion entre les progrès de l'horticulture et ceux de l'agriculture ne saurait être contestée.

Ce motif nous engage à ajouter encore ici quelques citations qui se rapportent à cette époque et à celle qui suit :

On lit dans Rembert Dodonée, de Malines, 1re édition de son grand ouvrage flamand sur les plantes, publié à Anvers, en 1554, in-fol. p. 217, que l'empereur Charles-Quint, lors de son expédition en Afrique, trouva dans les environs de Tunis une fleur de couleurs brillantes, quoique d'une odeur peu agréable; c'est l'œillet d'Inde, nommé d'abord *fleur de Tunis*, que l'on désigne encore sous le nom d'*Africaine*. Clusius, dans la traduction de cet ouvrage, Anvers, 1557, in-fol. p. 131, rapporte ce fait de la manière suivante : « Ces fleurs croissent en Afrique, et de » là ont été apportées en ce pays, depuis que le très-puis- » sant et invincible empereur Charles cinquième eut gagné » la ville et païs de Thuns; on les plante en ce païs ès jar- » dins. »

Busbeck, né à Comines, en Flandre, nommé, en 1555, ambassadeur de Ferdinand, roi des Romains, auprès de la cour Ottomane, employa ses heures de loisir à connaître les plantes et les animaux des environs de Constantinople et de l'Asie Mineure. Il en fit faire les dessins. On sait que nous devons à cet ambassadeur flamand l'arbuste agréable connu sous le nom de lilas.

Guillaume Quackelbeen, médecin de Courtrai, qui avait suivi Busbeck dans sa légation, seconda son zèle, en cherchant des plantes et en recueillant des graines qu'il fit connaître et qu'il envoya à ses amis, dans les Pays-Bas. Une lettre de ce médecin flamand, écrite à Matthiole et datée de Constantinople, au mois de juin 1557, nous apprend que Busbeck avait avec lui un peintre habile, chargé de figurer et de peindre les arbres étrangers et d'autres objets qu'il n'était pas facile de transporter (1).

Le témoignage du célèbre botaniste Mathieu de Lobel prouve à l'évidence que les Belges étaient, il y a trois siècles, les plus grands cultivateurs de l'Europe, pour les plantes indigènes et exotiques (2).

Gérard Van Veltwyck, écuyer, conseiller d'État aux Pays-Bas, trésorier de l'ordre de la Toison d'or, qui habitait Bruxelles, vers 1550, est cité par nos botanistes. Il s'appliquait avec ardeur à l'étude des plantes et des végétaux. Il herborisa dans les Alpes et dans d'autres montagnes, parcourut l'Italie et diverses contrées de l'Europe; il visita aussi Constantinople et plusieurs cours, comme diplomate. Il recueillit dans ses voyages une masse de plantes qu'il transporta dans ses vastes jardins, et en fit venir, à grands frais, des parties les plus éloignées de la terre. Il inspira le même goût à Marie, reine de Hongrie, gouvernante des Pays-Bas.

Charles de l'Écluse, plus connu sous le nom de Clusius, après avoir achevé ses études à Gand, à Louvain et à Montpellier, parcourut, en herborisant, la France, les Pays-Bas, l'Espagne, le Portugal, l'Autriche, la Hongrie et l'Angleterre. L'empereur Maximilien II lui confia, en 1573, la direction de son jardin, dont il prit soin pendant 14 ans. Il se dégoûta de la vie de cour, se retira à Francfort-sur-le-Mein, en 1587, et s'y occupa uniquement, pendant 6 ans, de la composition et de la révision de ses ouvrages. Les curateurs de l'université de Leyde le prièrent, en 1592, de venir prendre dans leur ville la direction du jardin, qu'il enrichit d'un nombre considérable de plantes étrangères. Il mourut en 1609, à l'âge de 83 ans, après avoir rendu de grands services à la botanique. Ses ouvrages sont classiques. Il a apporté dans notre pays un nombre considérable d'arbustes et de fleurs,

(1) 1re lettre du 3e livre des lettres de Matthiole; Francfort, 1598, in-fol., p. 100.

(2) Mathieu de Lobel, *Plantarum seu stirpium hist.* Antv., Christop. Plant., 1576. in-fol., *in praef.*, p. 3.

qui n'étaient pas connus, et c'est lui qui répandit la connaissance de la pomme de terre (1), qui cependant ne fut cultivée à Gand que plus d'un siècle après.

Une princesse belge, Isabelle, sœur de Charles-Quint, qui, en 1515, avait épousé Christian II, roi de Danemark, détermina une révolution avantageuse au jardinage dans les royaumes du Nord. Accoutumée aux bons légumes des Flandres, elle fit venir des Pays-Bas une colonie de jardiniers et de paysans pour cultiver les plantes potagères et préparer le laitage, de la façon usitée dans son pays. Cette colonie fut établie vis-à-vis de Copenhague, dans l'île d'Amack qui, d'une lande stérile, dit l'historien Mallet, devint, en peu de temps, un jardin d'un aspect riant et d'un excellent produit.

C'est de la Flandre et du Brabant que le goût de la connaissance et de la culture des plantes se transmit aux provinces hollandaises. L'université de Leyde, fondée en 1575, acquit, dix ans après, un terrain pour y établir un jardin botanique. Charles de l'Écluse, qui y fut appelé, comme nous venons de le voir, lui donna beaucoup de plantes et de graines qu'il avait recueillies dans ses voyages. Le jardin de Leyde devint bientôt l'entrepôt où l'on cultivait tous les végétaux rares et précieux que les voyageurs et la Compagnie des Indes apportaient en Europe. Cet établissement a contribué, de la manière la plus efficace, par sa richesse et plus encore par la science de ses professeurs, au progrès de la botanique et de la culture des plantes étrangères, pendant le cours du XVIIme et au commencement du XVIIIme siècle.

Mais revenons à notre sujet principal, à l'aperçu historique de l'agriculture belge, au point de vue des défrichements; et, d'abord, constatons ici que la création de nouveaux fourrages amena, par une conséquence naturelle, l'emploi de nouveaux engrais. En effet, si les récoltes de fourrages donnent beaucoup

(1) *Notions des sciences naturelles*, par Ch. Morren, professeur ordinaire à l'Université de Liége. 4e partie, *Botanique*, p. 82.

d'engrais, par contre, elles en exigent beaucoup aussi. L'emploi des résidus des villes devint chaque jour plus précieux, et le produit des terres, qui entourent les villes, plus considérable. Les champs de la Flandre ne reposèrent plus. Leur sol devint si fertile qu'il paya toujours avec usure les travaux du fermier. L'art du laboureur, secondé par une longue expérience et par un travail assidu, étala toute sa puissance dans les récoltes abondantes qu'il força la terre à lui donner. Les récoltes d'un été ne satisfont déjà plus; à peine la moisson est-elle faite que la terre reçoit dans son sein de nouvelles semences; celles-ci fournissent de nouveaux végétaux qui couvrent les champs, pendant l'automne et l'hiver, jusqu'à ce que le printemps avertisse de préparer la terre pour la saison suivante. Telle devint la fertilité de ces terres. Elle est due moins à la richesse du sol qu'aux nombreux engrais, fournis par les villes et les villages, et tirés de l'étranger, ainsi qu'à une excellente méthode d'agriculture, mais surtout aux peines et aux travaux du laboureur, qui prodigue son industrie et sa sueur aux champs qu'il cultive.

Nous voyons, dans un mémoire sur l'agriculture perfectionnée du Brabant et de la Flandre, publié en réponse à une question mise au concours, en 1761, par la Société hollandaise des sciences, à Harlem (1), qu'en Hollande, l'exquise propreté qui règne partout, même dans les villages, répugne à tout ce qui ne s'allie pas avec elle. Cette répugnance empêche de réunir, de préparer et d'utiliser les immondices des villes, les vidanges, les chiffons; la vase des rivières et des canaux, les détritus maritimes et toutes les matières qui peuvent servir de fumier. Anciennement, y est-il dit, on était content de voir les Flamands et les Brabançons venir purger nos villes de ces ordures et en nettoyer nos foyers. Plus tard, les magistrats firent mettre ces matières en adjudication, au profit de la commune. Les Flamands et les Brabançons les ont seuls mises à prix, et la valeur en augmenta

(1) *Verhandelingen door de Hollandsche Maetschappy der wetenschappen te Haarlem*, XII deel. bladz. 51 te Haarlem, by Bosch, in-8°, 1770.

sensiblement; mais ils étaient heureux de voir que les Hollandais, se refusant à employer ces matières fertilisantes, préféraient en enrichir leurs voisins.

L'auteur du mémoire se plaint de ce que les habitants des villes, les nobles et les propriétaires fonciers, s'inquiètent fort peu d'améliorer la culture, du moment où la moisson réussit passablement, que les grains se vendent et qu'ils perçoivent leurs revenus annuels. Quant aux bruyères, dunes et terres incultes, on est imbu à leur égard de préjugés invétérés. On n'aime pas à faire des frais inutiles pour cultiver la terre en amateur, comme on le dit. Pourquoi tenter des essais ridicules et lutter contre la nature? Si telle était l'opinion des Hollandais à cette époque, en Brabant et dans les Flandres, on pensait et on agissait dans un but bien différent :

Les cabarets où chacun se rendait, les dimanches et les jours de fête, pouvaient être regardés, en quelque sorte, comme des écoles publiques d'agriculture. Les cultivateurs de ces provinces sont industrieux, laborieux, infatigables, et toutes ces qualités contribuent à l'amélioration de l'agriculture.

Les abbayes et les congrégations religieuses employaient incessamment une multitude d'ouvriers, qu'elles faisaient travailler à l'amélioration des terres incultes, en suivant un plan arrêté, avec réflexion et, d'après des observations faites dans tous les pays, et sous la direction d'hommes intelligents qui résidaient à proximité des terres à améliorer.

Plusieurs provinces, celles de Gueldre, d'Overyssel, de Brabant et de Drenthe, renferment beaucoup de terrains abandonnés, qu'il eût été facile de peupler et de fertiliser, à la condition de l'emporter sur les Flamands, pour l'achat et le transport des fumiers, par terre et par eau. Dans ce but, l'auteur proposait de former des sociétés pour l'acquisition des terrains arides et incultes, en demandant aux magistrats une exemption d'impôts, pendant quelques années, et en y établissant des familles pauvres des Flandres et du Brabant, familiarisées avec les travaux de défrichement et de culture de pareils terrains. En leur accordant quelques petits avantages, on les encouragerait, car l'espoir de la réussite aurait pour stimulant leur intérêt, et la partie de terrain concédée serait une source nouvelle de revenus pour l'État.

Le fumier désigné sous la dénomination de *scheepsmest* (fumier de bateau), parce qu'on le tire, par eau, de la Hollande, a été considéré, de tout temps, comme le meilleur pour l'amendement des landes et des terres sablonneuses. Les boues des rues, surtout, qu'on tirait de la Hollande, étaient déposées en tas, dont on retirait autant que possible les chiffons de laine pour les employer à un usage particulier. Ces tas d'immondices de rue se consument intérieurement ; ce qui le prouve c'est que les souliers de ceux qui les foulent quelque temps, s'échauffent. Ces immondices coûtaient environ 2 florins par voiture, plus ou moins, d'après la quantité qui en arrivait de Hollande, de Zélande et d'ailleurs. Les vidanges fournissaient un engrais qu'on dirigeait sur Tamise et les autres communes, le long de l'Escaut, surtout dans les environs de Termonde, où les cultivateurs du pays de Waes, qui l'employaient principalement, allaient l'acheter.

Cet engrais liquide s'est vendu, par baquets de 36 cuves, à un prix plus ou moins élevé, d'après le nombre des arrivages. Le prix, à Gand, était généralement de 1 florin pour 3 $\frac{1}{2}$ tonnes à bière. La difficulté résidait dans le transport, qui empêchait de l'employer aussi fréquemment dans les endroits plus éloignés des rivières.

Pour ce qui concerne les chiffons de laine, on les conservait partout, avec le plus grand soin, pour les terres sablonneuses et légères, quoiqu'elles conviennent très-bien à tous les autres terrains.

Les cendres sont, sans contredit, le fumier qui a le plus de valeur. Du temps de l'auteur, elles coûtaient 40 florins environ la tonne, à Amsterdam. Un bateau nommé *pleyt*, qui en contient 6 ou 6 $\frac{1}{2}$ tonnes, était estimé, en Hollande, à environ 100 rixdales. Les Gantois les transbordaient à Termonde ou ailleurs, à raison de 80 à 110 florins de Brabant la tonne, d'après la demande, dans le pays, et on les transportait, en remontant l'Escaut, à Ypres, à Alost et à Tournay.

« Des champs à perte de vue, nous dit le mémoire, qui, il y » avait 30 ou 40 ans ou davantage, c'est-à-dire, après les guer- » res de Louis XIV, n'étaient que des landes incultes, sont ac- » tuellement transformés en fertiles terres à blé, et cela, à l'aide » des boues de ville, des cendres et d'autres matières sembla- » bles, tirées de la Hollande. Ce qui se vendait 300 florins est » estimé aujourd'hui, en 1760, à une valeur de 30,000 florins.

En 1764, le chef-collége de Termonde fit établir pour toutes les communes de son ressort administratif, une statistique, d'où il résulte que la seule commune de Zèle tirait annuellement pour 30,000 florins d'engrais étrangers *(mest en beêr)* [1].

Il est étonnant qu'un bénéfice aussi inouï, un avantage aussi précieux, créant des denrées alimentaires pour tant de milliers d'hommes qui, sans cela, eussent dû abandonner leur patrie depuis longtemps, n'aient pas enfin pu dessiller les yeux aux compatriotes de l'auteur et les stimuler d'une louable émulation.

Il donne comme principe fondamental de l'agriculture, dans la Flandre et le Brabant, qu'à mesure qu'on laboure plus fréquemment et plus profondément les terres, on en obtient de meilleures et de plus abondantes récoltes. Il veut cependant qu'on établisse une distinction à cet égard, parce que le sous-sol étant parfois pierreux, glaiseux ou formé de sable aride, il faut se garder soigneusement d'en mêler quelque partie à la couche arable. Dans ce cas, la terre ne doit être retournée proportionnellement qu'à une profondeur moindre. Suivant lui, le renouvellement du sol fait exception à cette règle. Souvent, à l'arrière-saison, dit-il, on laboure très-profondément à la charrue, quand même on ramènerait ainsi la mauvaise terre à la surface. On laisse reposer ce labour, pendant deux ou trois mois, sans rien y faire; ensuite on le fume à une petite profondeur, en enter-

(1) *Beschreyvinge van de princeleyke en yverryke parochie van Zèle, door* D. Waterschoot.

rant le fumier, de manière que la terre ou le sable le recouvre à peine.

L'auteur parle ici, mais d'une manière confuse, du système de culture adopté pour les terres légères, dans les Flandres, et principalement celles du pays de Waes. Ce système consiste à enterrer la couche de terre, qui a donné trois récoltes consécutives, pour la remplacer par la couche inférieure, destinée à produire la récolte dans la rotation des trois années suivantes. On parvient ainsi à obtenir sur la même surface, mais d'une couche de terre différente, des récoltes de lin et de trèfle, qu'on peut y ramener deux fois au lieu d'une; puisque, sans cette opération, la terre se refuserait à les produire aussi fréquemment.

Nous voyons, dans le mémoire hollandais, que des terres défrichées et cultivées sont abandonnées, par suite de guerres ou d'épidémies et de cherté du bétail, parce qu'alors on ne peut plus se procurer du bétail pour engraisser la terre des landes. On ne peut guère davantage y entretenir des bestiaux, parce qu'on n'a pas de quoi y faire croître suffisamment du fourrage. Le même cas s'est présenté antérieurement, dans plusieurs parties de la Flandre, où l'on n'avait ni assez de paille ni assez de bestiaux pour préparer le fumier liquide et solide. Mais alors la Hollande a comblé cette lacune, au moyen de ses immondices des rues, de ses cendres et des vidanges. C'est là, dit-il, la cause véritable du haut point de perfection où l'agriculture a été portée en Brabant aussi bien qu'en Flandre. Ces résultats se produisent partout à la portée des rivières et des canaux, tandis qu'auparavant la grande fertilité ne se montrait qu'à proximité des grandes villes et des villages qui, eux aussi, fournissaient les mêmes fumiers que la Hollande, mais en quantité insuffisante pour en envoyer partout.

Comme l'amélioration de la plupart des bruyères improductives et arides des Flandres et du Brabant datait de plus de 30 ans, ainsi que l'auteur nous le dit, il est difficile d'apprécier, d'une manière exacte, l'époque à laquelle on a commencé, dans ces contrées, l'amélioration des landes.

Cependant, d'après des notions positives, prises pendant les dernières guerres des Français, celles de Louis XIV, on peut conclure, avec la plus grande vraisemblance, que la manière actuelle de bêcher, de labourer, sarcler, ameublir, fumer, semer, faucher et récolter s'accordait assez avec les méthodes très-anciennement adoptées. On doit excepter toutefois l'écobuage de la bruyère et la méthode d'en enlever les gazons.

Nous pouvons inférer de ce qui précède que la mise en culture des landes et des terres sablonneuses du Brabant et des Flandres est due, en grande partie, au fumier tiré par eau de la Hollande.

Le Gouvernement des provinces Belges a publié des édits pour favoriser l'introduction du fumier. L'ordonnance du 22 novembre 1697, pour la levée des droits sur les bateaux chargés de boues et fumiers qui entraient en Belgique, s'appuie sur le désir de favoriser l'agriculture du plat pays, et déclare, d'après l'avis du conseil des finances, que, nonobstant l'ordonnance du 9 mars 1688, qui en ordonne autrement, il ne sera levé, à l'entrée, que les anciens droits sur les bateaux chargés de boue et de fumier qui entreront dans ce pays par les canaux et les rivières (1).

On se tromperait gravement si l'on n'espérait que dans la grande abondance du fumier pour défricher la bruyère. Par le mémoire qu'il a présenté à l'Académie, le 12 septembre 1774, M. de Beunie nous fait connaître les mécomptes de gens opulents, qui se sont témérairement obstinés à considérer le succès du défrichement comme dépendant seul de la grande quantité de fumier. Les premières années, ils virent prospérer leurs terres, mais dès qu'ils s'avisèrent de diminuer la quantité de fumier, pour cause de pénurie ou toute autre, la fertilité disparut.

Le duc d'Hoogstraeten défricha une grande partie de bruyère à portée de son château; il y bâtit une très-belle ferme et y employa tout le fumier de ses écuries. Les premières récoltes furent

(1) *Livres des placards, édits et règlements*, etc., *émanés, depuis* 1670, *pour la perception des droits d'entrée et de sortie, etc.* Bruxelles, chez Frick, 1737, in-fol, p. 314.

très-abondantes; la bruyère produisit de beaux froments et de l'orge, tant qu'on lui prodigua tout cet engrais; mais quelques années après, le duc l'ayant employé à d'autres cultures, ces terres ne rapportèrent que très-peu et retournèrent presque à leur premier état.

On a vu la même chose à Zundert, près de Breda, où M. Snellen, médecin à Rotterdam, dépensa plus de 700,000 florins à un défrichement de terrains, qui ne laissa, pour ainsi dire, pas de trace quelques années après l'entreprise, bien qu'il n'eût rien négligé pour la mener à bonne fin : construction de plusieurs fermes, dont chacune nourrissait un grand nombre de bêtes à cornes, de toute race et de tout pays; envoi de moutons d'Espagne, de Barbarie et même de Perse; expédition d'une masse de fumier et de foin de la Hollande, et même de bateaux, chargés de membranes et d'huile de poisson, de nitre (azotate de potasse) et de chaux. Il y fit planter des arbres étrangers, et changea ces terres incultes en un jardin de plaisance où tout abondait. Quelques années cependant suffirent pour ramener de nouveau ces terres à leur état primitif. Çà et là on apercevait encore un peu de mauvais seigle, du sarrasin et des broussailles. Ceci est tout naturel, M. Snellen n'ayant voulu employer au défrichement que du fumier et quelques sels. Ce fumier produisait tout au plus les aliments nécessaires pour l'année, car 10,000 livres de fumier se convertissent, au bout de deux ans, en 187 ½ livres de terreau; 50 charettes de fumier ne laissent pas, d'après le mémoire de M. de Beunie, une charette d'humus, ce qui est peu de chose pour une terre inculte et stérile. Le défrichement par le fumier seul est impossible, parce que la terre rend moins qu'on ne lui donne. Il est ruineux, parce que le fumier employé au défrichement est perdu pour les terres arables et qu'il en résulte de la souffrance pour les récoltes.

L'amendement du sol, au moyen de l'argile, nous semble une condition indispensable de bonne réussite, parce que l'argile possède la précieuse vertu d'absorber une partie notable des éléments des engrais, en s'unissant intimement aux matières organiques altérées, qu'elle cède ensuite avec lenteur pendant la croissance des végétaux.

Si les entreprises de défrichement dont nous venons de parler ont complétement échoué, c'est parce que les propriétaires avaient négligé l'introduction de l'argile pour amender des sables trop légers, trop perméables, trop inconsistants, qui ne peuvent, sans une substance plus compacte, retenir l'eau nécessaire à la végétation, ni surtout augmenter sa puissance, en lui donnant la faculté de retenir les engrais, d'empêcher qu'ils ne s'évaporent trop vite dans l'atmosphère et qu'ils ne soient entraînés par les pluies hors de la couche arable.

L'influence des lois, des institutions et des mœurs sur notre agriculture nationale, fut généralement bienfaisante, mais les guerres continuelles en retardèrent l'essor.

Les races d'origine germanique montrèrent, dès les temps les plus reculés, une grande aptitude agricole. La langue flamande est beaucoup plus riche, en termes agricoles, que les langues dérivées du latin. Ce fait seul dénote l'ancienneté des progrès de l'agriculture chez nos ancêtres.

Plus tard, les moines qui, dans les anciens temps, unissaient le travail à la prière, rendirent à la culture ces terres qui étaient devenues des landes, par suite de l'abandon forcé de populations entières, ruinées d'abord par les vices des gouverneurs romains, exterminées ensuite, aux époques que marquèrent si fatalement les invasions des barbares, à la chute de l'Empire romain, et les incursions des Normands.

Dans l'âge barbare, la violence respectait le travail de ces moines pieux dont les mains infatigables soumirent à la culture, après en avoir coupé les bois, les champs qui environnaient leurs monastères. Le respect pour la personne de ces religieux bienfaisants s'étendit au respect de la propriété, si fortement enracinée dans les mœurs des Belges. Les seigneurs féodaux eux-mêmes, surpris de voir les heureux résultats de l'agriculture des monastères, concédèrent des terres incultes, pour que le travail des moines les fertilisât.

En étendant leurs possessions, en cultivant de nouvelles terres, les moines associèrent d'autres mains à leurs travaux, et l'on vit de nombreuses chaumières s'élever autour des monastères. Dès lors les progrès furent rapides. Les nouvelles communes se développèrent. Pour se garantir de l'oppression féodale, elles acquirent des priviléges qu'elles surent maintenir et faire respecter.

Il est incontestable que c'est aux institutions fondées sur le principe de liberté que la Belgique doit l'antique prospérité de son agriculture. Le souverain ne pouvait prélever des impôts sans que les représentants de divers états de la nation y consentissent: il lui devenait donc impossible de pressurer arbitrairement le pays.

Fort de ses droits et de ses priviléges auxquels, dès cette époque, le Belge ne laissait pas impunément porter atteinte, le cultivateur travaillait avec le courage et la patience qui font surmonter toutes les difficultés. Les lois lui assuraient la propriété ou la récolte du champ qu'il cultivait. Il savait à quelles conditions il travaillait; il savait enfin que, pour changer ces conditions, il fallait des circonstances extraordinaires, des cas de force majeure.

La guerre seule vint souvent entraver ses travaux. Pendant bien des siècles, ce fléau destructeur ravagea notre pays, que sa position géographique rendait le théâtre ordinaire de la lutte des armées allemandes, anglaises, françaises, hollandaises. Malgré des circonstances aussi défavorables, la Belgique présentait une population et une richesse agricoles qu'on cherche encore vainement dans bien d'autres pays.

Certes, les longues et désastreuses guerres du XVIe et du XVIIe siècle furent bien funestes aux cultivateurs des provinces belges. Pendant nombre d'années, des villages entiers furent abandonnés. Les terres se couvrirent de ronces, et les malheureux habitants furent rançonnés par les ennemis, rançonnés par leurs défenseurs mêmes : les soldats de l'Espagne, sans solde ni discipline, durent chercher un asile dans l'intérieur du pays. Quelques extraits d'un manuscrit contemporain, que nous donnons ici, présenteront une idée des maux qu'endura la Belgique à ces fatales époques.

En 1583, le pays de Waes et celui de Beveren eurent à contribuer pour 2/3 dans les frais occasionnés pour l'entretien des troupes qui y résidaient. On exempta les paroisses de Burcht, Zwyndrecht, Melsele et une partie de Lokeren et Dacknam, qui, entièrement pillées et abandonnées, n'eurent rien à payer.

En 1585, quoique les habitants eussent été chargés déjà et de l'impôt du 10me et de celui du 5me denier, à prélever sur tous leurs biens, ce qui les avait entièrement épuisés, le prince de Parme les frappa d'un nouvel impôt sur le lin, l'huile de lin et le sarrasin.

Au mois d'octobre de la même année 1585, après la prise d'Anvers, les troupes qui occupaient Calloo et les forts avoisinants, se révoltèrent, parce qu'on ne leur payait pas la solde; de sorte que les habitants furent forcés de les pourvoir de vivres, et chacun s'empressa de cacher ce qu'il avait de mieux, ceux-là du moins qui, après tant de pillages et de sacrifices, possédaient encore quelque chose. Les paroisses de Zwyndrecht et de Burcht, entièrement abandonnées, restèrent à la disposition des gens de guerre. Calloo, Melsele, Kieldrecht, Verrebroeck et le Doel étaient couvertes d'inondations, tandis que les autres communes étaient écrasées d'impôts et de réquisitions.

En 1587, la misère se généralisa dans le pays. Tous les maux l'accablèrent à la fois. On le vit tour à tour abandonné par une partie de ses habitants, couvert d'inondations, infesté de loups, manquant de vivres, qui étaient d'une cherté excessive, en proie à une mortalité effrayante.

En 1592, les Espagnols commirent de grands désordres à Waesmunster : ils égorgèrent plusieurs campagnards, malgré les plaintes nombreuses qui s'élevaient contre ces atrocités. Les soldats vivaient à discrétion dans les campagnes, et les habitants eurent à souffrir de leur part autant de maux que s'ils avaient eu affaire aux ennemis les plus féroces.

Cependant, pour un peuple laborieux, les ravages de la guerre sont passagers dans les campagnes. Peu de temps lui suffit pour les réparer et en effacer complétement la trace.

Il n'en est pas de même pour un État exclusivement industriel et commercial. Les suites des secousses qui l'ébranlent sont incalculables et sans remède. Si la Hollande, au temps de sa grande prospérité, malgré les ressources qu'elle tirait de ses possessions étrangères, avait été le théâtre de la guerre aussi fréquemment que les provinces belges, elle n'aurait pu se relever, comme elles, de tant de désastres.

Les rapports si intimes, si fréquents des abbayes entre elles, eurent l'avantage d'offrir à l'agronomie une prompte propagation des progrès qu'on admettait sur preuves constatées. Il existait donc de fait, au moyen âge, une école pratique d'agriculture, un point de mire déterminé, comme source d'où découlaient les progrès.

Grâce à la stabilité, à la richesse des monastères et à l'échange assidu de leurs relations, à une époque où les voies de communication étaient rares et difficiles, les meilleurs procédés de nos diverses provinces pouvaient se comparer; ils ne s'isolaient pas, ils ne s'ignoraient pas entre eux.

Dans les procédés agricoles, où le bien doit être progressif, où l'habitude n'opère et n'essaie souvent qu'au hasard, où les perfectionnements ne s'introduisent qu'à force d'années, il fallut un stimulant, un lien puissant pour propager promptement la connaissance des bons procédés agricoles; ce lien, ce stimulant, les relations des monastères les fournirent. Nous devons considérer ces établissements comme des foyers où les faits se sont comparés et d'où ils rejaillissaient en faisceaux irrésistibles.

La grande division de la propriété est due à la mise en culture des landes sablonneuses du pays de Waes et du reste des Flandres, que fertilisèrent à la bêche de simples journaliers. Cette lutte contre un sol ingrat grandit l'homme, par la persévérance et l'énergie qu'elle réclame. L'habitude du travail l'améliore. Souvent, dans un pays très-fertile, il se montre peu industrieux. Dans les contrées stériles, au contraire, il oppose aux difficultés tout ce qu'il a de patience et d'intelligence, et il ne perd pas un moment en distractions oiseuses. Telle est la cause des miracles de prospérité dont les Flandres peuvent s'enorgueillir. La petite culture, jointe au sentiment de la propriété et à la dignité qu'il donne, a développé cette cause sous des lois-protectrices.

La grande culture était tout aussi remarquable dans notre pays. Les meilleurs et les plus riches fermiers de la Belgique étaient autrefois ceux des couvents et des abbayes, et c'était sur leurs fermes qu'on trouvait alors les améliorations les plus importantes. Ces améliorations se sont généralisées pour la grande culture, depuis la suppression des établissements religieux, et la culture perfectionnée a été introduite en grand et avec beaucoup de succès dans le pays wallon, il y a une trentaine d'années, par M. Mondez, propriétaire-agriculteur à Fleurus.

Ces faits prouvent qu'il importe peu à la société que les terres appartiennent à tel ou tel possesseur, pourvu qu'elles donnent la plus grande masse possible de production et qu'elles concourent le mieux possible au bien-être général de la nation. Cette question demeure étrangère à l'agriculture, qui ne réclame que la bonne exécution des lois protectrices de la propriété et du travail.

II. CONSIDÉRATIONS GÉNÉRALES.

La véritable, la plus sûre richesse d'un peuple réside dans les productions de son sol. Les trésors qu'il en retire se renouvellent sans cesse. Constants, inépuisables, ils sont à l'abri des violentes commotions politiques et ne cèdent ni aux vicissitudes des circonstances, ni à la concurrence, principe destructeur de tant d'autres industries.

L'agriculture, dont le but est d'augmenter et d'améliorer les produits du sol, promet des avantages infiniment plus assurés que le commerce extérieur et l'industrie manufacturière, jetés trop souvent par des causes diverses dans des situations très-précaires. Il est incontestable que, dans leur prospérité, le commerce et l'industrie offrent à la nation de grands bénéfices, mais ces bénéfices sont chèrement payés dès que les transactions commerciales se ralentissent et que la stagnation se prolonge. L'agriculture, au contraire, est une base bien plus solide de prospérité nationale; elle opère toujours avec ordre et sûreté. L'intérêt dont elle est digne pour les garanties de stabilité qu'elle donne et les améliorations intérieures que nous pouvons en retirer, sont des titres pour elle à une large part, sinon à la préférence, dans la répartition des primes d'encouragement.

Jamais la terre ne fait défaut à qui se montre laborieux et capable. C'est vers cette féconde et intarissable nourricière qu'en ce moment nous devons tourner nos regards; car c'est la culture intelligente des terrains en friche, dont on compte en Belgique 300,000 hectares, qui nous permettra de pourvoir à l'existence d'un grand nombre de nos concitoyens pressés par le besoin. Jamais l'industrie de l'homme n'est plus utilement employée, jamais elle ne se montre d'une manière plus efficace que dans les procédés au moyen desquels de vastes étendues de terre stérile sont rendues propres à l'agriculture. Les produits naturels de nos landes ne fournissent que de chétifs moyens de subsistance. La population, qu'ils sont susceptibles de soutenir par le produit des animaux domestiques nourris sur nos bruyères incultes, est bien peu considérable, comparativement aux milliers d'êtres humains auxquels le vaste sol des landes offrirait les nécessités de la vie, s'il était convenablement cultivé. N'oublions pas l'axiome que le travail, et non le sol, est la source de toutes les richesses.

Mais en Belgique, tout en reconnaissant que l'agriculture est la véritable source de la richesse nationale, bien des gens sont persuadés qu'une très-petite partie seulement des terres incultes de la Campine et des Ardennes vaut la peine d'être cultivée. Ils pensent que la rigueur du climat, dans plusieurs endroits, et la qualité du sol, dans presque tous les autres, sont des obstacles insurmontables à leur culture. Ils forment leur jugement d'après l'état actuel des choses, et ne tiennent pas assez compte des changements que la mise en culture apporte infailliblement.

Il est incontestable que, dans une plaine soumise à l'action de tous les vents, l'âpreté du climat doit se modifier par les plantations. Diviser le sol en enclos, par des haies, et les entourer de plantations, c'est concentrer l'énergie de la végétation, c'est créer, au point de vue de la végétation même, les premières conditions d'un bon climat, dont un des effets les plus puissants est l'augmentation de chaleur, qu'on obtient sûrement par la présence seule de plantations sur des terres auparavant froides et sans abris. Nous voyons dans Sainclair que le climat d'un vaste pays peut être fortement amélioré par une judicieuse culture. « Lorsque la surface du sol est cultivée, dit-il (1), l'eau pénètre dans son intérieur au lieu de rester à la surface ou de » former des torrents, qui causent souvent beaucoup de dommages; et lorsque la terre est formée en billons, non-seulement elle peut se laisser pénétrer par les rayons salutaires du » soleil, mais l'écoulement des eaux superflues est considérablement facilité. C'est pourquoi ces opérations ont pour effet » de régulariser l'humidité, de diminuer le froid et d'accumuler » la chaleur. Les exemples que l'histoire nous fournit d'améliorations de cette espèce, exécutées sur une grande échelle et » suivies de ces avantages, sont nombreux et bien authentiques : par l'emploi de ces moyens, plusieurs contrées, qui » étaient autrefois à peine habitables à cause du froid, jouissent » maintenant d'un climat doux et agréable. »

En divisant le terrain, afin de renfermer autant que possible, dans des espaces protégés, la chaleur et l'humidité, mais en évitant de priver les végétaux de la bienfaisante influence de la lumière, on ne peut opposer le climat de la Campine au

(1) *Agriculture pratique et raisonnée*, tome Ier, page 6. Paris, chez Huzard, 2 vol. in-8°.

projet de défricher la plus grande partie de nos landes, soit pour obtenir des grains, soit pour cultiver le foin, et la croissance des arbres ne saurait être mis en doute.

Quant à la qualité du sol, les terrains de nos landes n'ont jamais reçu aucune amélioration des travaux de l'homme, qui, bien au contraire, nuit constamment à leur amélioration toute naturelle, en enlevant à la surface la couche végétale, à mesure qu'elle s'y forme par les débris de la végétation.

Ces terrains sont maintenant de peu de valeur; cependant, la partie qu'on doit regarder comme absolument stérile et incapable de donner aucune production n'est pas importante.

Les parties les plus élevées et les plus stériles doivent évidemment être réservées aux plantations. Il n'existe presque point de terrain si ingrat qu'il ne puisse produire des bois, pourvu que l'on choisisse les essences qui conviennent le mieux à sa nature. Les plantations fertilisent les terrains qu'on leur destine; les plus maigres profitent de la chute de la feuille et de l'abri que donnent les arbres; d'année en année ils acquièrent quelque fertilité, et lorsque les bois sont prêts à être coupés, la terre est prête aussi à recevoir la culture.

Les parties marécageuses peuvent être améliorées par des assèchements et être converties en bons pâturages; dans bien des cas, elles peuvent, quelques années après, être mises en terres labourables. La plantation du saule et de l'aune peut aussi concourir efficacement à l'amélioration des parties marécageuses.

L'expérience prouve qu'une grande partie de nos landes, aujourd'hui stériles, sont susceptibles d'une bonne culture; la question est résolue déjà par la population même de la Campine; elle n'offre plus l'ombre d'un doute, si l'on compare cette contrée à ce qu'elle était il y a 50 ans. Concluons donc que les landes, au moyen d'engrais convenables, d'un bon défrichement et d'une bonne culture, se transformeront en champs fertiles, mais à la condition expresse d'abriter ces champs par des plantations en rideaux.

Ces plantations, ces rideaux d'arbres sont indispensables pour rompre la violence des vents, qui fatigue les plantes et les déchausse sur une terre aussi légère, manquant de cohésion dans son état actuel. Le vent souffle très-fréquemment, à cause du voisinage de la mer et du peu d'élévation du sol au-dessus de son niveau. Il renouvelle sans cesse l'air des landes, y augmente fortement l'évaporation et, par suite, l'aridité du sol. Pour entretenir l'humidité nécessaire à nos landes sablonneuses, il faut donc établir des plantations d'arbres, en groupes serrés, s'étendant en rideaux ou fortes haies, capables de résister aux efforts du vent.

En cultivant sous la tutelle d'un pareil abri, la stérilité du sol sera-t-elle insurmontable? sera-t-elle permanente? Assurément non.

Mais il s'élève ici une autre question : la fertilisation, la mise en culture rendra-t-elle en produits les sommes qu'elle aura coûtées? Car, il ne faut pas se le dissimuler, un bon défrichement exige un travail énorme, imposant des dépenses exorbitantes à celui qui aurait à le payer. C'est là ce qui arrête ou restreint le défrichement.

En général, ceux qui font des observations sur les défrichements ne considèrent que l'accroissement du revenu pour le propriétaire, tandis qu'au point de vue national, ce n'est pas tant l'augmentation du revenu que celle des productions du pays qui importe le plus.

Il résulte de ce qui précède qu'il faut avoir une position de fortune en quelque sorte exceptionnelle, pour pouvoir faire de fortes avances de fonds, alors que, pendant bien des années, les récoltes produisent moins que ne coûte la dépense de la culture. Quant à ceux qui ne doivent point porter en compte la valeur du travail, ils seraient, sans doute, dans des circonstances très-favorables, mais le plus souvent, ils ne peuvent opérer que sur une échelle bien restreinte, privés qu'ils sont de ressources pécuniaires.

Pénétrons-nous bien de l'idée que la difficulté n'est pas de défricher, mais d'améliorer les terres de nos landes, qui, dans leur état actuel, sont de la plus mauvaise qualité. Il faut, pour leur donner la cohésion qui leur manque, les transformer de manière qu'elles ne s'éparpillent pas trop au vent et qu'elles n'absorbent ni trop vite, ni trop lentement les eaux pluviales. Nous obtiendrons ce résultat, en modifiant la couche de terre végétale soumise à l'action de la charrue, par l'addition successive, partout où nous pourrons nous la procurer, sans trop de difficulté, d'une certaine quantité d'argile, et par l'application du fumier, sous forme de compost, à base argileuse. Les expériences de Davy ont prouvé qu'il suffit de 1 p. % de terre argileuse pour donner au sol la cohésion nécessaire pour la culture. Nous parviendrons facilement ainsi à améliorer notre couche arable, pour l'amener aux proportions d'une bonne terre.

Schwerz rapporte, d'après le *Manuel analytique de chimie* de Pfaff, que le terrain le plus fertile des marches du Holstein, dans lequel ne se trouvent mêlés ni pierres, ni graviers, ni quartz, etc., etc., contient :

Terre siliceuse	0,86
Terre argileuse	0.04
Oxyde de fer	0,03
Chaux acide carbonique	0,002
Gypse	0,009
Humus	0,014
Perte	0,045
	1,000 (1)

Amenées à cette composition et bien fumées, bien encloses, nos terres, jadis trop légères, et ne pouvant produire que du seigle, nous donneront aussi de beau froment.

Nous voyons que la quantité d'argile à ajouter à la couche soumise à la charrue n'est pas considérable. L'amendement que nous proposons n'exige donc pas un travail excessif, pour peu que la terre compacte se trouve à bonne portée. Le mélange de

(1) *Préceptes d'agriculture pratique*, in-8°, Paris, v^e Huzard, 1839, page 41.

terre forte avec les terres trop légères de nos landes produira un excellent effet, en corrigeant la trop grande porosité de ces dernières, qui absorbent l'eau avec avidité, mais la laissent passer immédiatement; tandis que l'argile, en s'imbibant, la retient fort longtemps et forme pour ainsi dire, à la couche arable et à la surface, autant de réservoirs qu'il y a de parcelles d'argile pour conserver la fraîcheur. L'expérience a prouvé que, dans les terrains très-sablonneux, la glaise est d'un effet plus puissant que la marne.

Le travail qu'exigent l'extraction et le transport de l'argile nécessite une dépense qui, d'ordinaire, surpasse les ressources des entreprises particulières: ce qui les porte à ne pas amender le sol. Elles le cultivent à l'état de terres trop légères, d'où il suit que leur amendement n'est jamais que partiel et imparfait.

Il serait bien à désirer que le Gouvernement, employant une partie de l'armée, spécialement choisie à cet effet, pût se charger du défrichement, ramener les landes aux proportions des bonnes terres, les sillonner de routes nombreuses, afin de les revendre lorsqu'elles auraient acquis toutes les conditions de fertilité désirables pour en continuer la culture avec succès.

C'est par les améliorations indiquées plus haut que le comté de Norfolk, jadis le plus aride de l'Angleterre, a été porté à un degré de fertilité tel que les produits de son sol l'ont classé aujourd'hui au rang des plus riches du royaume.

Nos agriculteurs sont moins opulents que les agriculteurs anglais; aussi les croyons-nous peu disposés à faire les sacrifices nécessaires à l'amélioration du sol des landes; c'est ce qui nous porte à signaler ici, mais comme simple indication, la possibilité présumée d'une opération sur une grande échelle, au moyen du concours de quelques centaines de travailleurs et de chevaux fournis par l'armée. La modification que réclame le sol est d'une trop grande importance pour ne pas chercher à l'obtenir.

Le savant agronome, dont le nom fait autorité, sir John Sinclair, s'exprime ainsi, au sujet de l'amélioration des terres où le sable domine :

« Le travail et la dépense nécessaires pour améliorer la tex-

» ture du sol sont amplement payés par les avantages permanents qui en résultent. Le sol exige ensuite moins d'engrais ; les récoltes qu'on y cultive sont plus indépendantes des vicissitudes des saisons. Le capital qu'on a dépensé ainsi, assure la fertilité future et, par conséquent, la valeur de la terre (1). »

Nous citerons également Van Aelbroeck, qui dit, à la page LII des Observations préliminaires à son *Agriculture pratique de la Flandre :*

« Ceux qui cultivent avec trop de parcimonie succombent inévitablement ; dans l'agriculture, rien ne doit aller au-dessous des besoins : tout ce qu'on épargne en fumier et en travail, on le perd au triple par l'infériorité du produit. Il est donc essentiel pour un cultivateur de ne jamais livrer à la charrue que l'étendue de terrain proportionnée à ses facultés pécuniaires, à ses connaissances et à son activité. Quand on a voulu porter un fardeau trop lourd, il faut ou succomber ou le laisser tomber. »

Il est hors de doute qu'une mauvaise terre, comme celle de nos landes, peut, lorsqu'elle est bien labourée et bien fumée, donner assez pour indemniser des frais de culture, si l'on en excepte toutefois la première année, qui occasionne toujours de grandes dépenses.

Nos landes défrichées donneront bien au delà, si l'on suit une bonne rotation de culture, une rotation améliorante, en ce sens que les récoltes de fourrages qu'elle procure sans épuiser le sol, pourvoient à l'entretien d'un plus grand nombre de têtes de bétail sur la même superficie, et augmentent, par conséquent, la masse de fumier, dont on peut alors disposer pour la rendre à cette même étendue de terrain.

Toute récolte non consommée sur place est, pour le sol, une soustraction de force productive, et la terre qui la produit se trouve appauvrie d'autant. Il faut donc, pour ne pas l'épuiser, réparer ses pertes en lui restituant autant de force productive

(1) *Agriculture pratique et raisonnée*, tome Ier, page 58.

qu'on en soutire, c'est-à-dire, lui rendre en fumier ce qu'elle nous a donné en récolte.

Ce moyen cependant ne suffit pas dans la culture des landes de la Campine : il faut, par de bonnes combinaisons, rendre au sol plus qu'on n'en tire, afin de l'amener au degré de fertilité qu'on veut lui faire acquérir; puis il faut maintenir soigneusement ce degré, dès qu'on aura réussi à l'atteindre. Mais comment réussir à l'atteindre, si ce n'est par la division des terrains en enclos et par les abris nécessaires, par l'amendement du sol, et surtout au moyen d'une immense quantité d'engrais ?

L'entretien du bétail doit être notre but principal, nous dirons presque notre but absolu. Il faut donc aviser au moyen d'en nourrir et d'en élever un nombre considérable. Le moyen le plus efficace pour arriver à ce résultat, c'est de suivre un système de culture analogue, autant que les circonstances locales le comportent, à celui qui a été adopté dans la province de Norfolk. Ce système offre un ensemble bien calculé, une marche régulière, des moyens d'exécution simples et de riches résultats.

Nous pensons qu'en proposant d'opérer sur des bases analogues, eu égard aux circonstances et aux modifications nécessitées par la différence des localités, sous le rapport du climat et du sol, il est utile de rapporter ici brièvement, comme un fait constaté, qu'en Norfolk, une couche de quelques pouces d'une terre naturellement aride nourrit une grande population, fournit à une exportation considérable de grains, engraisse un nombre prodigieux de bestiaux, et enrichit les cultivateurs.

Ces faits, qu'on ne saurait nier, sont de nature à appeler à une étude sérieuse ceux qui s'occupent, en Belgique, de la grande question de la fertilisation des landes.

Cependant nous constaterons d'abord, qu'il ne suffit pas de bien connaître une méthode étrangère de culture, pour pouvoir l'adopter à son gré. De grandes difficultés se présenteraient, si on marchait inconsidérément à l'application; car il faut bien se garder de chercher à résoudre une question aussi compliquée par une imitation maladroite. Pour surmonter les difficultés que nous prévoyons, il faut saisir avec intelligence les pratiques agricoles à imiter, puis décider avec jugement et sagesse, quelle sera la meilleure manière de réussir à les mettre à exécution.

Si nous comparons le sol du district occidental de la province de Norfolk à celui des landes de la Campine, nous trouvons des points nombreux de ressemblance. Sa constitution géologique est la même. Naturellement sablonneux et aride, il se composait, il y a 80 ans, de pâturages marécageux, de bruyères étendues ou de pâtures destinées aux moutons, et de nouveaux défrichements. Le pays y est plat; la terre végétale, généralement sablonneuse, n'a que 5 ou 6 pouces de profondeur. Elle recouvre la glaise et le gravier, à quelques endroits, mais plus souvent un sable profond, mélangé de marne diverse.

La culture des racines fourragères est la base du système d'agriculture du Norfolk. On n'épargne ni soins, ni engrais, ni culture pour assurer la récolte des navets, qu'on emploie à engraisser les bêtes à cornes ou les moutons.

L'orge succède après trois labours. Le trèfle, mêlé d'herbe *(ray-grass)*, se sème en même temps. Les racines de ces plantes, de ces foins artificiels, pénètrent aisément dans une terre très-meuble et très-bien amendée. La fane de l'orge protége ces plantes contre la chaleur, et l'on a soin, en arrachant les mauvaises herbes, d'assurer aux trèfles et au *ray-grass* la pleine possession du terrain, dès que l'orge est coupée.

L'année suivante, les chevaux pâturent le trèfle, dès le mois d'avril, jusqu'en juin. La seconde coupe se récolte en foin ou en graine.

Le *ray-grass*, qui a succédé au trèfle, achève, au printemps, l'engrais des bestiaux, qu'on fait pâturer jusqu'au moment où on rompt le pré pour préparer la terre à recevoir les céréales et recommencer la même rotation de récoltes.

Les prodigieuses améliorations de cette contrée qui, naguère encore, avait tant de ressemblance avec notre Campine, mais en offrant une difficulté de plus à vaincre, la sécheresse du climat, sont dues principalement aux moyens qui suivent :

La division en enclos de plaines jusqu'alors incultes;

L'usage très-étendu de la marne et de la glaise sur les terres sablonneuses;

Le parcage des moutons;

La culture, généralement adoptée, des navets, qu'on sarcle avec soin et qui nettoient parfaitement les terres;

L'adoption d'un excellent assolement, qui permet de transformer alternativement les terres arables en prairies, et les prairies, en terres arables.

En terminant cet aperçu succinct de la culture de Norfolk, nous appelons l'attention de l'Académie sur un point par lequel cette culture diffère diamétralement de celle du pays de Waes, dont le sol a tant d'analogie avec le sol de la province anglaise.

Dans le pays de Waes, il est d'usage de retourner les terres, tous les cinq ans, à la bêche, à une profondeur de 15 à 17 pouces. Van Aelbroeck dit que les terres fortes doivent être labourées plus profondément que les terres légères, mais il ne partage pas l'opinion que, dans ces dernières, l'engrais de la superficie est précipité, en partie, au fond, par les pluies, et doit être remonté au moyen de la bêche. Selon cet auteur, « le » fumier est un engrais qui surnage toujours, et la terre étant » un filtre naturel, les pluies peuvent bien étendre l'engrais » sur le sol, mais elles ne peuvent l'enfoncer à 15 pouces; » d'ailleurs, on ne met pas le fumier en si grande quantité » qu'il puisse descendre à une telle profondeur et y être mêlé à » une aussi grande masse de terre (1). »

Cet auteur était le secrétaire de la commission royale d'agriculture de la Flandre orientale; son opinion fait autorité. Sans

(1) *Agriculture pratique de la Flandre.* Paris, M. Huzard, 1830, p. 98.

se prononcer formellement contre l'usage des cultivateurs du pays de Waes, qui retournent leur terre légère à la profondeur de 15 à 17 pouces, il paraît ne pas l'approuver.

Un autre auteur qui, pendant de longues années, a étudié, avec une attention soutenue, les pratiques agricoles de la Campine, aux environs de l'abbaye de Tongerloo et à Wyneghem, village dont il fut curé, recommande fortement les labours profonds. Il attribue à l'emploi de la chaux, comme engrais, et aux labours profonds le changement remarquable de fertilité obtenu dans sa commune. Il pense que le terrain labouré profondément est plus susceptible d'absorber l'eau, lorsqu'elle surabonde, et mieux disposé aussi à conserver son humidité, pendant la sécheresse (1).

Dans le Norfolk, contrairement à ce qui se pratique dans le pays de Waes, la profondeur moyenne de la terre végétale est de 5 à 6 pouces anglais seulement. On trouve, au-dessous, une couche dure, dont l'épaisseur varie, puis une très-grande profondeur de sable. La marne, quoiqu'elle se trouve parfois à peu de profondeur, ne s'élève guère jusqu'à la terre végétale. La dureté remarquable de la couche qui est immédiatement au-dessous de la terre végétale, doit être attribuée à la manière uniforme dont les champs se labourent. Le soc est plat, et, dans l'action du labourage, il glisse horizontalement. Les raies et le talon de la charrue durcissent de plus en plus ce plan horizontal, que les cultivateurs nomment *the pan* et qu'ils ont grand soin de ne jamais entamer; car, lorsque, par l'ignorance ou la maladresse du laboureur, le *pan* se trouve entamé, les récoltes suivantes en souffrent (2).

Cette méthode de labour est très-commode et offre de grands avantages, en Norfolk, pour l'assolement qui y est adopté. Mais il n'est pas douteux que, s'il fallait cultiver des carottes ou des

(1) *Historische verhandelinge over den staet van het Nederland,* door J. Thys. A Malines, chez P.-J. Hanicq, 1809, p. 275.

(2) Marshal. *Agriculture pratique de l'Angleterre*, t. I, p. 22.

pommes de terre, la profondeur de la couche végétale ne fût insuffisante.

Nous pensons qu'en défrichant nos landes, il faudrait faire, sur une étendue donnée, l'essai comparatif des avantages et des inconvénients des deux systèmes. Nous verrons ainsi, au bout d'un certain nombre d'années (deux rotations ou 12 ans), lequel des deux, sur une étendue égale de terrain (6 hectares par exemple), prise dans des conditions de sol et de site tout à fait semblables, aura, au moyen d'une égale quantité de fumier, donné le produit net le plus important. On aura soin de ne pas s'écarter, pour l'un, de l'assolement du pays de Waes, pour l'autre, de l'assolement du Norfolk.

Nous saurons ainsi, après une mûre expérience, si les deux systèmes de culture peuvent être maintenus parallèlement, à cause de la diversité de leurs produits, ou si la couche végétale de 5 à 6 pouces dénote une infériorité trop marquée, pour qu'on la conserve.

Il est incontestable que la culture du Norfolk, c'est-à-dire une couche arable de 5 pouces, qui est superposée à un plan horizontal très-compact et qu'on n'entame jamais, peut, si elle réussissait dans la Campine, offrir le précieux avantage de rendre la culture indépendante de la qualité du sous-sol et de concentrer toute l'action du fumier dans une couche végétale qui n'a que le tiers de la profondeur de l'autre.

L'action de l'engrais, ainsi concentrée, doit être bien plus énergique, mais il ne faut récolter que les produits qui s'y adaptent le mieux. L'expérience des cultivateurs de la province anglaise serait notre meilleur guide, si l'épreuve était favorable.

Cependant, il paraît presque impossible que les plantes pivotantes atteignent un développement assez avantageux, dans une terre profonde de 5 pouces, et nous serions tout disposé à nier le fait, si nous n'avions vu le Norfolk, où l'on compte principalement sur la culture des navets, qui y réussissent à merveille, ainsi que le trèfle.

Les fermiers destinent leur meilleur fumier et le prodiguent, en quelque sorte, à la récolte des navets. Fondant tout leur espoir sur cette récolte, ils n'épargnent rien pour l'assurer. Ils disent : point de fumier, point de turneps, point de bœufs gras, point d'orge, point de trèfle, point de parc sur la seconde année de trèfle pour la récolte des blés qui va suivre.

La quantité moyenne d'engrais qu'ils emploient pour assurer une récolte de turneps est de 25 voitures de fumier ou de 33 de compost par hectare.

Nous avons exposé les faits. Le raisonnement et la discussion ne peuvent rien conclure ici. L'expérience seule, mais une expérience bien faite, décidera si la méthode des labours superficiels du Norfolk est susceptible de donner de bons résultats dans nos landes. Si elle réussit, l'avantage pour nous est immense, les labours sont rendus très-faciles, nous n'avons plus à nous inquiéter du sous-sol; il nous suffit de pouvoir, à volonté, faire écouler les eaux pluviales surabondantes à la surface; car l'évaporation ou la végétation, selon le degré de croissance des céréales, débarrasse promptement une couche végétale, qui n'est épaisse que de 5 pouces, du superflu d'humidité qu'elle pourrait retenir.

Consignons encore ici une observation d'Arthur Young, à savoir que, dans les sols pauvres, on doit mettre une certaine proportion entre la profondeur du labour et la quantité d'engrais qu'on y répand.

Quant à nous, nous ne proposerons rien d'absolu, mais nous ne cesserons de répéter qu'il faut, dans l'application de tout système, savoir faire de sages concessions, et adopter seulement ce que, dans notre position particulière, nous pouvons mettre en pratique dans nos landes, sans efforts extraordinaires, tout en obtenant des résultats avantageux.

Nous terminerons ces considérations générales en donnant ici, pour essai comparatif à faire dans nos landes, l'indication d'un assolement qui est particulièrement en usage dans le pays de Waes, et d'un autre basé sur celui de Norfolk, que nous mettons en regard :

WAES.			NORFOLK.		
1re *année.*		Pommes de terre.	1re *année.*		Navets.
2e	—	Seigle avec carottes.	2e	—	Seigle, avec trèfles et graminées.
3e	—	Lin.	3e	—	Trèfle ou herbes (à faucher).
4e	—	Trèfle.	4e	—	Herbes (pâturages).
5e	—	Seigle.	5e	—	Herbes.
6e	—	Avoine ou sarrasin [1].	6e	—	Avoine.

Il ressort de ce tableau comparatif que l'assolement du pays de Waes produit trois sixièmes de céréales, et que celui du Norfolk en produit deux.

III. CLIMAT.

Le climat de la Campine est humide et froid, moins froid cependant que ne semble l'indiquer l'élévation de sa latitude. Le voisinage de la mer, la quantité d'eau qui couvre le sol, les brouillards qui s'élèvent des terrains marécageux et des terres nouvellement défrichées, rendent l'atmosphère très-humide.

La température est soumise à des variations brusques et fréquentes. On éprouve souvent, dans la même journée, et à de très-courts intervalles, des alternatives de froid et de chaleur très-sensibles, dont l'effet est presque aussi vif dans les landes qu'au bord de la mer. D'après Sinclair, ce passage, en un petit nombre d'heures, de la sécheresse à l'humidité, de la chaleur au froid, d'un ciel sec à un horizon nébuleux, d'un temps serein et agréable à toute la violence d'une tempête; ces irrégularités, qui caractérisent le climat de la Campine et celui de nos provinces près de la mer, quoique fort incommodes pour les hommes,

(1) A la 6me année, on a plus souvent du sarrasin que de l'avoine, parce qu'on fume pour l'avoine, mais non pour le sarrasin.

sont souvent favorables à la végétation, et leur incommodité est compensée par les avantages qu'elles procurent.

Dans certaines contrées, les saisons chaudes ou froides, sereines ou pluvieuses, sont périodiques, et on y remarque, par cela même, la plus grande régularité dans le climat; mais tant s'en faut que les productions du sol y arrivent au plus haut degré de perfection. L'uniformité dans le climat peut être nuisible plutôt qu'utile.

Sous un climat inconstant, l'air se purifie par les fréquents changements. Nous ne prétendons pas nier les inconvénients qu'il apporte avec soi, mais nous dirons qu'ils sont susceptibles de céder à la persévérance des soins et à la sagesse des dispositions, dont l'effet irrésistible est de les atténuer, sinon de les effacer complétement, et nous ajouterons que les avantages que ce même genre de climat renferme, conservent toute leur valeur, tandis qu'ils s'accroissent encore par de nouvelles richesses.

La température moyenne de l'hiver est celle qui varie le plus, la température des mois d'automne varie le moins.

M. Quetelet, secrétaire perpétuel de l'Académie, a constaté, dans la première partie du précieux ouvrage qu'il publie sur le climat de la Belgique, que les températures sont très-variables à Bruxelles, que celle du mois le plus chaud est de 18°,01; celle du mois le plus froid 1°,83. Il donne la différence de ces deux températures 16°,18, pour caractériser le climat de cette ville.

Les observations de Bruxelles, Gand, Alost, Louvain et Maestricht s'accordent à donner une température moyenne de 10° environ pour la Belgique. M. Quetelet fait remarquer que les températures extrêmes de l'été sont plus constantes que celles de l'hiver.

« En regardant, dit-il, comme *constants* les climats où la
» différence entre les températures des mois les plus chauds et
» les plus froids n'excède pas 10°, comme *variables* ceux où
» cette différence s'élève de 10 à 20°, et comme *excessifs* ceux

» où la même différence surpasse 20°, il faut ranger le climat » de Bruxelles parmi les climats variables, avec une légère » tendance à se rapprocher des climats excessifs.

» La division généralement admise pour les climats, est » celle qui les sépare en *climats marins* et *climats continen-* » *taux*. La grande influence du voisinage des mers, qui tend » à adoucir les froids de l'hiver, a servi de base à cette dis- » tinction (1). »

Dans les landes, le cours des saisons amène parfois de très-fortes chaleurs ou des froids très-rigoureux, quoiqu'en général les extrêmes y soient assez rares.

Les variations subites de température qu'on y éprouve sont subordonnées à l'intermittence de l'action du vent de mer.

Toute la côte, depuis Gravelines jusqu'à l'extrémité de la Hollande, est exposée à la mer du Nord, sans aucune interposition de terres apparentes. Les vents de nord et d'ouest y dominent le plus. Ils soufflent fréquemment et avec beaucoup de violence. Presque tous les orages et les grêles viennent de cette partie.

Les vents du sud-ouest ne sont pas moins violents; resserrés dans la Manche et le Pas-de-Calais par les montagnes qui, commençant à Boulogne, se prolongent par Cassel, dans le département du Nord, et enveloppent une partie de la Flandre, ils y déploient d'autant plus de force qu'ils ont trouvé plus de résistance à vaincre. Lorsque ces vents, après avoir longé les hauteurs, refluent vers les deux Flandres, ils y rencontrent les vents d'ouest et de nord-ouest, qui pénètrent par l'ouverture qu'on trouve entre Nieuport et Bois-le-Duc. Alors les combats qu'ils se livrent occasionnent des ouragans, qui font parfois des ravages effroyables sur les côtes et se précipitent sur la province d'Anvers.

Ces vents règnent la plus grande partie de l'année, et le sol ras des landes ne leur oppose aucun obstacle. Ainsi les vents qui

(1) *Sur le climat de la Belgique*, par Quetelet. Bruxelles, chez Hayez, 1845.

dominent, en partie, soufflent du sud-ouest et du nord-ouest.

Les vents d'est y règnent le plus communément dans les mois de novembre, de décembre et de janvier. Ils y amènent presque toujours la gelée, parce qu'en traversant un continent immense jusqu'à la Sibérie, ils ne rencontrent aucune mer et ne peuvent se charger de principes d'humidité.

Jusqu'au mois de mars, ces vents sont favorables à la végétation, mais ils y sont nuisibles quand ils soufflent trop tard, au printemps.

Une connaissance exacte de la direction moyenne du vent doit nous guider dans l'appréciation de l'état moyen de l'atmosphère, pendant les diverses saisons, car cet état réagit d'une manière puissante sur les phénomènes de la végétation. Les variations de pression, de température et d'humidité de l'air sont intimement liées aux variations simultanées de la direction et de l'intensité du vent. Il suit de là que le système de culture, adopté pour le défrichement des landes de la Campine, doit être bien calculé pour les circonstances auxquelles les récoltes seront exposées, sinon tous les travaux se termineront par des mécomptes.

Mais cette connaissance de la direction moyenne du vent ne peut être que le fruit de longues et de consciencieuses observations qui, jusqu'à ce jour, n'ont pas encore été faites, du moins nous n'en avons aucune connaissance.

Quant à nous, les seules que nous possédions pour la zone climatérique des landes occidentales, ont été faites sous nos yeux, avec le plus grand soin, pendant un séjour dans la bruyère de Brasschaet, à 3 lieues d'Anvers. Elles n'embrassent qu'un espace de 3 mois, du 4 juillet au 4 octobre 1844; nous les considérons comme jalon, comme simple indice, en attendant des observations qui embrassent une période plus étendue. Toutefois, à défaut d'autres plus complètes, nous croyons devoir les mentionner ici et nous les joignons à ce mémoire (1).

(1) Voir le tableau des *Observat. météorologiques* à la fin du mémoire.

Les vents qui nous viennent sur la côte de Flandre, du nord-ouest jusqu'au sud-ouest, sont toujours doux et humides, mais souvent d'une violence extrême. Les tempêtes, si fréquentes sur cette côte, durent parfois trois et quatre jours de suite, quoique leur durée générale soit de 24 heures et souvent moins. Il arrive aussi qu'après quelques jours d'intervalle et de calme, l'orage revient avec autant et même plus de force qu'auparavant. Cette force étend son action jusqu'à une grande distance de la mer. Le 24 janvier 1796, il s'éleva un ouragan effroyable, qui fit périr devant Anvers le bateau de passage qui transportait 18 personnes et 5 chevaux, dont on ne retrouva jamais la moindre trace. Un autre ouragan impétueux sévit, le 3 novembre 1800, avec une telle furie qu'il enleva dans l'Escaut, vis-à-vis de la Tête-de-Flandre, un bâtiment à deux mâts, et le lança sur le quai, près du marché aux poissons, à Anvers (1). Plusieurs autres bâtiments périrent dans le fleuve, avec corps et biens.

Le résultat des observations, quant à la direction habituelle du vent, nous indique la fréquence de la pluie; aussi il tombe, année commune, 75 à 76 centimètres d'eau.

Cette abondance d'eau, favorable surtout aux terres légères, vient efficacement en aide au défrichement de nos landes, en assurant la végétation des herbages qui donneront au sol la consistance dont il manque; car l'épais chevelu des racines de l'herbe et le piétinement du bétail qui le foule, concourront à former bientôt un bon gazon qui fixe la terre sablonneuse. L'humidité est de la plus haute importance pour la végétation. L'eau forme une partie considérable de tout végétal; elle est le véhicule qui apporte aux plantes leur nourriture à l'état de dissolution; privées d'un agent aussi essentiel, elles sont arrêtées dans leur croissance.

Les effets de l'humidité, sous le rapport de la végétation, sont accompagnés de circonstances très-remarquables. D'après Sin-

(1) Van de Bogaerde. *Het land van Waes,* 3de deel, in-8°. St-Nicolas, 1825, tome I, p. 65.

clair, dans les climats humides, on a trouvé que les récoltes de grains et de pommes de terre épuisent moins le sol que dans des situations sèches. Il dit que l'avoine, en particulier, appauvrit la terre, à un plus haut degré, dans les climats secs que dans les climats humides.

L'humidité du climat n'est préjudiciable au cultivateur que lorsqu'elle s'unit à un sol qui retient l'eau, car, dans cette condition, les labours sont beaucoup plus dispendieux; en effet, l'exécution des travaux nécessite l'entretien d'un nombre considérable de chevaux pour la courte période de l'année où le temps permet de s'y livrer, et, pendant tout le reste de l'année, ces nombreux attelages deviennent un fardeau inutile sur la ferme. Dans la Campine, au contraire, dont le sol est très-léger, nous n'aurons que les avantages de la grande humidité, au point de vue de la végétation, sans en éprouver les inconvénients pour la culture du sol.

La quantité de pluie qui tombe est d'une considération bien moins importante que la distribution égale de cette quantité entre les mois et les jours de l'année. Une grande abondance à la fois est plus nuisible qu'avantageuse; tandis que les pluies modérées, qui tombent régulièrement sur un sol bien préparé pour les recevoir, sont des sources réelles de fertilité, et c'est là ce qui forme véritablement, dans la province d'Anvers et dans la Campine, la nature humide du climat et ce qui influe principalement sur les opérations de l'agriculture. Cette nature humide du climat, les pluies souvent abondantes en mai, juin ou juillet, nous permettent de recourir, pour nos landes défrichées, à un système de culture pastorale mixte, analogue à celui qui a été adopté avec tant de succès dans les sables de Norfolk, système où les terres sont périodiquement mises en pâturage. Nous ne pouvons en espérer le succès que dans une zone climatérique comme celle de la Campine, où l'humidité, état prédominant de l'atmosphère, favorise la croissance des graminées.

La culture des bruyères, les plantations, le gazon remplaçant le sable, sont autant de causes qui agissent sur la température, en diminuant l'intensité du vent : la végétation produira plus de fraîcheur, l'évaporation sera moins forte et les pluies seront plus fréquentes encore.

Quelque grande que soit l'étendue du terrain à défricher, il faut, pour en modifier le climat, garnir ce terrain, d'espace en espace, par des plantations d'arbres verts, en haies assez hautes et assez épaisses pour former rideau et résister au vent.

Il n'est, pour ainsi dire, pas de miracle qu'une culture habilement ménagée, selon les lieux et les circonstances, ne puisse opérer sur le climat. Des plantations bien ménagées sont au nombre des causes qui exercent la plus grande influence à cet égard. On cultivait autrefois la vigne dans le Brabant et la Flandre. Nous avons même fait ressortir, dans notre aperçu historique, que le vin fut introduit en Flandre, sous Baudouin-le-Pieux; mais cette industrie y disparut complétement depuis. S'il est constant que l'agriculteur y a renoncé, pour s'adonner à la culture de produits plus analogues au climat et au sol et rendant davantage, peut-être aussi pourrait-on attribuer cette renonciation au changement climatérique amené par la disparition des grandes forêts? Il est assez probable, en effet, que ces grandes masses touffues conservant la chaleur, servaient d'abri à la vigne, comme le font les côteaux rocheux de la vallée de la Meuse, à Huy et à Liége.

Ce n'est qu'à la faveur des abris qu'on pourra cultiver les sables en sécurité et préserver les plantes du hâle. Il est prouvé que les plantes transpirent, c'est-à-dire que, pendant le jour, et même parfois pendant la nuit, l'eau que leurs feuilles et leur écorce avaient absorbée ou que les racines avaient pompée dans la terre, rentre dans l'atmosphère sous forme de vapeur invisible. La quantité de cette évaporation varie à chaque instant, parce qu'elle est toujours en rapport avec l'état de l'air, état qui ne reste jamais longtemps le même, soit par l'effet de la chaleur du soleil, soit par celui des vents. Lorsqu'elle est assez considérable pour rendre ses effets patents, c'est-à-dire, lorsque les feuilles et les fleurs se fanent, on l'appelle le hâle. Un hâle très-prolongé fait périr les plantes; trop souvent répété, il nuit à leur accroissement, ainsi que le prouvent les pays secs et découverts, plus exposés que les autres à ses résultats.

Sans plantations, le terrain de nos landes serait découvert et, le plus souvent, très-sec. Il n'est donc guère possible d'empêcher les effets du hâle dans la grande culture, si ce n'est par des plantations servant d'abri.

En résumé, nous pouvons considérer le climat de la Campine comme favorable à la végétation, à cause de l'humidité et des pluies qui tombent presque régulièrement en été, vers le mois de juillet; pluies qui, concurremment avec les fortes rosées de l'automne, assurent presque toujours la réussite des récoltes dérobées et des regains.

L'hiver commence de bonne heure et finit tard. Il est en général froid et humide. Le printemps est assez ordinairement humide et froid, et il règne des vents violents dans cette saison, que l'on peut considérer comme le prolongement de l'hiver.

L'été est variable et tempéré : à des chaleurs excessives succèdent rapidement des froids piquants, et *vice versa*. Les orages sont fréquents et dangereux dans cette saison.

L'automne seul est agréable dans la Campine : c'est la plus belle saison de l'année et la plus égale; quelquefois cependant, il est très-pluvieux.

Cette abondance de pluie dans un terrain très-sablonneux est d'un avantage immense pour les récoltes fourragères surtout. Sans elle les landes de la Campine seraient vouées à une stérilité presque complète. Mais il est de la plus haute importance que des écoulements bien préparés et bien entretenus puissent dégager promptement les terres de l'eau surabondante, pour l'écouler dans les lieux les plus bas, et que des canaux d'une capacité suffisante les dirigent de là vers les deux Nèthes et l'Escaut, ou vers les canaux d'évacuation qui déjà y aboutissent, les quatre Schyn, etc.

On creuserait ces canaux ou fossés d'écoulement, de manière à les rendre navigables, comme en Hollande, pour des chaloupes à fond plat, qu'un homme pousse, au moyen d'une gaffe, en marchant au bord de l'eau. Cette chaloupe porte la charge d'un fort chariot, et un seul homme la manœuvre. Le transport des amendements, des engrais, de la chaux, de la houille et des matériaux de construction serait, par ce moyen, considérablement facilité, dans bien des localités. Il est inutile d'en faire ressortir toute l'importance, car il est certain que les voies de communication, les voies navigables surtout, qui conviennent le mieux au transport des matières pondéreuses, doivent être considérées comme le premier moyen d'introduire des améliorations dans l'industrie agricole d'un pays; mais nous dirons qu'à l'aide de dispositions convenables, on peut aussi utiliser l'eau surabondante pour l'employer aux irrigations.

IV. SOL.

Le sol de la Campine provient d'alluvions. Il est formé de couches horizontales, plus ou moins étendues, et d'une épaisseur variable, de débris rocheux que la gelée, la pluie et les autres agents atmosphériques tendent sans cesse à désagréger et à réduire en sable et en argile. Des débris de végétaux y sont mêlés. Ces matières, incessamment charriées par l'Escaut et la Meuse, vers les parties les plus déclives du sol, ont donné au terrain alluvien plus de 76 mètres d'épaisseur, à l'embouchure de ces deux fleuves.

M. d'Omalius d'Halloy nous enseigne, dans ses *Éléments de géologie,* que Londres est situé, comme Paris et Bruxelles, au milieu d'un grand bassin de terrains tertiaires. En jetant les yeux sur la carte géognostique jointe à cet ouvrage, on voit que les bassins de Londres et de Bruxelles ne forment qu'un même ensemble, coupé par le bras de mer qui sépare l'Angleterre du continent. Sa partie nord-est, c'est-à-dire les comtés de Norfolk,

Suffolk et Essex, présentent un système que l'on appelle *crag* et qui est, comme le dernier système de Bruxelles, supérieur à tous les terrains tritoniens (formés par les eaux marines) et nymphéens (provenant de l'action incessante des eaux douces) du bassin de Paris. Le bassin de Londres ressemble beaucoup plus à celui de Bruxelles qu'à celui de Paris (1).

Un puissant dépôt argileux forme le caractère principal du bassin de Londres. On l'appelle ordinairement *London clay* ou argile de Londres. Ce dépôt se compose surtout d'une marne argileuse, quelquefois sableuse, ordinairement de couleur bleuâtre ou noirâtre.

Le *London clay* repose sur un dépôt puissant de sable, dont les assises supérieures renferment des lits de marne contenant des cristaux de gypse, et qui présente, dans sa partie inférieure, de l'argile, des cailloux roulés de silex (2).

Dans la Campine, près de Zolder et Meylandt, on a trouvé l'argile bleue à 3 et 5 mètres au-dessous du sol, et cette argile existe sur un grand nombre de points.

M. Dumont a annoncé à l'Académie que, dans la Flandre occidentale, aux environs de Thourout et en d'autres endroits, il avait trouvé, sous les sables, l'argile bleue, à un mètre de profondeur.

M. Van Breda dit, dans son Mémoire, que la marne argileuse se trouve dans la Flandre orientale en couches puissantes, en dessous desquelles on n'a pas pénétré. Sa couleur est ordinairement le bleuâtre et le noirâtre. Elle est en couches horizontales et ne se laisse point traverser par l'eau (3).

M. d'Omalius d'Halloy, en publiant, en 1842, son ouvrage intitulé : *Coup d'œil sur la géologie de la Belgique*, y a joint une carte géognostique de ce pays, extraite de la grande carte de M. Dumont. Cette carte nous indique que le sol de la Campine, celui du pays de Waes, des environs de Gand, d'Eecloo, de

(1) *Éléments de géologie*. Bruxelles, Hauman, 1838, in-8°, 3e éd., p. 157.
(2) D'Omalius d'Halloy. Id., id., p. 188, nos 327 et 328.
(3) Id., id., p. 156, no 320.

Deynse, de Thielt, de Roulers, de Thourout, d'Ypres et de Poperinghe; en un mot, la plus grande partie du sol des deux Flandres appartient à la même formation, désignée sur cette carte, n° 18, sous le nom de *Sable de la Campine.*

Le sable de la Campine, que M. d'Omalius considère comme formant la première assise de l'*étage supérieur,* est, selon cet auteur, « ordinairement blanchâtre, quelquefois jaunâtre, bru- » nâtre, noirâtre ou verdâtre. Il couvre presque toute la Cam- » pine, ainsi qu'une grande partie de la Flandre. Il est très-mo- » bile, et tend à envahir les champs cultivés, lorsque de la » tourbe, du limon superficiel ou les travaux de l'homme ne » l'ont point fixé. En Campine, où il est assez pur, il détermine » l'existence d'une contrée stérile; en Flandre, où il est quelque- » fois mélangé de limon et *où les habitants ont été plus à même » de l'amender,* la contrée est devenue généralement fertile (1). »

Puisque les travaux des plus savants géologues nous prouvent, par l'autorité irrécusable de la science, la conformité qui existe entre le sol des landes de la Campine et celui du pays de Waes et de la province de Norfolk, en Angleterre, nous sommes fondé à proposer, dans nos considérations générales, de fertiliser ces landes par les moyens qu'on a employés pour fertiliser le pays de Waes et le Norfolk; parce que, tout en tenant compte de l'influence du climat, il faut placer à côté de l'influence exercée sur les plantes par les circonstances atmosphériques, celle qu'exercent les diverses matières contenues dans le sol.

La science nous a prouvé, depuis peu, qu'à tel ordre de formation géologique répond constamment telle famille de végétaux; elle a démontré que toutes les familles végétales ont des besoins spéciaux, que le sol seul peut satisfaire, et qu'à chaque formation géologique se rapporte une nature particulière de terrain, dans laquelle prédomine telle ou telle des substances nécessaires au développement des plantes. C'est ainsi que chaque

(1) *Coup d'œil sur la géologie de la Belgique,* par d'Omalius d'Halloy; Bruxelles, Hayez, 1842, in-8°, p. 87, n° 110.

classe de terrain appelle et reçoit des tribus de plantes toutes spéciales, qui, sans beaucoup de peine, peuvent y être amenées au plus haut point de perfection.

Si donc on reconnaît que tels amendements, tels procédés d'engrais ou de labour ont eu de bons résultats sur une nature de sol déterminée et désignée par la teinte de la carte, on en conclura que les mêmes procédés, les mêmes amendements doivent produire des résultats analogues sur les mêmes terrains appartenant à la même classification géognostique.

Dès lors, des formules d'amendement et de culture qui conviennent au pays de Waes et au Norfolk sont vraies pour la Campine, si elles s'appuient sur des données approfondies par l'expérience.

Un sol bien constitué doit renfermer diverses substances connues et déterminées, dans un état divisé et plus ou moins poreux. Là où ces substances existent, il est parfaitement inutile de les ajouter; là où elles manquent, il faut de toute nécessité les introduire, dans l'intérêt des récoltes futures.

En attendant que la modification du sol ait eu lieu par l'amendement, nous avons à tenir compte, en défrichant nos landes, des rapports qui unissent la constitution géologique et géognostique du sol de la Campine, aux récoltes qu'il y faut semer et aux profits qu'on attend de ces récoltes. Cette constitution est telle qu'on doit s'attendre à lutter contre de grands obstacles, tandis que le seul avantage dont la nature paraisse avoir favorisé le sol de la Campine est une certaine humidité habituelle, qui tient à sa situation basse et qui contribue beaucoup à entretenir la fertilité d'un terrain sablonneux.

Sinclair nous dit : « On demandait un jour à un des fermiers » les plus intelligents du Norfolk, accoutumé à un sol sec et » sablonneux, comment il s'y prendrait s'il avait à cultiver un sol » argileux et humide. Il répondit naïvement qu'il ne saurait pas » plus comment s'y prendre avec un tel sol que s'il n'avait ja» mais vu une charrue (1). »

(1) *L'agriculture pratique et raisonnée*, t. I, p. 26, note.

Ce fait nous prouve que des cultivateurs accoutumés aux terres sablonneuses pourront seuls opérer avec fruit dans nos landes, parce que seuls ils ont l'expérience et les notions précises pour l'application des engrais et les labours qui conviennent à des terres semblables.

Le sol possède une propriété chimique qui exerce une grande influence sur la végétation : l'absorption de l'oxygène. L'expérience, après bien des observations et des tâtonnements, a enseigné aux praticiens à travailler le sol et à lui donner le genre d'engrais qui favorisait le mieux cette absorption de l'oxygène.

La composition du sol elle-même influe moins sur les plantes que ses propriétés physiques, qui y jouent le plus grand rôle.

Sous un climat humide comme le nôtre, un sol sablonneux offre des avantages, parce que, si l'eau s'évapore rapidement, elle est remplacée par les pluies fréquentes.

Sous un climat plus chaud, il faut un sol argileux, parce que l'eau qu'il retient s'évapore difficilement, et que les plantes trouvent à y puiser longtemps.

Nous avons dit que chaque espèce de plante s'adapte au genre de sol qui lui convient le mieux. Les plantes pivotantes conviennent aux terrains sablonneux et profonds. Elles y résistent bien à la sécheresse, parce que leurs racines peuvent aller chercher l'eau à une grande profondeur.

Les plantes, au contraire, qui n'ont que de petites racines, préfèrent un sol argileux.

Un terrain composé moitié de sable, moitié d'argile, est favorable à la culture des plantes mixtes, et les blés sont de cette famille.

Le froment vient dans une argile qui contient de 15 à 25 % de sable;

L'orge dans une argile mêlée à 30 ou 40 % de sable;

L'avoine et la petite orge dans un mélange contenant de 40 à 45 % de sable;

Le seigle dans un sol composé de 50 % d'argile et de 50 % de sable.

Cette dernière composition est celle des bonnes terres à blé des Flandres et de l'Allemagne.

Si l'on suit la progression, en prenant pour base la proportion du sable, on trouve que chacune de ces plantes cesse à son tour de donner de bons produits :

Le blé, lorsque le sol contient			60 à 65 %	de sable;
L'orge	id.	id.	65 à 70 %	id.
L'avoine	id.	id.	80 à 85 %	id.

Le seigle vient encore dans un sol qui ne contient que 5 à 10 % d'argile, et le sarrazin en exige moins encore.

La composition du sol, entre Gand et Bruges, renferme 80 à 85 % de sable.

Ces indications peuvent nous guider pour la culture des grains dans nos landes. Le sol se prête à la culture du sarrazin et du seigle. Le sarrazin, enfoui en vert, servira d'engrais. Le seigle donnera les pailles nécessaires à l'entretien du bétail. Puis nous modifierons la composition du sol en y transportant de l'argile, qu'on mêlera directement à la couche arable, ou qu'on ajoutera au fumier pour l'appliquer en compost. Nous obtiendrons ainsi graduellement de bons résultats de la culture de l'avoine et de la petite orge, et, à mesure que la proportion d'argile s'augmentera, le froment réussira après le trèfle, en ayant soin de tasser fortement le sol.

Indépendamment de la culture des céréales, nous pouvons compter, pour l'entretien du bétail, sur la culture des topinambours, de la spergule et des pommes de terre, mais avec des engrais suffisants, et sur celle des carottes, qui forment aussi une excellente préparation pour les autres récoltes.

D'après Sinclair, en Norfolk et en Suffolk, on a l'expérience que des sols sablonneux et pauvres, qui ne vaudraient pas 15 francs par hectare, pour toute autre culture, produisent en sainfoin, pendant un grand nombre d'années, environ 6000 kilogrammes par hectare d'un excellent foin, avec un regain très-précieux pour le sevrage et l'entretien des agneaux. Combien cette récolte n'est-elle pas plus profitable que toute récolte de grains qu'on pourrait obtenir d'un sol semblable !

Dans le pays de Waes, en Flandre, les sols sablonneux sont cultivés avec une grande perfection. Le sol de ce canton, formant originairement un sable blanc stérile, a été enfin converti en une terre très-fertile, par un procédé lent, mais infaillible. On ne cultivait d'abord que la surface, à la profondeur de 3 ou 4 pouces, mais on approfondissait graduellement les labours, à mesure que la terre s'enrichissait. Aujourd'hui, en commençant chaque rotation, on défonce à la profondeur de 15 à 18 pouces.

La terre épuisée de la surface est enfouie, et on ramène au-dessus de la terre nouvelle, enrichie par les engrais que les pluies y ont entraînés, pendant les sept années précédentes. On soumet ensuite le sol à l'assolement suivant : 1° pommes de terre; 2° froment avec du fumier (on sème le froment en novembre et ensuite des carottes, dans le froment, en février, pour une seconde récolte dans la même année); 3° lin fumé avec de la graine de trèfle; 4° trèfle; 5° seigle ou froment avec des carottes, pour une seconde récolte; 6° avoine; 7° sarrazin. A la fin de cette période, on défonce le terrain de nouveau.

Les doubles récoltes, cultivées dans les sables de la Flandre, durant la même année, présentent des avantages très-considérables. Les fermiers flamands obtiennent ainsi une plus grande quantité d'engrais qu'ils ne pourraient en produire par aucun autre système, ce qui les met en état de retirer de si riches récoltes de sols originairement stériles et tout prêts à le redevenir, sans l'industrie la plus active et les soins les plus infatigables.

Le sol de la Campine est tellement uni qu'il ne s'y trouve ni montagne ni colline. Il est dépourvu de pierres et de cailloux. Les seules élévations qu'on y remarque, celles de Heyst-op-den-Berg, de Beersel, de Putte et des environs de Herenthals, semblent avoir formé autrefois les parties les plus élevées d'un immense banc de sable ou d'anciennes dunes. Leur direction est du sud-ouest au nord-est. C'est apparemment la trace des eaux de mer, qui couvraient jadis cette contrée. Son sol paraît avoir été assez récemment délaissé par les eaux.

Le sable quartzeux y domine partout à la couche supérieure; il se trouve, en certains endroits, jusqu'à une très-grande profondeur, par couches diverses; tantôt il est jaune ou roussâtre, tantôt blanchâtre, quelquefois noirâtre. Le sable quartzeux blanc très-fin, transparent, vitreux, cristallisé, reflète les rayons du soleil et s'échauffe peu, il est le plus stérile. Tous ces sables, s'ils restent sans culture, ne produisent que de la bruyère mêlée à quelques brins d'herbe fine et courte, dont les bêtes à laine sont extrêmement friandes (1).

La couche supérieure n'a pas partout la même épaisseur; parfois elle n'a que quelques pouces, et parfois elle a plusieurs pieds. Le sous-sol est également formé de couches, qui ne sont pas de même nature partout. Dans plusieurs endroits, on rencontre une couche de terre marécageuse, contenant de la tourbe, mais qui n'est ni assez bonne ni assez épaisse pour valoir la préparation comme combustible. Cependant la Campine renferme des tourbières dont on pourrait tirer un grand parti.

Dans d'autres endroits, la couche supérieure repose sur un banc de tuf ferrugineux, souvent d'une grande étendue. Lorsqu'il se trouve près de la superficie ou à une profondeur moindre que quelques pieds, le terrain n'est propre à aucune culture, pas même à la plantation d'arbres, parce que la dureté de ce tuf empêche les racines de le pénétrer. Les eaux pluviales ne parviennent pas à s'y infiltrer; elles s'arrêtent à la couche inférieure, et lorsqu'elles sont retenues dans le sol, les progrès de la putréfaction sont interrompus, les engrais produisent peu d'effet, et l'eau qui s'exhale tient la superficie du sol dans un état continuel de moiteur. Le seigle, semé dans un champ dont le sous-sol est de cette nature, languit pendant l'hiver, et disparaît, en partie, au mois de mai. Ce qui continue de croître pousse avec trop de rapidité; les tiges moisissent et tombent, et les épis sont presque vides.

(1) *Mémoire sur le défrichement des landes*, par Van der Mey. Anvers, chez Van der Hey, in-8°; p. 4.

Partout où l'on trouve ce tuf, si l'on ne veut pas s'exposer à de fortes et inutiles dépenses pour des cultures ordinaires ou des plantations d'arbres, il faut commencer par sonder le terrain et enlever le tuf, opération qui nécessite d'énormes frais, parce que sa dureté empêche de le briser en petits morceaux pour l'extraire.

Cependant on ne rencontre ce tuf qu'exceptionnellement. M. Van der Mey nous dit que, dans la bruyère qu'il a cultivée, il y a des centaines de bonniers contigus qui n'en contiennent pas (1).

Presque partout où la couche supérieure du sol ne repose ni sur la terre marécageuse, propre à faire de la tourbe, ni sur le tuf ferrugineux, le sol est traversé par des couches de glaise ou d'argile compactes, également nuisibles à la culture; mais bien traitées, elles sont susceptibles de donner tous les produits que le climat comporte.

Le sol des bruyères est généralement mauvais, parce qu'il ne contient presque pas d'humus ou terreau, provenant de la décomposition des plantes. Ce terreau est le véritable élément de la végétation, c'est la terre végétale proprement dite, celle qui, interposée dans les sables, dont les grains sont eux-mêmes imperméables, attire, reçoit et conserve l'humidité de l'atmosphère et les principes fertilisateurs dont elle s'y est chargée.

Augmenter l'humus en enfouissant, à la charrue, des récoltes vertes, c'est donner au sol des bruyères une fertilité, qui lui manque, pour produire successivement des récoltes meilleures. Dès que leur sol, qui est aride de soi-même, possédera assez d'humus, il pourra subvenir à l'entretien d'un nombreux bétail, s'il n'est ni trop sec, ni trop humide, et s'il est abrité contre la violence des vents.

Notre but est d'obtenir dans ce sol sablonneux la bonne végétation des produits que nous chercherons à y récolter. Il faut l'envisager sous le rapport de l'amendement nécessaire pour

(1) Van der Mey, ouvrage cité, p. 6.

amener à de bonnes proportions la surface destinée à former a couche arable. Il faut aussi tenir compte du sous-sol et du plus ou moins d'abondance des eaux, dont le prompt écoulement, lorsqu'elles surabondent, est une condition indispensable pour obtenir de belles récoltes.

V. AMENDEMENT.

L'amendement du sol de nos landes, pris dans toute l'étendue de son acception, comprend la somme des modifications que nous y apporterons en vue de le rendre propre à produire et d'augmenter sa fertilité. Les modifications mécaniques qu'il y a lieu d'introduire dans ces terres arides, au moyen des travaux dont nous proposons l'exécution, comptent parmi les amendements aussi bien que celles que nous produirions par l'introduction de substances nouvelles à la superficie. Nous pouvons considérer comme amendement, y compris les gaz absorbés par l'action du labour, tout ingrédient dont la présence accroît la puissance du sol ou augmente le nombre et le volume des végétaux susceptibles d'y croître.

L'emploi judicieux des amendements et des engrais nous permettra de modifier le sol de nos landes, s'il est passable, et de le refaire ou de le perfectionner, s'il est improductif.

Pour procéder avec toute l'efficacité possible, nous devons étudier la composition des terres que nous avons à cultiver, et juger quel sera leur degré de fertilité, d'après l'action connue de la silice, de l'argile, du calcaire, de l'oxyde de fer et du manganèse, des sels variables et des débris organiques en décomposition, qui forment les bonnes terres cultivées. Cette fertilité peut être considérée comme la résultante de l'action combinée de chacune des substances qui constituent le sol. Cette résultante varie, d'après la proportion spéciale de chacune des substances par rapport aux autres. Connaissant les proportions qu'ont entre elles les diverses parties constituantes dont il s'agit, nous n'aurons plus qu'à soumettre la terre des landes à l'analyse, afin de discerner les espèces de substances qu'il faudra y introduire, pour en amener la composition à celle d'une terre bonne et fertile.

La question de l'amendement est la plus importante de toutes celles que nous avons à traiter. En nous efforçant de répondre à la question de l'Académie, quant à l'indication des moyens que nous croyons les meilleurs pour fertiliser les landes de la Campine, nous pensons devoir entrer dans quelques détails qui expliquent nettement notre idée.

Afin d'amener résolûment l'amélioration du sol par la voie la plus prompte, la plus sûre et la moins coûteuse, il importe de tenir compte de la manière dont ses parties se comportent les unes relativement aux autres, eu égard à l'air et à l'eau, et comment elles concourent à la nutrition des plantes.

La silice, qui prédomine fortement dans la composition du sol des landes, n'agit guère que mécaniquement; ses fragments constituent les grains du sable, qui est très-pénétrable à l'eau et aux gaz de l'atmosphère; il ne se tasse pas promptement; mais lorsque nous rencontrerons un sol composé surtout de sable très-fin, nous verrons qu'il durcit par l'action des pluies, et que sa perméabilité diminue en raison de l'état de division et de la quantité de sable fin qui le constitue.

Le sable a une faculté absorbante presque nulle par lui-même, mais lorsqu'il est plus ou moins volumineux, sa présence dans le sol facilite l'action des agents atmosphériques, l'air, l'eau, les gaz, le calorique, la lumière, etc., parce qu'il tient éloignées les unes des autres les parties diverses du sol, qu'il empêche de se serrer et d'acquérir de la cohérence. Tel est le mode d'action de la substance qui prédomine dans les terres en friche des provinces d'Anvers et de Limbourg.

L'argile possède des qualités contraires à celles que nous venons de constater pour le sable. Elle retient fortement l'eau; mais contractée et durcie par la chaleur du soleil, elle absorbe peu d'humidité atmosphérique; cependant cette faculté se développe beaucoup plus, lorsque l'argile est divisée et délitée par d'autres matières interposées. Dans les sols arables, elle s'unit intimement aux matières organiques en décomposition, qu'elle retient jusqu'à un certain point, en leur cédant peu à peu son humidité, ce qui facilite leur transformation complète en gaz et en humus.

L'argile qui s'imprègne des dissolutions de matières organiques altérées les retient fortement. Elle possède aussi une autre propriété qui doit, comme les précédentes, fixer l'attention des agriculteurs; elle a la faculté de s'emparer du gaz ammoniac et de le retenir. Il se produit alors une sorte d'aluminate d'ammoniaque; l'alcali se trouve fixé et profite mieux aux plantes.

Il résulte de là qu'en mêlant au sable de la surface l'argile que recèle, en tant de places, le sous-sol de nos landes, nous leur donnerons l'élément d'une grande fertilité, puisque cette argile, mêlée à la couche arable, s'empare d'une forte portion des éléments des engrais, s'en sature et ne les cède ensuite que lentement aux végétaux qui y croissent. Cependant il faudra l'appliquer en compost, ou bien donner à la terre une plus grande quantité de fumier, parce que cette argile, qui est pauvre, absorbe fortement le fumier, et ce n'est parfois qu'après plusieurs fumures successives, que les terres ainsi traitées paraissent se ressentir de nouvelles doses d'engrais. Le mélange du limon de l'Escaut offrirait encore plus d'avantage, mais les frais de transport seraient considérables.

Alors une telle terre bien cultivée a plus de puissance que d'autres; il ne lui faut que l'humidité et la chaleur nécessaire pour produire; une fois qu'elle est mise en état, elle peut donner d'excellentes récoltes, tout en économisant les engrais.

C'est par l'amendement, au moyen de l'argile et de la marne, que les landes sablonneuses du Norfolk ont acquis le haut degré de fertilité qui les distingue aujourd'hui.

Le calcaire qui fait partie constituante des terres arables est doué de porosité. Sa faculté absorbante le rend, dans toutes les circonstances, perméable à l'eau. Quoiqu'il se dessèche plus facilement que l'argile à l'action de l'air ou des rayons solaires, il ne se durcit point et ne devient pas cohérent; aussi les terres qui en contiennent une assez grande quantité, sont-elles perméables à l'eau et aux gaz, et d'une culture facile.

Les débris calcaires ont plus d'adhérence entre eux que ceux de la silice, et moins d'adhérence que les parcelles de l'argile, lorsqu'ils sont humectés. Comme le calcaire n'est pas susceptible d'acquérir de la ténacité, il est, en quelque sorte, un intermédiaire entre la silice et l'argile; il peut corriger, jusqu'à un certain point l'excès, de l'un ou de l'autre.

La chaux possède, comme l'argile, la propriété de s'unir aux portions des substances organiques altérées et de faciliter leur décomposition complète. Sa porosité lui donne en outre une force de condensation remarquable, faculté que possèdent plus ou moins toutes les substances poreuses, mais aucune à un aussi haut degré que la chaux. La chaux facilite la végétation, parce qu'elle absorbe dans ses pores et condense les gaz atmosphériques. Elle favorise la combinaison des gaz soit entre eux, soit avec certains produits sortis de la décomposition des matières organiques. Cette précieuse qualité explique l'utilité de son emploi dans les terres nouvellement défrichées. Le curé Thys dit que c'est à la chaux et aux labours profonds qu'on doit les grands changements de culture du village de Wyneghem, où l'on récolte de très-beau froment, de l'orge, du lin, des colzas, des trèfles en abondance, sur des terres qui ne produisaient auparavant que du seigle, de la spergule et de mauvaise avoine (1).

L'oxyde de fer se trouve généralement mêlé au sable. Il concourt directement à l'acte de la végétation, en coopérant à la

(1) Thys, ouvrage cité, p. 274.

nutrition des plantes, et partage cette faculté avec l'oxyde de manganèse et les sels de différente nature. L'action mécanique de ces oxydes et de ces sels est presque nulle, à cause de leur peu de volume, relativement aux trois substances principales constituantes, le sable, l'argile, la chaux; mais la faculté qu'ils ont d'absorber l'humidité, leur assigne le premier rang, après les sels alcalins, comme agents propres à augmenter cette qualité essentielle.

Ils entrent comme substance alimentaire destinée à la formation de la charpente des végétaux, qui puisent une partie de ces sels dans le sol : on en a la preuve par leurs cendres, qui contiennent tous ces sels. Il faut admettre, d'ailleurs, que les végétaux de tout genre, de toute espèce indistinctement, réclament leur présence pour se bien constituer.

Les débris organiques sont indispensables au sol arable. Ces détritus ont, à l'égard de l'humidité, une faculté d'absorption très-puissante, relativement à celle des autres principes constituants. Ils sont perméables à l'eau, à l'air, aux gaz; ils se dessèchent assez lentement; toutefois, ils abandonnent plus vite que l'argile l'eau qui les imprègne.

C'est de la quantité de ces débris organiques altérés que dépend le plus ordinairement la fécondité d'un sol; cependant, pour qu'ils puissent profiter à la végétation, il faut qu'ils soient dans un certain état de décomposition. Les substances animales parviennent rapidement, pour la plupart, à ce degré convenable. Les substances végétales y arrivent plus tard, excepté celles qui sont molles, humides et surchargées de principes azotés.

Les débris organiques en décomposition augmentent surtout la faculté absorbante du sol, et cet effet est de la plus grande importance pour la fertilisation des sables de nos landes, où cette faculté est presque nulle.

L'humus provenant de la décomposition de ces débris se change, quand il absorbe l'oxygène, en acide carbonique, pour servir d'aliment aux plantes. L'ammoniaque, également précieuse pour les végétaux, se forme en même temps que l'acide carbonique : les matières organiques, en se décomposant spontanément dans le sol, ne subissent qu'une oxydation; mais l'eau que ces corps contiennent vient en aide à la décomposition, et provoque la formation de l'ammoniaque. Celle-ci s'unit à l'acide carbonique ou aux autres sels calcaires, et forme un carbonate d'ammoniaque, un des plus puissants engrais.

La composition du sol influe peu par soi-même sur les plantes; ses propriétés physiques y jouent le plus grand rôle.

Pour croître, toutes les plantes puisent dans le sol des principes fertilisants, qui sont développés par la décomposition des matières organiques et la formation de l'ammoniaque. Telle terre en contient naturellement plus que telle autre, lorsque sa texture ou sa porosité est plus favorable à la décomposition de matières végétales et animales, dont le résultat est une substance très-favorable à la végétation, telle que l'humus ou le terreau.

Lorsqu'une terre est poreuse, comme le sable de la Campine, elle est trop exposée à l'influence de l'atmosphère pour que cette action ne finisse point par résoudre l'humus en matières gazeuses, qu'elle absorbe presque entièrement. Les plantes perdent alors, dans cette terre, une partie des sucs nourriciers qu'elles se seraient assimilés par les radicules.

Pour remédier à ce grand défaut des terres sablonneuses, il faut en modifier la texture et les amener autant que possible au degré d'adhérence le plus convenable à l'action de l'eau, de l'air, de la chaleur et de la lumière, qui sont les seuls agents indispensables à la végétation.

La base de l'agriculture est l'amélioration de la terre par le labourage et l'amendement proprement dit.

Le premier de tous les amendements que nous devons employer dans les landes, celui qu'on a pratiqué de tout temps et qu'on pratiquera éternellement, c'est le labourage. Il agit uniquement en divisant, pour donner à l'air atmosphérique la possibilité de s'introduire dans les interstices des molécules qui forment la terre soumise à la charrue. Cette division permet à l'eau de se répandre d'une manière égale. Cette facilité donne aux racines des plantes les moyens de pénétrer partout.

Nous venons de dire que ce sont les propriétés physiques du sol qui jouent le plus grand rôle dans la végétation. Le sol, assemblage de fragments extrêmement ténus, de roches de nature diverse, n'exerce lui-même d'influence que par le rapport de ces fragments entre eux. Le sable et l'argile s'y trouvent combinés dans de certaines proportions, et de ces dernières dépend la modification des propriétés physiques du sol, sa ténacité ou sa porosité.

Pour créer dans nos landes l'action physique du sol qui n'existe aujourd'hui que faiblement à la surface, il faut que le labour mette en contact avec l'air atmosphérique toute la partie de la superficie qu'on destine à former la couche de terre végétale. Lorsque cette couche se sera suffisamment ressentie du contact de l'air, les racines des plantes s'y étendront partout à l'aise, et trouvant une égale quantité d'air et d'eau, elles multiplieront leurs suçoirs, acquerront ainsi de nouveaux moyens d'action, et la végétation qu'elles sont chargées de nourrir, augmentera d'autant.

Après ce premier pas, nous aurons à pourvoir de l'humus qui lui manque la nouvelle couche, qui, bientôt, deviendra végétale.

L'humus, corps spongieux, possède, à un plus haut degré que les autres parties du sol, la propriété de s'emparer de l'humidité et de la retenir; ce qui le rend surtout si précieux pour les terrains de sable.

Cette faculté d'attirer et de retenir l'humidité manque à nos landes. Elle exerce cependant une si grande influence sur la propriété fructifère de toutes les espèces de terre qu'elle est, d'après Schwerz, un des moyens les plus faciles et les plus sûrs de juger de la valeur d'un terrain. — Davy a comparé sur beaucoup de terres différentes la force de la faculté d'absorber l'humidité; il a toujours trouvé cette force plus grande dans les terrains les plus fertiles, et il la regarde comme un signe aussi certain que possible de la fertilité du sol. — Schubler a trouvé que la terre de jardin absorbe, en 48 heures, 5 % de son poids, en humidité atmosphérique, tandis que, dans les mêmes conditions, une terre maigre n'en absorbe que 2 %. Si donc nous considérons l'atmosphère comme le grand laboratoire dans lequel la nature opère la volatilisation et la transformation en gaz et en vapeurs de tous les produits des corps terrestres, pour les combiner et les élaborer de nouveau, nous ne devons rien négliger pour tirer de cet immense récipient les vapeurs minérales, les substances animales et végétales, et pour les fixer et les utiliser au profit de la végétation.

La pluie, après avoir traversé l'air atmosphérique et s'y être chargée des substances fertilisantes qu'il tient en suspension, les apporte et les dépose dans le sol en y pénétrant; chaque goutte est un véhicule qui s'en est chargé. Mais cet apport si précieux est perdu, en majeure partie, lorsqu'il a lieu sur un sable inculte, aride, où les grains impénétrables ne sauraient s'en imbiber; car l'eau ne peut s'introduire qu'entre les interstices de ces grains, et cette eau, avec les matières qu'elle tient en dissolution, retourne bientôt, presque en totalité, dans l'atmosphère, évaporée qu'elle est par le soleil et par l'air auxquels le défaut de cohésion du sol laisse un libre accès.

L'humus étant éminemment propre à s'emparer de l'humidité, il faut se hâter d'en pourvoir les sables des landes, à l'aide du fumier et en y enfouissant des récoltes vertes, dont les détritus humeux, conservés dans les interstices de la couche supérieure du sol, seront amenés, peu à peu, par l'action de l'air, de la chaleur et de l'humidité, à une décomposition complète, à un état de division et de maturité qui permette à ces parties humeuses de se combiner avec les substances atmosphériques, au profit de la nutrition et du développement des plantes qui les absorbent par leurs racines.

Il est donc évident, puisque les plantes tirent de l'atmosphère leur nourriture principale, que l'amendement du sol dans les landes de la Campine doit avoir pour but de lui faire absorber, au moyen de l'humus, et conserver, à l'aide de l'argile, les éléments qui alimentent la végétation, lorsque l'humidité en imprègne la terre en y pénétrant.

Si le labour, en mettant le sol maigre de nos landes en contact avec l'air, améliore la végétation, il ne lui est pas donné, cependant, de continuer à la faire prospérer; la végétation a besoin qu'on lui choisisse des plantes garnies de feuilles nombreuses, soutirant de l'atmosphère des principes nutritifs, que la terre trop aride encore ne saurait leur fournir. Ces plantes enfouies dans le sol même, avant leur floraison, rendront plus à la terre qu'elles n'en auront tiré : leur décomposition les transformera en un terreau noir, léger, et chargé d'acide carbonique très-favorable à la végétation.

Aucune plante ne se réduit plus tôt en terreau que le sarrazin, dont la végétation est très-rapide. Par ses feuilles larges, épaisses et nombreuses, ses tiges herbacées et charnues, il se nourrit plus des gaz atmosphériques que des sucs de la terre, à laquelle il apporte, au contraire, en y pourrissant, beaucoup d'humus et une humidité durable. Ces qualités le rendent bien précieux pour l'amendement du sol sablonneux des landes. Nous avons rapporté plus haut (p. 94), en traitant des considérations générales sur le défrichement, que l'analyse du terrain le plus fertile des marches du Holstein, donnée par Schwerz, prouve que ce terrain contient à peine 1 ½ pour % d'humus.

Les belles expériences faites à Florbeck, par le baron de Voght, ont démontré que des terrains stériles peuvent être amenés à un état de fécondité satisfaisant, sans autres engrais que l'enfouissement de récoltes vertes. Celles-ci, d'abord, ne s'élèvent de terre qu'à 6 à 8 centimètres à peine; puis elles vont successivement en augmentant. C'est ainsi que, en 9 ans, il a mis en état de produire des récoltes profitables, un misérable sable absolument nu, qui ne produisait pas même de mauvaises herbes.

Voici ce que mentionne le baron de Voght, par une lettre insérée dans les *Annales de Mecklembourg :*

« Le plus misérable sable mouvant peut, au moyen d'une suc-
» cession d'amendements verts, arriver à donner des récoltes
» de seigle profitables.

» Plutôt par curiosité que dans l'espérance de quelques suc-

» cès, je choisis une pièce du plus misérable terrain sablon-
» neux, tout semblable au chemin de sable qui y conduit, où
» jamais rien n'avait pu réussir, et où, que je ne sache, on
» n'avait jamais mis de fumier. On ne pouvait pas même aperce-
» voir une plante de mauvaise herbe sur les 327 perches carrées
» (69 ares) de cette pièce de terre.

» En 1820, j'y semai quatre fois de la spergule, des raves,
» du blé noir, l'un après l'autre, et je les enfouis avec la herse;
» ils n'eurent qu'une chétive végétation, et ne s'élevèrent qu'à
» quelques pouces de hauteur.

» En 1821, j'y semai du blé noir pour l'enfouir en vert; il ne
» s'éleva qu'à 6 pouces (144 millimètres) de hauteur. J'y fis suc-
» céder, pour la même destination, du seigle sur labour pro-
» fond. Tout fut extrêmement misérable.

» En 1822, spergule et seigle à enfouir en vert; chétifs, ce-
» pendant couvrent déjà un peu le sol.

» En 1823, deux fois de la spergule, et, comme la dernière
» couvrait déjà passablement le sol, j'essayai d'y semer du seigle,
» et j'obtins :

» En 1824, 4,57 himten de seigle (5,75 hectolitres par hec-
» tare), à peine 2 pour 1 de semence; ensuite je donnai un
» amendement vert de spergule.

» En 1825, 2 amendements verts. »

» En 1826, je récoltai 5,20 himten (6,50 hectolitres par hec-
» tare), un peu plus de 2 pour 1 de semence; puis je donnai un
» amendement vert.

» En 1827, 2 amendements verts.

» En 1828, je récoltai 8,60 himten (10,75 hectolitres par hec-
» tare) seigle, 3 ½ pour 1 de semence; c'est-à-dire un produit
» profitable. »

La troisième opération de notre amendement aura pour but de diminuer la porosité du sol, afin d'empêcher la volatilisation trop prompte des gaz qui résultent de la décomposition des matières organiques, et qu'il importe, au plus haut point, de conserver dans la couche arable, au profit de la nutrition des plantes.

Le meilleur moyen d'y parvenir, c'est d'ajouter de l'argile. Le sol sablonneux le plus léger acquiert alors la propriété d'absorber et de retenir l'eau et les engrais. Les plantes, de maigres et chétives, deviennent fortes; les racines, dont les ramifications fines se multiplient à l'infini pour chercher la nourriture nécessaire à la subsistance de la plante, deviennent, par cette adjonction, grosses et moins nombreuses. Durant les sécheresses, on ne voit plus jaunir les plantes; elles restent, au contraire, d'un beau vert. Les transitions si fréquentes de température, qui avaient d'abord une action pernicieuse sur les végétaux, n'en ont plus qu'une bien faible; et à quelle cause est dû ce changement? à l'argile dont la présence a modifié une couche arable, trop poreuse, trop perméable. Sans l'argile, l'infiltration et l'évaporation des eaux pluviales se font trop promptement dans les sables des landes, et les racines des végétaux qu'on leur a confiés, meurent de soif durant la sécheresse; alors la tige, les rameaux, les feuilles, tout souffre, et la fructification se fait mal ou est nulle, lorsque la sécheresse se prolonge.

En cultivant les landes dans leur état naturel, la sécheresse détruit bien souvent les plus belles espérances, car parfois, à l'imbibition complète succède de bien près une dessiccation rapide d'un effet très-funeste, puisqu'après de fortes pluies, il reste rarement une goutte d'eau à la surface des terres sablonneuses; tandis que des terres plus fortes sont submergées par ces mêmes pluies.

Le mélange de l'argile à la couche arable produirait cet effet : que le terrain, une fois imbibé, serait plus lent à se dessécher, et conserverait l'humidité nécessaire à la bonne végétation des récoltes; et cette humidité ne serait jamais nuisible, car le sous-sol rendu perméable et les fossés profonds, creusés latéralement aux terres en culture, permettraient l'écoulement des eaux surabondantes. On pourrait d'ailleurs empêcher les fossés de se vider, si l'on jugeait nécessaire de conserver plus de fraîcheur au sol.

Les sables fins sont très-mobiles; ne conservant pas l'humidité, ils cèdent avec une grande facilité à l'action des vents et nuisent aux terres cultivées sur lesquelles ils viennent s'abattre. Pour les fixer et en tirer parti, il suffirait de les recouvrir d'une légère couche de limon de l'Escaut, qui, de sa nature, est éminemment fertile et propre à l'amendement du sol de la Campine. Une pareille addition de terre compacte, donnée en couverture aux sables mobiles, et combinée avec des plantations convenables, fixe le sol.

Quelquefois on rencontre dans les landes trois couches : de la terre noire, du sable et de l'argile. Ces couches sont épaisses chacune d'un fer de bêche. Le curé Thys dit qu'on peut en faire une terre très-productive, en ouvrant une tranchée assez large sur la longueur de la pièce de terre qu'on veut bêcher et à la profondeur de trois pieds, pour en extraire l'argile. On opère pas trois tranchées simultanément, de manière que l'ouvrier conserve la terre noire de la surface et la recouvre au moyen de la couche d'argile que le sable va remplacer au fond de la tranchée.

Ce travail s'exécute sur la pièce de terre tout entière. L'ouvrier intelligent s'en acquitte bientôt avec autant d'habileté que s'il bêchait comme à l'ordinaire. L'agronome de Wyneghem dit avoir vu appliquer cette manière de bêcher à des terres en culture qui n'avaient jamais donné que de mauvais produits, et qui, depuis lors, sont devenues très-productives. Il trouve cette méthode si avantageuse pour l'amendement du sol, qu'il conseille de ne pas regarder à la dépense, d'autant moins que cette opération ne doit se faire qu'une fois, que les labours profonds nécessaires à différents produits mêlent ensuite, de plus en plus, la terre noire à l'argile, et donnent au sol une très-grande fertilité (1).

De Coster dit, dans son Mémoire sur le défrichement, qu'on lui a cité des terres, louées avant cette opération à 10 florins, qui se louaient facilement après à 30 florins.

L'expérience incontestable des faits prouve que la majeure partie des landes de la Campine peut se cultiver et produire ; mais elle

(1) Thys, ouvrage cité, p. 444.

produira bien davantage, si l'on choisit attentivement la nature du sol, pour l'amender d'après ses principes constituants, qui varient dans leurs proportions, souvent à des distances très-rapprochées.

La marne serait l'amendement le plus convenable à ces terres; mais l'argile jointe à la chaux peut fort bien la remplacer, puisque ces terres pèchent par défaut de compacité. Il ne s'agira plus dès lors que d'y produire de l'humus pour en faire une bonne terre végétale, tandis que, dans leur état actuel, les terres sablonneuses des landes de la Campine manquent de liaison entre leurs parties. Elles sont privées de ces parties grasses qui sont un des éléments de la végétation; la pluie passe au travers, sans nourrir suffisamment les plantes. Les semences et les racines des plantes ne se trouvent pas assez comprimées de tous les côtés, parce que la terre est trop divisée. Toutes ces conséquences, qui découlent du défaut de liaison, nuisent à la végétation, et de plus, l'humus, qui n'est pas assez intimement uni au sable, se dissout par les pluies, s'évapore au soleil et perd, par conséquent, la plus grande partie de ses qualités nutritives, indispensables aux plantes que la terre doit porter. Les terres argileuses ou glaiseuses de différentes variétés, que nous trouvons en tant d'endroits du sous-sol des bruyères, sont toutes d'un excellent effet sur ces terrains sablonneux et légers, parce qu'elles leur donnent plus de consistance et de ténacité, ce qui les met à même de retenir l'humidité, de produire et de conserver une plus grande abondance de sucs nourriciers.

Nous voyons par là qu'un sol de cette nature a besoin, pour devenir productif, d'un grand développement d'intelligence, joint à un travail assidu. C'est pour une terre de cette espèce que s'est créé le proverbe: *Tant vaut l'homme, tant vaut la terre.* Mais, avec des soins et des engrais suffisants, on peut l'élever à des produits qui compensent les peines et les avances. Nous en trouvons la preuve dans des expériences fort intéressantes faites par M. Van der Mey, qui a cultivé, pendant plusieurs années, des landes dans la province d'Anvers. Il a consigné le fruit de son expérience dans un mémoire publié par la Société d'émulation à Anvers. L'auteur de ce mémoire a pris pour base les produits que l'on obtient ordinairement sur les landes non amendées, simplement engraissées avec du fumier, le plus souvent mal fait et employé avant sa maturité (1). En creusant les canaux et les fossés d'écoulement, il est certain qu'on trouvera presque partout de l'argile ou de la glaise, à la profondeur de deux, trois, quatre ou cinq pieds, toujours d'après cet auteur, qui parle par expérience (2).

Lorsque la partie du sol des landes qu'on cultive a été modifiée au moyen d'une addition convenable de terre compacte, sa nature est changée au point que si on lui donne, après quelques années de culture, la même quantité d'engrais qu'à une terre semblable, cultivée sans avoir subi de modification par l'argile, l'effet de l'engrais sur la première des deux sera double: d'où l'on doit conclure que la faculté de puiser les principes de végétation dans l'atmosphère et de se les assimiler, est beaucoup plus énergique sur une terre amendée par l'argile et sur les végétaux qui y croissent que sur le même sol non amendé. C'est là aussi la cause de la grande différence qu'on observe dans le produit de leurs récoltes respectives.

Nous pouvons doter le sol des landes de cette importante faculté, que la nature lui avait refusée, le refaire en quelque sorte, en changeant les sables en un *loam* des plus fertiles. Le travail de l'homme peut lui donner toutes les propriétés et tous les avantages qui distinguent un bon sol. Si l'on couvre d'argile cette terre sablonneuse; si l'on applique à sa surface une certaine quantité de chaux, et qu'on y enfouisse des récoltes vertes, alors la nature du sol change; une fécondité inaccoutumée y apparaît; les engrais y agissent avec plus d'énergie, et le sol reçoit cette heureuse impulsion qui, si elle s'étendait sur toute la surface des landes de la Campine, en changerait l'aspect, y

(1) Van der Mey, ouvrage cité, p. 33.
(2) Id., p. 27.

remplacerait la stérilité par la richesse agricole, source assurée de prospérité et de force pour le pays.

La chaux et les substances qui la renferment sous ses différentes combinaisons, seraient un moyen de végétation bien puissant sur ce sol qui n'en contient pas. Répandue de manière à former un deux-centième à peine de la couche cultivée, elle accroît, avec la quantité ordinaire d'engrais, tous les produits de moitié en sus, et ce résultat se prolonge pendant bien des années, tandis que les parties calcaires qu'elle fournit au tissu végétal, ne sont pas un millième du produit lui-même. En effet, la chaux ne forme pas le tiers du poids des cendres de ces végétaux incinérés. Observons aussi que ce surplus de produit n'est point fourni aux dépens du sol, puisqu'au bout de plusieurs années, la terre sera tout aussi riche qu'avant l'application de l'engrais qui, n'étant qu'une très-petite partie de la substance calcaire elle-même, tire toute sa force de l'atmosphère. Le sol et les végétaux qu'il nourrit reçoivent donc de la chaux et de son mélange avec la couche végétale, la faculté de puiser dans le grand réservoir les éléments végétaux : le carbone, l'azote, l'hydrogène, l'oxygène, etc.

La terre argileuse dans laquelle on a mélangé de la chaux, ne forme plus, par un temps humide, une pâte aussi liée, aussi compacte qu'auparavant. Par un temps sec, les parties de cette terre ne se durcissent et ne se contractent plus autant. La chaux interposée s'y oppose, et les mottes durcies par un temps sec se délitent beaucoup mieux à l'air humide ou par l'effet d'une petite pluie. La chaux, par sa faculté absorbante qui est considérable, augmente celle du sol; par le fait de sa porosité, elle s'imprègne des dissolutions salines et de celles des matières organiques altérées, tout en permettant à ces substances de se transformer plus rapidement en gaz et d'être plus promptement absorbées par les plantes que lorsqu'elles sont unies à l'argile seule.

D'après Arthur Young (1), on ne peut ni marner, ni argiler

(1) *Lettres d'un fermier*, t. I, p. 74.

un acre de terre légère à moins de 3 livres sterling, si l'on veut le faire comme il faut. Cette dépense s'élèverait à 540 francs par hectare. En la réduisant considérablement pour la Campine, elle serait cependant toujours trop forte, pour qu'on pût l'obtenir d'un propriétaire ou d'un petit fermier.

Quelque coûteux que soient l'extraction et le voiturage de l'argile, il faut s'efforcer de l'obtenir, parce que, sans la mêler en quantité suffisante à la couche arable, il est impossible d'assurer la fécondité du sol de nos landes. Nous devons donc admettre qu'une amélioration aussi notable, mais dont les frais ne se couvriraient qu'au bout d'un certain nombre d'années, par l'augmentation des produits annuellement obtenus de la terre, ne se fera sans doute jamais, ni par le propriétaire, ni par le fermier, qui n'auront ni l'un ni l'autre la volonté de risquer une pareille dépense. Cependant, après quelques années, tous les frais sont remboursés; l'amélioration existe comme au premier jour, même à un plus haut degré, et l'augmentation que fournissent les récoltes annuelles continue toujours à se reproduire. Cette différence de produits résultant de l'amendement du sol au moyen de l'argile, mérite une bien sérieuse attention de la part des hommes d'État en Belgique, puisqu'elle touche à une question majeure, celle de la production alimentaire actuellement disproportionnée à l'accroissement de la population, et cette différence annuelle, en se représentant longtemps sur une étendue de plus de 100,000 hectares, acquiert une très-grande importance.

Nous insistons sur ce fait incontestable : que la fertilité des terres à défricher dans la Campine sera liée invariablement à leur porosité et à leur faculté d'absorption. La première de ces propriétés permet à un excès d'eau de s'échapper et laisse un libre accès aux gaz atmosphériques; la seconde procure de l'humidité, en réparant, le soir ou la nuit, les pertes que le sol a pu faire dans d'autres instants d'une température trop sèche, et compense en partie l'évaporation.

La porosité est trop grande et l'absorption presque nulle dans l'état naturel du sol de nos landes.

La chaux et les débris organiques contribueront directement à tenir dans un état d'humidité convenable ces terres, auxquelles l'argile donne de la consistance, tout en cédant difficilement l'eau dont elle est imprégnée.

Nous pensons qu'il faudrait environ 150 charges de 1,500 kilogrammes par hectare, et 20 hectolitres de chaux, pour amener graduellement les terres des landes au degré de fertilité qu'elles sont susceptibles d'acquérir.

Si les données que je soumets à l'Académie, comme base et point de départ, sont admises, et je ne pense pas qu'elles soient contestables quant à l'ensemble des faits, il importe de rechercher comment on pourra faire face aux dépenses nécessitées par le travail d'un amendement qui doit changer toute la texture du sol et transformer en terres fertiles nos landes incultes, en tenant compte de la grande influence que le sous-sol exerce sur la végétation.

Nous nous proposons, si le temps qui nous reste le permet, d'indiquer les moyens qui, loin d'occasionner de grandes dépenses à l'État, lui procureraient une ressource pécuniaire des plus considérables, et nous terminerons cette indication par un exemple frappant de l'immense augmentation de valeur qu'un agriculteur intelligent peut donner aux terres par un amendement bien entendu.

En Angleterre, on a converti un sol siliceux en une bonne terre, par le mélange de deux parties de glaise à vingt-neuf de silice.

Un des plus habiles agriculteurs du comté de Norfolk, M. Redwell de Livermere, *assure, d'après une longue expérience, que la glaise est de beaucoup préférable à la marne pour l'amélioration des terrains sablonneux :* son jugement est d'une autorité irrécusable. M. Redwell occupait, il y a vingt-huit ans, une ferme de 1,400 arpents de très-pauvres sables; il ne payait de fermage que 150 livres sterling, sans charge de dîme. Ayant obtenu un second bail à long terme, au fermage de 350 livres sterling, avec charge de dîme, il a tellement amélioré cette propriété par ses clôtures, l'emploi d'une immense quantité de terre glaise et son admirable système de culture, qu'il a consenti un troisième bail à long terme, au fermage de 700 livres. La progression du fermage est remarquable :

Premier bail.	150 livres.
Deuxième bail	350 —
Troisième bail	700 —

Les sols où le sable domine peuvent être améliorés non-seulement par une certaine proportion de marne ou de glaise, mais encore par des substances végétales. Sir Humphrey Davy cite un effet remarquable de ce dernier mode d'amendement. Sir Robert Vaughan possédait, dans le pays de Galles, une propriété dont le terrain était d'un sable très-fin et très-léger, qui avait été considérablement amaigri et pour ainsi dire calciné dans l'été brûlant de 1805. Sir Humphrey Davy lui conseilla d'y jeter abondamment à la volée de la terre de tourbe écrasée, ce qui produisit une amélioration immédiate et permanente. L'inverse de cette opération, qui n'est pas moins utile, est l'amendement d'un terrain tourbeux par l'addition d'une certaine quantité de sable ou de terre argileuse jetée à la volée. Ces jets à la volée, que l'on nomme *topdressings*, application d'engrais ou d'amendement en couverture, sont une des pratiques les plus recommandables de l'agriculture anglaise. Elle devrait avoir plus d'imitateurs sur le continent, où la théorie et les effets de ces couvertures ne sont pas assez connus. Les *topdressings* conviennent surtout aux terres légères et sablonneuses de la Campine; ils ont le double avantage de nourrir les plantes croissantes et d'améliorer le sol. C'est par ses *topdressings* de sable, de coquillages, que M. Maxwell a converti les pauvres landes de l'île de Mull en frais et riches pâturages, comparables à ceux des comtés d'Herford et de Glamorgand pour la qualité substantielle et la finesse de leurs herbages. Chez nos voisins d'outre-mer, l'espèce et le succès de la culture dépendent beaucoup de la nature de la couche superficielle. Parfois cette couche est composée d'un amas de particules de silice pure, ou de détritus calcaires provenant de coquillages et liés par un mélange de glaise.

VI. ENGRAIS.

Les étables des fermes campinoises sont grandes, parce qu'il est d'usage d'en consacrer une partie à la préparation du fumier, qui y séjourne ordinairement pendant six mois; on ne le sort qu'à mesure qu'on l'emploie; et, pour n'en rien perdre par l'évaporation, on l'enterre aussitôt. Ces étables ont ordinairement deux grandes portes qui se correspondent, afin qu'une charrette puisse librement y entrer et en sortir. La grande quantité de gazon et de fumier qu'on transporte rend ces communications indispensables. La partie de l'étable qu'on réserve à la préparation du fumier équivaut ordinairement à la moitié de son étendue. Elle est creusée, à la profondeur d'environ deux mètres, au-dessous du sol qui porte les bestiaux. On met dans le fond de cette excavation une couche de sable de 30 centimètres d'épaisseur; on la recouvre d'un lit de gazon de bruyère, d'environ 30 à 40 centimètres. On jette dessus tout le fumier, à mesure qu'on le retire en dessous des bestiaux, et l'on continue, jusqu'à ce que l'excavation soit remplie, ce qui a lieu ordinairement après six mois. On enlève alors le fumier, qu'on transporte sur le terrain préparé pour le recevoir.

La paille des céréales qu'on récolte dans la Campine sert, en grande partie, à la nourriture des bestiaux, et il en reste peu dont on puisse disposer sous forme de litière. Les cultivateurs y suppléent par des gazons de bruyère, qu'ils enlèvent, par plaques carrées d'environ 5 centimètres d'épaisseur, et qu'ils arrangent sous leurs bestiaux, en recouvrant cette sorte de litière d'une légère couche de paille.

Lorsque cette litière a séjourné quelque temps sous les bestiaux et qu'on la juge convertie en fumier, on l'enlève pour la déposer dans l'excavation de l'étable, et on la remplace par une nouvelle couche de gazon et de paille. Pour augmenter la quantité de fumier, on a soin, avant de l'y déposer, d'y mettre un lit de gazon de bruyère, de feuilles d'arbres, de fougère, de jeunes genêts, etc., qui, se trouvant placés entre deux couches de fumier, pourrissent et en augmentent la masse. On dirige l'urine vers l'excavation où ce mélange est déposé.

Cette préparation de fumier est généralement usitée. Si les engrais méritent d'être considérés comme la base de la culture des terres, et si le fumier d'étable est le principal engrais sur lequel on doive compter dans une exploitation rurale, il nous est facile d'apprécier, suivant la composition de celui-ci, l'état général de la culture de la Campine. On ne peut faire de bon fumier sans de bons matériaux; or, les gazons de bruyère sont de mauvais matériaux, puisqu'à un sol déjà trop sablonneux on ajoute encore du sable, par le fait de ces gazons, qui en contiennent beaucoup.

L'auteur dont nous avons cité plusieurs fois l'ouvrage, le curé Thys (1), blâme l'imprudence de ceux qui emploient des gazons de bruyère et du sable dans les étables, parce que l'expérience prouve que le résultat de leur décomposition est très-peu de chose, ainsi que l'utilité qu'en retire la culture. Le principal effet que semblent produire ces gazons provient, dit-il, des excréments et des urines du bétail qui s'y attachent et les pénètrent, et que la terre absorbe; de sorte qu'on peut soutenir qu'ils donnent plus de travail et de peine que de profit. Il ajoute, avec beaucoup de raison, qu'un agriculteur qui veut utiliser ces gazons de bruyère gagnerait plus à les brûler, pour en répandre les cendres sur ses terres ou ses prairies. L'auteur recommande la bonne paille de seigle comme un des meilleurs éléments à convertir en fumier.

(1) Si l'on met beaucoup de sable sous le bétail pour faire le fumier, le terrain sur lequel on répand ce fumier deviendra naturellement plus sablonneux. L'engrais dont il est imprégné s'introduit, il est vrai, dans la terre, mais le sable reste et s'y accumule d'année en année, p. 351.

Il est d'une très-grande importance pour le défricheur de retirer du bétail la plus grande quantité possible de fumier, et de l'utiliser d'une manière bien productive. Les trois points tout à fait essentiels pour obtenir des animaux la plus grande quantité de fumier sont :

De les nourrir abondamment, car la quantité de fumier que produit le bétail est toujours en proportion de la nourriture qu'il reçoit;

De leur fournir une copieuse litière, afin qu'aucune portion des urines ne se perde;

De nourrir, toute l'année, à l'étable, les vaches laitières et une partie du bétail à l'engrais, en ne laissant pâturer que le bétail d'élève.

La méthode de nourrir les animaux au vert, à l'étable, doit être recommandée, dans le but de réduire la dépense et d'augmenter les engrais. En Angleterre, on enferme dans des enclos des bestiaux de toute espèce; on leur y fait manger, au râtelier, du trèfle, de l'herbe ou des vesces que l'on coupe tous les jours. On a soin de garnir les enclos avec de l'argile, dans les terrains sablonneux, en les recouvrant d'une abondante litière. Ce régime augmente considérablement l'urine des animaux. Pour n'en rien perdre, il faut que la couche d'argile soit assez épaisse.

D'après Arthur Young, un acre de trèfle fauché mène précisément aussi loin que six acres consommés sur place.

Mathieu de Dombasle dit que le plus grand nombre d'exploitations où les bestiaux sont nourris à la pâture, pendant l'été, et où la paille forme une partie considérable de la nourriture d'hiver, ne donne annuellement que quatre voitures de fumier par tête de gros bétail, tandis qu'on en peut retirer dix et même davantage et de bien meilleure qualité, en nourrissant copieusement ces animaux à l'étable. Cette augmentation double, dans presque toutes les circonstances, le produit des récoltes de l'exploitation et accroît le produit net dans une bien plus grande proportion, puisque les frais de culture sont les mêmes pour une terre bien en état ou pour une terre pauvre. Les fourrages artificiels se trouveront de même augmentés proportionnellement, par le fait de l'amélioration des terres de l'exploitation, ce qui permet de nourrir fort bien le même nombre de bestiaux et d'en entretenir encore davantage. D'autre part, l'augmentation de nourriture que consomme le bétail, en vue d'une plus grande abondance d'engrais, bien loin d'être jamais onéreuse, est largement payée par l'abondance des autres produits, tels que le beurre, le lait, la graisse. Il n'y a pas de bestiaux, de quelque espèce qu'ils soient, qui donnent moins de profit que des bestiaux médiocrement nourris.

Dans les sols légers et sablonneux, le fumier frais ou consommé produit, en général, d'après l'agronome précité, bien plus d'effet lorsqu'on l'applique sur le sol, au lieu de l'enterrer. « On peut le répandre, dit-il, soit au moment de la semaille, » soit sur la récolte en végétation, soit même pendant l'hiver, » sur une terre qui doit être labourée au printemps, pourvu » toutefois que le sol ne soit pas en pente, de manière que les » pluies puissent entraîner les sucs du fumier hors du champ. » Quoique cette méthode d'appliquer le fumier soit en opposi» tion avec la théorie qui fait supposer qu'on perd, dans ce » cas, une grande quantité de principes volatils qu'on regarde » comme très-précieux, cependant l'expérience se prononce si » fortement en sa faveur, pour la nature de terre que j'indique, » qu'on ne doit pas hésiter de la suivre, lorsque cela est possible.

» Cette dernière méthode est la seule applicable aux prés et » aux prairies artificielles; la saison la plus favorable pour y » conduire le fumier est la fin de l'hiver ou le commencement » du printemps. Lorsque l'herbe commence à grandir, si c'est » un fumier pailleux que l'on a employé, il est bon de ramasser » les pailles au râteau ou à la herse et de les mettre en tas hors » du pré. On peut employer utilement cette grande paille à la » culture des pommes de terre. »

Un exemple à suivre dans le défrichement et la culture de nos landes sablonneuses, c'est l'emploi des engrais liquides adoptés pour les terres légères de la Flandre. L'agriculture s'y distingue par sa perfection, lorsqu'on peut se procurer en abondance les urines des animaux nourris de fourrages verts ou de racines. Cette application de l'urine se fait par le mélange d'une quantité égale d'eau, et elle n'a lieu qu'après une fermentation complète, c'est-à-dire au bout de deux ou trois mois.

Les effets de cet engrais sont très-prompts; il produit, dans l'année même, une quantité considérable de fourrage dont on peut retirer déjà, quelques mois après, des engrais en abondance. Il est positif qu'une reproduction aussi rapide et aussi fréquemment répétée donne, après un certain nombre d'années, une plus grande quantité d'engrais que lorsque les effets de cette reproduction dans le sol sont répartis entre quatre ou six ans, comme cela a lieu pour le fumier solide. On conçoit bien que les avantages de ce système dépendent essentiellement du soin avec lequel on emploie les engrais à produire des fourrages et, par conséquent, de nouveaux engrais.

Les cultivateurs des environs d'Anvers commencent à apprécier l'efficacité des eaux de lavage du gaz. Ces eaux, qui sont riches en sels ammoniacaux, y donnent à la direction de l'établissement du gaz une recette nouvelle de plus de 2,000 francs par an.

Nous avons signalé, dans la partie historique, que les agriculteurs flamands et brabançons n'épargnaient ni argent ni peine pour faire venir de la Hollande tout ce qui pouvait servir d'engrais. Nous avons dit que le pays de Waes, les terres sablonneuses des environs de Malines, et toutes celles qui se trouvaient à portée de profiter du transport par eau, avaient utilisé les engrais liquides enlevés à la Hollande, pour produire rapidement des récoltes de fourrages. Ces fourrages nourrissaient un nombreux bétail, qui convertissait les pailles en engrais plus substantiel, et l'on y suivait ainsi le mode de défrichement le plus rationnel, à l'aide d'engrais tirés de l'étranger.

La science nous explique très-bien aujourd'hui les effets rapides des urines et des engrais liquides en général. Autrefois, les agriculteurs ou les savants, qui définissaient la nutrition des végétaux et leur accroissement par l'absorption que faisaient leurs racines dans le sol, admettaient déjà qu'ils puisaient aussi certains gaz dans l'atmosphère. Les expériences de M. de Saussure et d'autres, qui avaient reconnu l'absorption et la décomposition de l'acide carbonique dans les parties vertes des plantes, étaient trop bien prouvées et avérées.

Vers le commencement de l'année 1841, un ouvrage remarquable de Liebig fut publié sur cette question. MM. Boussingault, Dumas et Payen, par leurs expériences, confirmèrent l'opinion du chimiste allemand.

Tous les savants admettent aujourd'hui que, pour sa nutrition et son accroissement, la plante puise dans l'atmosphère des gaz composés de carbone, de nitrogène et d'hydrogène, et constitués ainsi d'éléments nécessaires à la formation de sa partie organique; tandis que du sol elle soutire de l'eau, ne tenant en solution des matières minérales que cette portion inorganique minime, mais essentielle, indispensable à sa constitution, et des gaz analogues à ceux qu'elle puise dans l'air.

Ainsi, suivant les nouvelles idées émises par les savants que nous avons cités, les végétaux ne forment leur partie purement organique que par l'assimilation d'éléments gazeux; et, pour que les débris végétaux et animaux puissent servir de matières alimentaires à de nouvelles plantes, il faut qu'ils soient presque entièrement convertis en gaz.

La prompte volatilisation des urines et des engrais liquides, en général, doit donc assurer et activer la végétation des plantes dans les terres légères et sablonneuses de nos landes, à mesure que le développement des feuilles et des tiges, encore tendres, de ces plantes se prête davantage à l'absorption des gaz que ces engrais produisent.

En répandant fréquemment l'urine sur les trèfles, en alternant cet engrais avec le plâtre, on produit sur ces plantes des effets qui paraissent prodigieux, car on obtient dans des sables presque stériles d'aussi abondantes récoltes que dans des terres de première qualité. L'emploi des engrais liquides, dans un sol léger, est très-favorable aux pommes de terre.

La lizée qu'on emploie particulièrement en Suisse, et surtout aux environs de Zurich, se prépare en mélangeant ensemble les excréments solides, l'urine des bêtes à cornes, et en y ajoutant de l'eau.

A cet effet, dans le pays où on la prépare, les écuries ont une disposition particulière : derrière les animaux est établie une rigole de 30 centimètres de largeur sur 20 de profondeur; elle aboutit à cinq réservoirs ou citernes, qui doivent être assez vastes pour contenir toute la lizée d'une semaine; on les proportionne donc à la quantité des animaux que l'on entretient. Les rigoles sont munies de palettes en bois; l'urine y coule naturellement; on y pousse les excréments solides avec un balai, et on les délaie avec de l'eau, que l'on ajoute en assez grande quantité pour remplir la rigole. On lève la palette et l'on fait tomber le tout dans la citerne.

Quand la fermentation est établie, ce que l'on reconnaît à la présence des bulles de gaz qui viennent assez abondamment à la surface du liquide, l'on y introduit et l'on y mélange du sulfate de fer ou de l'acide sulfurique.

Au bout de quatre semaines, la quatrième citerne se trouve remplie. Alors on vide la première, au moyen d'une pompe; on verse l'engrais liquide dans des tonneaux, et l'on en arrose les terres en culture et les prairies.

Schwertz recommande de ne pas enlever le marc épais du fond des fosses et de ne pas le répandre sur les prairies ou sur les plantes en végétation, parce qu'il les enduit d'une croûte dure, qui nuit à leur développement, et que le terrain se recouvre de moisissure. Il faut attendre l'époque des semailles, et porter le marc sur le sol pour l'enfouir au labour.

Cette méthode de préparer et d'employer la lizée a plusieurs avantages : elle permet d'abord de se passer de litière, car, dans les pays où la paille est rare, on la conserve pour la nourriture du bétail; elle donne aussi le moyen d'utiliser, à toutes les époques de l'année, les portions d'excréments disponibles, sans qu'on doive attendre longtemps ni rien perdre des éléments fécondants.

Enfin, un troisième avantage c'est que cet engrais liquide porte secours aux récoltes qui paraissent souffrir. Les inconvénients sont les dépenses occasionnées par la disposition particulière des écuries et les frais de transport plus considérables, par suite de l'addition d'une grande quantité d'eau dans cet engrais.

L'urine est, comme tout le monde le sait, une des matières organiques sécrétées qui contiennent le plus de substances salines. Celle des herbivores est très-riche en sels; l'urine des ruminants l'est surtout en carbonates, et celle des chevaux est une des plus nitrogénées.

D'après MM. Boussingault et Payen, l'urine de cheval contient 2,61 pour cent de nitrogène à l'état liquide, et l'urine de vache en contient 0,44 pour cent, également à l'état liquide.

On désigne par le nom de purin, les urines qui ont éprouvé un commencement de décomposition. Presque partout on ne les emploie pour l'arrosement des prairies et des terres arables que lorsqu'elles sont à cet état. On conseille d'étendre l'urine au moyen de l'eau, pour l'employer fraîche; mais alors il faut environ trois ou quatre fois son poids de ce liquide. La masse et les frais de transport se trouvent, dans ce cas, considérablement augmentés.

Pour empêcher la déperdition de la majeure partie des sels ammoniacaux volatils, on conseille de faire dissoudre dans l'urine du sulfate de fer. Ce moyen ne nous paraît pas convenir aux terres des landes, parce qu'elles contiennent déjà du fer en assez forte proportion. On indique 6 à 7 kilogrammes de ce sel pour 100 kilogrammes d'urine. Un mélange d'acide sulfurique est aussi recommandé. Un kilogramme ou deux de cet acide supposé concentré, doivent suffire pour 100 kilogrammes d'urine.

Les excréments humains doivent être mis au nombre des engrais les plus riches. Le produit des vidanges des latrines ne doit pas être mêlé aux autres fumiers. C'est un engrais très-puissant qu'il ne faut jamais négliger de recueillir. La manière la plus commode de l'utiliser est de le mettre à l'état liquide dans une fosse de trois ou quatre pieds de profondeur, qu'on remplit seulement à moitié. On dépose sur le bord de cette fosse de l'argile bien sèche et bien meuble, et on la jette sur les matières, par pelletées, qu'on éparpille le plus possible. La terre gagne bientôt le fond, et on en ajoute jusqu'à ce que la masse soit bien ferme. Au bout de quelque temps, on vide le tout, on en fait un tas sur le bord de la fosse. Lorsqu'il est suffisamment ressuyé, on le répand avec facilité.

Les débris organiques, les engrais, que nous accumulons dans un sol, doivent en sortir la majeure partie à l'état de gaz, pour pouvoir profiter à la récolte que nous désirons. MM. Dumas et Boussingault ont reconnu que certaines plantes ne prospèrent et ne fructifient que si leurs racines puisent dans le sol une grande proportion de nitrogène, soit par l'ammoniaque et ses sels, soit par les nitrates qui s'y trouvent développés. Les plantes de cette espèce sont précisément celles que nous cherchons à produire en grande quantité, et spécialement les céréales.

En outre, lorsqu'on porte un engrais sur un terrain, et qu'on l'y mélange, on favorise nécessairement sur le lieu même la production d'une plus grande quantité d'acide carbonique et d'ammoniaque, en contact avec les racines mêmes des plantes que l'on confie à ce sol.

En admettant que toute la masse d'engrais doive se convertir en gaz pour être utilisée, la majeure partie de ces gaz en dissolution dans le sol pourra être absorbée par les racines, ou par les feuilles, à peu de distance au-dessus du sol; elle sert donc à la récolte pour laquelle on a appliqué le fumier.

MM. Dumas et Boussingault sont aussi d'avis que, pour se constituer convenablement, les plantes absorbent des sels ou des oxydes qui passent réellement en dissolution, c'est-à-dire dans le plus grand état de division possible.

Les engrais, mélangés dans un terrain en culture, y accumulent non-seulement une source féconde de produits gazeux indispensables à la végétation, mais ils y déposent en même temps une certaine quantité de substances minérales utiles aussi : ils rendent à ce sol une portion de la matière inorganique assimilable, qui avait été enlevée par les récoltes recueillies.

M. Schattenman indique un moyen auquel certaines localités de la Suisse ont recours, pour éviter la perte des principes azotés du fumier. Il consiste à saturer par du sulfate de chaux les jus de fumier ou le purin réuni dans la fosse; puis, formant le tas par couches, on répand sur chacune d'elles du plâtre en poudre, et l'on a soin d'arroser, aussitôt que la masse s'échauffe un peu fortement. Toutes les fois qu'on y ajoute de nouvelle eau, on y introduit du plâtre pour la saturer. On élève ainsi des tas de 4 à 5 mètres de hauteur, sans craindre l'excès de la fermentation et la perte des gaz. Les parties animales et végétales se modifient et se décomposent. L'engrais ne perd pas de sa qualité par cette fabrication; il est même d'une grande énergie; il se dégage beaucoup de vapeur d'eau, de l'acide carbonique, de l'hydrogène sulfuré; mais l'ammoniaque se trouve condensée à l'état de sulfate. Cependant l'odeur qui s'exhale d'un tel fumier est fort désagréable, et nécessite une place éloignée des habitations. En Suisse, on pose le tas de fumier sur des solives qui recouvrent la fosse à purin. Tout le liquide se rassemble dans cette fosse. Cette disposition est convenable quand l'engrais liquide est plus important que le fumier.

Nous considérons la chaux comme l'auxiliaire le plus utile au défrichement de nos landes. Afin de déduire des règles de conduite pour son emploi, dans les différentes circonstances où l'on se trouve placé, il est indispensable de connaître son action sur le sol et sur la végétation.

La chaux, répandue sur un sol arable et incorporée avec lui, de la manière la plus convenable, paraît avoir trois modes d'action distincts.

Comme alcali soluble, elle agit sur les acides qui proviennent de la présence de quelques débris végétaux et qui, sans elle, seraient nuisibles à la végétation; elle les sature et détruit leur effet. Elle réagit, en outre, sur les autres substances organiques, en favorisant leur décomposition et leur transformation en parties assimilables. Ce mode d'action se manifeste surtout dans les sols tourbeux et dans les terres de bruyère, où la chaux agit dans les premiers temps de son introduction.

La chaux agit, en majeure partie, par le carbonate et le sulfate qui se produisent. Ces sels, dans un état de division extrême, n'en sont que plus facilement absorbés, mais peu à peu, à cause de leur faible solubilité.

La chaux agit encore mécaniquement et chimiquement : très-divisée, elle facilite même à l'état de carbonate la division des parties du terrain trop tenaces. Les mottes de terre, mélangées de chaux et de carbonate calcaire, semblent fuser sous l'action d'une petite pluie. Son action chimique n'est pas douteuse comme substance poreuse; comme alcali, elle agit en favorisant la production des nitrates; elle aide donc très-efficacement aux réactions importantes qui peuvent se produire entre les gaz de l'atmosphère et les principes du sol.

Des moyennes ont été prises sur de très-grandes étendues de terrains, présentant des qualités très-diverses, dans des pays d'agriculture modèle. Il en résulte qu'en France les chaulages sont en moyenne de trois à cinq hectolitres, par an et par hectare. En Allemagne, ils sont de huit à dix hectolitres par hectare, et, en Angleterre, de cent à six cents hectolitres par hectare. Ces quantités se modifient, sans doute, suivant la nature du sol et les positions dans lesquelles on se trouve placé.

Les chaulages français et allemands semblent devoir obtenir la préférence : ils coûtent quatre à cinq fois moins que les chaulages anglais; ils paraissent déterminer d'aussi abondantes récoltes, et, en les adoptant, il y a moins de chances pour l'épuisement du sol, parce que la chaux seule, au bout de quelque temps, appauvrit le terrain; aussi doit-on faire suivre les chaulages de fumures abondantes.

La chaux, répandue en quantité convenable dans les landes, y fait disparaître les mauvaises plantes naturelles à nos sables, et l'on peut reconnaître, en général, que le moment est venu de réitérer son emploi, quand le sol cesse de montrer les qualités des sols calcaires, quand on voit reparaître les mauvaises plantes des terrains siliceux.

La meilleure méthode à suivre pour l'emploi et l'introduction de la chaux dans nos landes légères et siliceuses, c'est de l'appliquer en préparant d'avance un compost terreux. A cet effet, on mélange l'hectolitre de chaux, par exemple, avec 6, 8 ou 10 hectolitres de terre ou de gazon. Au bout de huit à dix jours, on remanie ou on mélange bien cette masse, en la coupant dans tous les sens; puis, au bout de huit autres jours, on recommence une deuxième fois et même une troisième, puis on l'emploie. L'action de cet amendement est d'autant plus prompt, qu'on l'applique plus longtemps après sa préparation. Si l'on répandait la chaux seule et à trop forte dose sur ces terrains, elle pourrait être plus nuisible qu'utile; mais un mélange d'argile, de chaux et de fumier, est toujours d'un excellent effet sur les sables de la Campine.

La chaux grasse ou la chaux pure est la plus active; elle produit généralement les meilleurs résultats et plus d'effet que toute autre sous le même volume.

Il faut une plus grande quantité de chaux maigre que de chaux grasse pour obtenir des résultats à peu près semblables.

La chaux hydraulique, qui est naturellement unie à de l'argile, doit être répandue à plus forte dose que les précédentes. Il paraît qu'elle tend moins à appauvrir le sol.

On croit avoir reconnu que la chaux hydraulique favorise plus le développement de la paille et des fourrages que la production du grain. La chaux maigre et la chaux grasse agissent en sens inverse.

M. Boussingault pense qu'on peut considérer le chaulage comme une opération ayant pour but unique de donner à la terre le carbonate de chaux qui peut lui manquer, et qui est nécessaire à la réussite des récoltes (1).

(1) M. Boussingault, *Économie rurale, considérée dans ses rapports avec la chimie, la physique et la météorologie*, t. II, p. 669.

L'introduction de la chaux dans le sol de nos landes, où le calcaire manque, donnera les meilleurs résultats. Elle y est, en quelque sorte, indispensable pour obtenir de bonnes récoltes. Par son emploi, les mauvaises herbes des terrains siliceux font place bientôt aux petits trèfles des terrains calcaires; les légumineuses fourrages et les légumineuses granifères paraissent s'y plaire, puis le froment y vient et y réussit bien.

Les insectes nuisibles disparaissent par suite du chaulage; la terre prend de la consistance, si elle est trop légère, et se divise, si elle est trop argileuse. On peut se rendre compte de ces deux effets qui semblent opposés. Comme la chaux peut favoriser la formation des sels hygrométriques, déliquescents même, qui n'existaient pas dans le terrain avant son introduction, elle tend donc à augmenter l'adhérence des diverses parties du sol et sa consistance.

D'autre part, son mélange peut diminuer la ténacité d'un terrain trop compacte, ce qui est très-favorable à la croissance des racines dans le sol. La chaux donne plus de vigueur aux plantes, et les fait mieux résister à la carie et à la rouille.

Le curé agronome de Wyneghem dit, dans son ouvrage sur la culture des landes, que ceux qui ne peuvent ou ne veulent pas faire les frais de la chaux, ou qui évitent la peine de se la procurer, ne feront jamais de grands profits (1). Il la recommande surtout lorsqu'on veut semer du froment ou des trèfles, et nous avons cité, en traitant de l'amendement, la révolution complète que son emploi, joint à des labours plus profonds, avait amenée dans la culture des villages de la Campine qui en ont adopté l'usage.

La grande facilité de composer du plâtre en précipitant la chaux au moyen de l'acide sulfurique, permet d'en introduire et d'en généraliser l'emploi, pour la production de récoltes fourragères dans les sables de la Campine.

Le plâtre est un sel peu soluble; il exige 461 fois son poids

(1) P. 540.

d'eau pour se dissoudre; la solubilité de ce sel, quoique très-faible, n'en est pas moins fort essentielle dans ses applications en agriculture, et c'est de là que dépend une partie de ses bons effets.

On répand ordinairement le plâtre à la main. Quelques cultivateurs choisissent le moment où les feuilles des plantes sont couvertes de rosée; ils profitent d'un temps pluvieux. D'autres paraissent avoir constaté, au contraire, qu'il produit plus d'effet par un temps sec, et lorsqu'il peut tomber plus facilement sur le sol et s'y mélanger. C'est surtout aux légumineuses fourrages, aux prairies artificielles, qu'il est le plus profitable. Tout le monde connaît l'expérience de Francklin pour en propager l'emploi.

L'effet du plâtre se fait sentir, pendant trois ou quatre ans, quelquefois plus, d'autres fois moins, d'après la qualité de la terre.

On indique généralement 250 à 300 kilog. par hectare, comme la quantité qui agit bien dans le plus grand nombre de cas. Cependant les résultats de son emploi sont si variables, qu'ils ont fait surgir des idées bien différentes sur la manière dont il agit.

On a prétendu qu'il agissait par son affinité pour l'eau parce qu'il absorbait ce liquide dans l'atmosphère, puis qu'il le cédait à la plante; mais le plâtre, pulvérisé et exposé à l'air humide, absorbe de l'eau en vapeur seulement ce qu'il lui en faut pour être saturé et hydraté, et il retient l'eau absorbée avec trop d'énergie pour faire admettre qu'il en cède même une portion aux végétaux. D'ailleurs, le plâtre cru, qui agit bien, est saturé d'eau quand on s'en sert.

Les expériences de M. Soquet, de Lyon, semblaient avoir constaté que le plâtre n'agit que quand il est répandu sur la plante, et qu'il ne produit aucun effet, s'il est jeté sur le sol nu et mélangé avec lui. D'après ce savant, le plâtre agirait sur la plante par le sulfure de *calcium* qu'il contient après calcination, et ce sulfure, corps désoxygénant, concourrait avec la lumière à l'association du carbone. Il est bien établi, par les expériences de M. de Dombasle et d'autres excellents agriculteurs, que le plâtre est favorable à la végétation, quand il est répandu sur le sol en même temps que le grain.

Liebig pense que le plâtre agit spécialement en condensant dans ses pores le carbonate d'ammoniaque qui se dégage du sol par la décomposition des engrais, et surtout celui qui existe dans l'atmosphère, venant de la même source, et qui est ramené sur le sol par l'action des pluies. Il en explique l'effet, en admettant qu'il y a double décomposition entre ces deux sels, sulfate de chaux et carbonate d'ammoniaque. De cette manière, dit cet illustre savant, l'ammoniaque, produit si nécessaire aux plantes, est ramenée à l'état d'une combinaison moins volatile : une plus grande partie profite à la végétation. Le plâtre agit comme amendement assimilable, comme principe nutritif lui-même et comme collaborateur d'autres sels assimilables et utiles. Il est nécessaire à certaines plantes qui ont besoin de sulfate pour se constituer; c'est la croissance de celles-là surtout qu'il favorise.

M. Boussingault a constaté que la quantité réunie des substances minérales puisées dans le sol par une récolte plâtrée, était considérablement augmentée par le fait de cet amendement. Ainsi, par hectare, cette quantité avait été portée, en 1841, de 115 à 270 kilogrammes; et, en 1842, de 97 à 280 kilogrammes.

D'après cela, M. Boussingault admet que le plâtre n'agit aussi efficacement sur les prairies artificielles, qu'en portant de la chaux dans le sol, et en la fournissant à l'état de carbonate, dans un grand état de division, par conséquent très-assimilable, puisqu'il est le produit d'une double décomposition. Le même auteur pense, d'après les expériences de M. Rigaut de l'Isle, que le plâtre n'a d'action que sur les sols qui n'ont pas une dose suffisante de chaux à l'état de carbonate.

M. de Gasparin croit qu'à l'avenir, on ne pourra plus mettre en doute la présence du sulfate de chaux dans les terrains où le plâtrage manque son effet, et son absence dans ceux où il le produit.

On peut faire produire beaucoup à un sol sur lequel ce sel a une action, mais ce n'est pas un engrais, et, en forçant les plâtrages sur un terrain, on risque de l'épuiser, si l'on ne combine pas son emploi avec celui des premiers. Il agit à petite dose; c'est un des amendements à utiliser pour la production des fourrages, parce qu'il est le plus économique; mais, comme nous venons de le dire, il ne faut pas oublier ce principe essentiel à l'agriculture, que tout sol qui a produit beaucoup a besoin de recevoir aussi beaucoup de substances améliorantes.

Le phosphate de chaux agit mécaniquement et tend à ameublir la terre; il est à peu près absorbé par les plantes, et son grand état de division facilite sa solution et son absorption. Cet engrais a donné des résultats étonnants dans le défrichement des landes de Meerle près d'Hoogstraeten, où MM. Voortman et Jacquemyns, en l'employant à raison de 250 kilogrammes par hectare, pour les pommes de terre, ont obtenu une récolte très-abondante. Ces messieurs nous ont dit que 250 kilogrammes étaient la juste proportion; qu'une plus forte proportion ne produirait aucun résultat avantageux; mais que cette quantité suffisant raisonnablement, il était inutile de l'augmenter. Il n'en reste rien, il est vrai, dans la terre, mais il vaut mieux lui rendre, chaque année, la quantité exacte dont l'expérience a constaté le besoin pour les récoltes.

Il est hors de doute que l'emploi de cet utile amendement, assimilable au point qu'il paraît être associé aux végétaux, tel qu'il est, prendra une grande extension, lorsqu'il sera mieux connu, à cause de son prix minime, de son peu de poids, de sa faible quantité par hectare, et par suite de la facilité du transport. Aussi n'est-ce point sans un vif sentiment de regret que tous ceux qui prennent à cœur les intérêts si importants de notre agriculture nationale, voient le dommage qui résulte pour elle de l'énorme exportation des os que l'Angleterre et la France tirent, chaque année, de la Belgique, au détriment de notre sol.

Les cendres sont généralement composées :

1° De carbonates de potasse et de soude;

2° De sulfates, de chlorhydrates de potasse et de soude;

3° De carbonate et de phosphate de chaux;

4° D'oxydes de fer et de manganèse;

5° De charbon, de silice et de traces d'alumine.

Chacune de ces substances a une action différente; elles concourent toutes à modifier le sol et les sucs puisés par les végétaux qui y croissent.

Les carbonates alcalins, le carbonate de potasse et le peu de carbonate de soude qui y est réuni, sont très-solubles. Ils réagissent comme alcalins et doivent tendre, par conséquent, à saturer les acides qui peuvent exister dans le sol où on les introduit. L'influence nuisible de ces acides se trouve donc détruite : ce qui explique le grand avantage de l'emploi des cendres dans les terres de la Campine.

M. Braconnot a prouvé, par des expériences directes, que les plantes excrètent des acides par leurs racines. C'est là une de leurs fonctions nécessaires; le contact des acides présents dans le sol où elles plongent ne peut donc leur être utile; il doit même souvent entraver la végétation. L'action des alcalis, au contraire, en saturant les acides qu'émettent ces organes contenus dans le sol, favorise cette fonction et tend à activer la végétation. Pour être favorable au développement des végétaux, le sol doit être plutôt légèrement alcalin qu'acide. De plus, une partie des sels alcalins réagit par les débris organiques contenus dans le sol, et, en favorisant leur décomposition, donne naissance à plus de gaz et de produits assimilables.

Les cendres agissent encore comme partie nutritive des plantes, parce que les carbonates de potasse et de soude sont absorbés en nature par les suçoirs des plantes.

M. le comte d'Exaerde, dans l'ouvrage qu'il vient de publier sur le défrichement de la Campine, recommande, à bien juste titre, de récolter des plantes dans le but utile d'en obtenir des cendres. Il recommande surtout l'hélianthe annuel ou tournesol, le genêt, etc., dont les cendres contiennent une notable quantité de potasse, substance alcaline qui manque dans les terres de la Campine. Cette idée est fort heureuse; elle ne saurait être trop recommandée à ceux qui s'occupent de la culture de ces terres sablonneuses des landes; car les cendres sont efficaces surtout dans les terrains dépourvus de calcaire, sur les terres de bruyère et partout où le sol peut être acide, partout où il n'y a pas eu de base propre à saturer, par la décomposition des débris organiques, les acides dégagés. Les tiges des topinambours, dont nous avons recommandé la culture, en traitant des abris et de l'assolement, fourniraient des cendres riches en sels alcalins, mais ces tiges, dont on récolte dix à douze mille kilogrammes par hectare, contiennent quatre pour mille d'azote (1). Il est plus avantageux de les décomposer au moyen de la chaux, après les avoir imbibées d'urine.

Les plantes qui croissent dans un sol où l'on a mélangé des cendres, profitent à la fois :

Par l'activité que reçoivent les racines du contact d'un alcali faible;

Par le fait de la décomposition plus prompte des débris organisés;

Par l'absorption d'une partie des carbonates de potasse et de soude, sels utiles à leur constitution.

La présence des cendres dans le sol rend leur végétation beaucoup plus vigoureuse. Elles offrent aux plantes des parties minérales en état de grande division, et dans les conditions les plus favorables pour être assimilées, puisque déjà elles ont fait partie de substances organiques, analogues à celles auxquelles elles doivent être associées. Remarquons toutefois que l'emploi réitéré des cendres sur un sol, et sans fumure, doit tendre à l'appauvrir. Elles paraissent favoriser la production du grain plutôt que celle de la paille. Quelquefois, au printemps, on les répand sur le froment et sur l'orge, mais il vaut mieux les introduire dans le sol, avec la semence. Les cendres agissent bien aussi sur les prés et les pâturages, ainsi que sur le colza. Leur effet n'est pas durable quand elles sont employées à petite dose; mais un sol, cen-

(1) Boussingault, t. II, p. 85.

dré à plusieurs reprises, se ressent encore de cet amendement, dix années après.

Les cendres lessivées ont, dans beaucoup de circonstances, une action presque aussi énergique que les cendres neuves, surtout si on les a conservées quelque temps en tas.

Les cendres de tourbe varient beaucoup, suivant la nature de la tourbe qui les a fournies. Les cendres de Hollande, de bonne qualité, sont très-utiles, surtout pour les terres fortes. Dans les terrains sablonneux, on les répand, en grande quantité, par un temps pluvieux.

Nous voyons dans l'ouvrage du curé Thys que l'on tire un bon parti de ces cendres sur les terrains défrichés qu'on veut faire servir à une plantation de colza. Decoster dit, à la page 74 de son mémoire couronné, que les cendres sont très-utiles lorsqu'on sème du genêt et du colza sur des terres nouvellement défrichées.

En Angleterre, des expériences nombreuses ont été faites sur le sel marin, comme engrais, et, dans la plupart des cas, les effets ont été avantageux. Davy et Sinclair en conseillent l'usage.

Dans le comté de Cornouailles, on emploie le sel en compost terreux. Dans le comté de Chester, on mêle à 20 voitures de terre 14 hectolitres de sel, $^{1}/_{10}$ environ, et cette quantité, qui peut équivaloir à 150 hectolitres, est répandue sur 1 hectare. On ajoute quelquefois à ces composts des débris de poissons de mer, du terreau ou des plantes déjà altérées.

Le sel employé pour cet engrais n'est pas pur; il provient des sécheries, et est imprégné d'une certaine quantité de substances animales. On rapporte qu'un cultivateur du comté de Sussex, ayant semé sur son terrain un mélange, à proportion égale, de blé et de ce sel impur provenant des sécheries, obtint une récolte plus belle que celle que lui avait procurée une quantité de fumier coûtant trois ou quatre fois plus que le sel employé. Il observa que les larves des insectes avaient été détruites, et que les récoltes en orge et en trèfle qui suivirent le froment furent aussi beaucoup augmentées, et se ressentirent de cet amendement bien plus que les terres où l'on avait employé comparativement le fumier.

Dans les comtés d'Huddington et en Écosse, on s'est servi du sel sur toutes sortes de terre, sans distinction, dans toutes les saisons et à toutes doses ; aussi l'abandonna-t-on, au bout de quelques années, comme inutile et nuisible, en certains cas.

Le guano est une substance très-remarquable, qui doit être considérée comme un mélange de débris animaux et de déjections, car M. Loppens, professeur de chimie, à Gand, qui l'a soumis à l'analyse, y a trouvé des plumes et de petits ossements d'oiseaux. On détermine son âge par le degré de fermentation qu'il a éprouvé, et les couches inférieures, qui sont les plus anciennes, sont aussi les moins estimées. Cette substance paraît avoir la même composition que la colombine et la poulette.

On la trouve dans quelques îles de la côte ouest d'Afrique, et sur les côtes du Pérou et du Chili. Le guano du Pérou est le plus estimé; on rencontre, dans quelques îles de l'océan Pacifique, des couches de cette substance qui ont 20 à 30 mètres de puissance.

Il paraît que, de temps immémorial, et bien avant la découverte de l'Amérique, le guano était employé, mais à petite quantité, sur les côtes stériles du Pérou. Le Gouvernement péruvien en a prohibé l'exportation en Europe, mais le Chili et les îles de la côte d'Afrique pourront nous en fournir encore.

Les expériences faites en Angleterre ont prouvé que le guano est un engrais de qualité supérieure. Cependant, s'il entre en trop forte quantité dans les céréales, il les fait verser. Après l'absorption des sels ammoniacaux, le guano agit fortement par ses sels terreux, mais on peut reproduire le même effet que la première année, en ajoutant au sol des composés ammoniacaux.

En France, le ministre de l'agriculture, qui avait reçu un envoi de guano, en a confié une certaine quantité à MM. Bodin et Reiffel, directeurs respectifs des fermes modèles de Rennes et de Grand-Jouan. Ces messieurs ont publié les résultats qu'ils ont obtenus. M. Bodin a semé cet engrais, en mars, sur du froment d'hiver. Il l'a employé, aux doses suivantes, sur un sol argileux, par une année très-sèche :

	FROMENT.	PAILLE.
	—	—
1,000 kil. à l'hect. Il a obtenu	51 hect. et	1,900 kil.
500 id. id.	44 id.	4,200 kil.
250 id. id.	34 id.	3,200 kil.

Sur un même terrain, préparé comme à l'ordinaire, sans addition de guano, il a obtenu 30 hectolitres de froment et 2,800 kilogrammes de paille.

Sur les prairies, les résultats ont été analogues.

M. Bodin pense que la dose la plus convenable serait, suivant les terrains, de 250 à 300 kilogrammes à l'hectare.

Les poils, les crins, la plume, les rognures de peaux, etc., sont de bons engrais. Lorsqu'on peut s'en procurer à bas prix il ne faut pas hésiter à le faire, ni jamais laisser perdre ces débris animaux et d'autres du même genre. Quand on ne peut les recueillir qu'en trop petite quantité, il faut les introduire dans le fumier ou les mélanger à tout autre engrais, qui en acquiert ainsi de la qualité. Les débris provenant des ateliers de corroyeurs et de ceux des ouvriers en peaux ou cuirs sont bien appropriés aux sols secs. La quantité qu'on emploie est d'environ 25 hectolitres par hectare.

Les chiffons de laine, découpés en petits morceaux, doivent être classés au nombre des engrais les plus riches. Ils réussissent surtout dans les sols secs, sablonneux ou crayeux, parce qu'ils attirent l'humidité de l'atmosphère et la retiennent sur le sol. Partout où l'on peut s'en procurer à bon marché, on trouvera de l'avantage à le faire. Il y a un siècle que nous en tirions beaucoup de la Hollande. Enfouis dans le sol, par débris, leur décomposition est lente; ils se décomposent très-lentement aussi quand leurs tissus sont serrés. Pour en accélérer l'altération on peut placer, quelque temps, ces chiffons dans les bergeries, où ils s'imprègnent du suint et de l'urine des animaux, après quoi le sol se les assimilera d'autant plus vite.

Néanmoins, dans la plupart des localités où l'on fait usage des chiffons de laine, on les enfouit dans le sol sans aucune préparation; ils s'y décomposent bien et produisent un bon effet.

Un agriculteur, M. Delonchamp, s'est très-bien trouvé de l'emploi des chiffons de laine; il les divise le plus possible pour les répartir plus également sur le sol, à raison de 300 kilogrammes par hectare. Cet engrais lui coûte 6 francs les 100 kilogrammes. L'effet d'une telle fumure se maintient plus de trois ans. Le même agriculteur alterne, tous les trois ans, l'emploi du fumier et des chiffons, et réussit aussi bien avec 3,000 kilogrammes de chiffons qu'avec 45,000 kilogrammes de fumier.

La corne est un fort bon engrais, mais elle se décompose avec lenteur et sa rareté empêche qu'elle n'entre en ligne de compte.

Les os des animaux ont si bien réussi, comme engrais, en Angleterre et en Écosse, que ces pays en demandent d'immenses quantités au continent. En France, on en a été assez généralement satisfait; en Allemagne, on l'a été beaucoup moins. Si MM. de Dombasle, Kaerte et Wrede n'ont obtenu aucun bon résultat de cet engrais, en revanche M. Puvis et d'autres cultivateurs y ont rencontré une grande puissance fertilisante. M. Puvis, sans nier l'effet que peuvent produire les parties organiques existant dans les os, pense qu'ils agissent surtout par leur carbonate et leur phosphate calcaire. Il a constaté que, sur des sols à excès de calcaire, leur action est nulle, mais qu'ils exercent une très-bonne influence sur les sols siliceux légers, et ont un moins bon effet sur les terrains argileux trop compactes et trop humides.

Il paraît, dès lors, bien plus rationnel de convertir les os en carbonate et en phosphate de chaux, transformation qui peut s'opérer à frais minimes et qui assure la réussite des récoltes.

Les animaux morts forment des engrais très-précieux; mais leurs débris demandent à être mêlés avec des substances terreuses, afin d'empêcher une décomposition trop rapide. En couvrant le cadavre d'un animal de 5 à 6 fois son volume d'une terre mêlée d'un peu de chaux, cette terre s'imprégnerait, en peu de mois, d'une quantité de matière soluble qui en ferait un excellent engrais.

Le noir animal, ou noir d'os des raffineries, qui a servi à la clarification des sirops et à leur filtration, est utilisé par l'agriculture, qui en tire un bon parti. Ces résidus de raffinerie, après avoir eu, la première année de leur emploi, une influence défavorable sur la végétation, ont augmenté les produits de la récolte de la seconde année, sans l'addition d'aucun autre engrais. Cette influence fâcheuse était due à la présence du sucre, qui, par son altération au contact de l'air, donne de l'alcool et de l'acide acétique, deux produits défavorables à la végétation; puis, lorsque survenait la décomposition de la substance animale, l'action favorable ne tardait pas à se manifester.

Avant de faire usage de ces résidus de raffinerie, il convient de les débarrasser du sucre qu'ils contiennent, à leur sortie des fabriques. A cet effet, on les dépose dans les champs, avant l'hiver, en tas de 2 à 3 mètres de hauteur. La fermentation du sucre s'opère; l'alcool et l'acide acétique disparaissent, et, au printemps, on peut employer le noir animal avec grand avantage. Dans les départements de l'ouest de la France, l'agriculture en obtient des succès constants, et l'on évalue à plus de 3 millions de kilogrammes la quantité qui en entre chaque année en France, venant de la Hollande et de Hambourg, et jadis de la Belgique; car c'est au moyen du résidu de nos raffineries, qu'une grande quantité des landes des environs de Nantes ont été mises en culture et fertilisées.

MM. Boussingault et Payen ont trouvé dans le noir des raffineries de Paris 1,06 d'azote pour cent. Un autre noir dont la source n'est pas indiquée, leur a donné en azote 1,375 pour cent.

M. de Gasparin pense que le noir animal de Hollande, d'après l'effet qu'il produit, doit être plus riche en matière animale que celui des environs de Paris.

Les composts, mélanges de matières organiques animales ou végétales, de chaux ou de cendres et de terre compacte, méritent toute l'attention du cultivateur, pour la mise en culture des landes. Les composts à base terreuse non-seulement améliorent la texture de ces terres sablonneuses, mais ils offrent encore le meilleur moyen d'appliquer les divers fumiers et la chaux, de manière que leur action ne nuise pas à la végétation des plantes; car la chaux et le fumier de cheval ont besoin d'être assez divisés pour agir favorablement sur des terrains sablonneux, qu'ils brûlent d'ailleurs, si leur action n'est pas tempérée par les pluies.

Les débris végétaux qui sont trop consistants pour bien se décomposer dans les fumiers, et dont on ne peut faire que de la litière de cour, sont utilisés pour les composts. On y mêle, lorsqu'on le peut, des débris animaux, des chairs, des boyaux, dont l'altération trop prompte aurait occasionné des pertes de principes fertilisants. Ces substances, mélangées d'un peu de chaux ou de cendres et d'une assez grande quantité de terre argileuse, produisent un bon engrais; on les arrose d'urine, on les recoupe et remanie à plusieurs reprises; elles forment une masse fertilisante d'un emploi facile et très-utile en couverture sur les récoltes ou les prairies. Ce mélange est beaucoup plus actif que ne l'eût été chacune de ces matières prises isolément. C'est un fait constant en agriculture, qu'on obtient toujours de meilleurs résultats avec plusieurs substances qu'avec une ou deux.

Dans les parties basses de nos landes il sera souvent facile de se procurer de la tourbe.

On peut faire beaucoup de bons engrais en mélangeant de la tourbe et de la chaux avec du fumier. C'est une ressource précieuse qui peut aider efficacement à la fertilisation des sables, qui manquent d'humus.

Le fumier d'étable forme, en Angleterre, le quart du tout, et la proportion de la tourbe et de la chaux doit être 5 de la première et 1 de la deuxième, en poids.

La tourbe seule, sans avoir reçu de préparation, mêlée avec l'argile et les terres compactes, change l'arrangement mécanique de pareils sols, en les rendant plus friables, plus perméables aux racines des plantes, et en leur permettant de laisser échapper l'eau plus facilement. Au contraire, la tourbe mêlée à un sol sablonneux, le rend moins perméable à l'eau, tandis que la chaleur du sable facilite sa décomposition et lui donne la possibilité d'agir ainsi comme engrais. La tourbe mêlée à la chaux est reconnue, en Angleterre, comme un engrais efficace. Son emploi dans les landes de la Campine serait d'une immense ressource. La chaux, étant alcaline, se combine avec les principes acides de la tourbe, et forme des sels neutres favorables à la végétation. Après que l'action des acides est ainsi neutralisée par la chaux, la tourbe a la propriété de se décomposer et de se putréfier. La matière fécale agit sur la tourbe, fraîchement retirée, d'une manière encore plus active que la chaux.

La tourbe mêlée et fermentée avec les matières fécales forme un excellent engrais. En Angleterre, quelques fermiers font jeter de la tourbe à moitié sèche dans leurs trous à fumier, pour en augmenter le volume et absorber l'urine. Il est d'un usage presque général, quand on peut s'en procurer facilement, de former avec de la tourbe le fond des trous à fumier et des tas de compost. Lord Meadowbanks a constaté que, lorsque la tourbe est mêlée à une suffisante quantité de matières fécales, elle recevait de ces matières la propriété de fermenter, et qu'il s'y dégage alors une chaleur temporaire; de sorte que, perdant ses qualités antiseptiques, elle se convertit en fumier d'une aussi bonne qualité que le fumier ordinaire des fermes.

Après avoir tiré la tourbe, on l'expose d'abord aux gelées et ensuite aux chaleurs pendant plusieurs mois; puis on l'emporte sur un coin du champ où on veut l'employer, et alors on fait un compost de trois parties de tourbe et d'une partie de fumier. On commence par une couche de tourbe de 6 pouces, on met ensuite une couche de fumier de 2 pouces, et on intercale ainsi successivement les couches, jusqu'à ce que le tas ait de 4 à 4 ½ pieds de hauteur.

Le compost ainsi fait commencera à donner de la chaleur après dix ou quinze jours, en été. Il demandera plus de temps, en hiver, pour entrer en fermentation. Des piquets de bois devront y être laissés et examinés de temps à autre, pour connaître le degré de la chaleur. Si cette chaleur ne se développait point, il faudrait défaire le compost et le mélanger d'une nouvelle quantité de fumier; si au contraire elle surpassait la chaleur du corps, il faudrait encore le retourner pour y mêler une nouvelle quantité de tourbe, ou bien le rafraîchir avec de l'eau. La fermentation dure quelques jours; après quoi le tas doit être retourné, de manière que la partie supérieure se trouve portée à la partie inférieure, et que les côtés soient dans le centre du tas. Il se développe encore un léger degré de chaleur qui dure 2 ou 3 jours. Le compost est alors prêt à être employé, et, à quantité égale, il vaut le fumier ordinaire de la cour de la ferme. Lord Meadowbanks dit que les composts, faits de cette façon, sont d'une qualité égale, sinon même supérieure aux fumiers ordinaires, pendant les trois premières années de leur emploi, mais que, passé ce temps, leur bon effet se fait sentir d'une manière bien plus marquée. La fermentation qui s'opère dans la tourbe fait cesser ses propriétés antiseptiques, la rend soluble, et une fois sa décomposition commencée, elle se continue jusqu'à ce que toute la tourbe soit réduite en engrais efficace.

Lorsque l'on veut convertir la tourbe en engrais, par l'emploi de la chaux, du fumier ou de toute autre substance, elle doit être retirée de son gisement et mise en tas pour être exposée d'abord aux gelées et ensuite aux intempéries de l'atmosphère, jusqu'au moment où elle devienne friable et presque sans cohésion. Si elle est exposée premièrement à la sécheresse, elle se durcit en forme de pierre et ne perd sa cohésion qu'apres un long espace de temps. C'est le contraire, quand elle est exposée d'abord aux gelées et aux pluies alternatives de mars.

L'usage de cette espèce de compost est devenu commun en Écosse, où l'on peut, presque partout, se procurer facilement de la tourbe, et tout le monde s'accorde sur ses bons effets. On considère dans ce pays cette découverte comme une des plus importantes pour l'agriculture, parce qu'elle donne la facilité de convertir une charge de fumier en quatre charges d'un compost dont la puissance fertilisante est tout aussi grande, et cela, au moyen d'une substance inerte, qui se trouve en abondance en Écosse et dans beaucoup de parties de l'Angleterre.

Nous reviendrons sur ce sujet, en traitant de la fertilisation des dunes, et nous verrons que la tourbe écrasée et jetée en grande quantité sur des sables très-fins et très-légers, comme amendement en couverture, a produit un excellent résultat.

Les engrais provenant de végétaux ou des débris de végétaux qu'on enfouit dans le sol, sans les avoir fait passer dans le corps des animaux et sans les avoir fait imprégner de substances animales, ne sont pas d'aussi actifs fertilisants que ceux que produisent les débris animaux, ni aussi durables que les fumiers. Comme ils conviennent toutefois aux landes dont le sol est léger, le cultivateur, qui commence à les mettre en culture, sera souvent en position d'en tirer un parti avantageux.

Les substances végétales, riches en carbone et contenant, outre une quantité considérable de nitrogène, des parties inorganiques variées et assimilables, produisent de bons résultats quand on les enfouit en vue d'amender le terrain. Les végétaux, dont la composition sera la plus complexe, seront aussi les plus efficaces, en ce qu'ils fourniront le plus de produits utiles et variés à l'alimentation des récoltes. On a reproché quelquefois aux substances végétales de ne donner pour la plupart qu'un humus acide peu énergique, et devenant inerte quand le sol ne contient point d'alcalis avec lesquels il puisse s'unir. Beaucoup de plantes et de parties de plantes donnent, il est vrai, par leur décomposition, un produit peu soluble, peu assimilable, qu'il convient d'unir aux alcalis, pour le rendre plus apte à la nutrition. Cette faible solubilité de quelques engrais végétaux expliquerait, jusqu'à un certain point, le peu de fertilité instantanée qu'ils procurent à divers sols; mais leur effet est de plus longue durée, et l'inconvénient qu'on leur attribue peut être évité bien facilement dans la Campine, par le choix des plantes et celui de l'époque de l'enfouissement. Quand les terres sont riches en calcaire, ou qu'elles ont été amendées par des ingrédients alcalins, la chaux, les cendres, etc., ou encore par des engrais animaux, beaucoup de parties végétales, qui ne se décomposaient pas complétement, sont rendues plus solubles, plus assimilables et agissent plus promptement parce qu'elles se trouvent en contact avec ces substances alcalines. Dans ce cas, les fumures vertes produisent un effet plus rapide, plus énergique. C'est par une réaction analogue que les terrains, sur lesquels on a employé beaucoup d'engrais végétaux, donnent, par l'addition de la chaux ou des cendres, des résultats extraordinaires. Il est plus difficile d'expliquer l'action favorable de certains végétaux sur des sols siliceux, non amendés par des alcalis. Il faut admettre, cependant, que quelques plantes peuvent, sans addition, se décomposer complétement et constituer un bon engrais. Les plantes à feuilles larges et multipliées, qui puisent beaucoup plus dans l'atmosphère, conviennent le mieux pour les engrais végétaux à enfouir.

Les fumures végétales vertes, qui contiennent une assez grande quantité de liquide, en se décomposant, donnent jusqu'à un certain point la nourriture et l'arrosement aux racines. La décomposition des végétaux employés augmentant d'ailleurs la quantité de terreau d'une manière notable, la faculté d'absorption du sol doit s'accroître en proportion. Ces engrais conviennent mieux à l'entretien des plantes ligneuses qu'à la production des plantes herbacées, telles que le cultivateur les exige souvent du sol; cependant, en faisant alterner ces engrais avec certains amendements, avec les fumiers et les engrais animaux, on peut en tirer un fort bon parti.

Les végétaux cultivés exprès pour être enfouis en vert, sont choisis parmi les plantes peu épuisantes et appropriées au sol, pour y pousser avec vigueur. Il faut prendre en considération la quantité et le prix de l'ensemencement, afin qu'il soit peu coûteux. La plante doit pouvoir se développer, en peu de temps, ombrager la terre partout, et contenir beaucoup de substances nitrogénées.

La spergule est un bon engrais pour les terres siliceuses de la Campine; elle réunit toutes les qualités des fumures vertes; la rapidité de sa végétation permet d'en avoir plusieurs récoltes dans une année; elle vient dans des sols très-arides, pourvu que le sous-sol soit frais. M. de Wogt a beaucoup employé la spergule : cet agriculteur la semait en mars pour l'enfouir en mai, puis il semait de suite, pour enfouir en juillet, puis une troisième fois encore pour enfouir en octobre.

M. de Wogt considère trois récoltes successives de spergule comme équivalentes à 29 voitures de fumier par hectare, et il pense qu'elles enrichissent le sol plus qu'une récolte de seigle ne l'appauvrit : M. de Gasparin, d'après un calcul basé sur la quantité d'azote que la spergule peut contenir, admet que les résultats obtenus par M. de Wogt n'ont rien d'exagéré.

Le sarrasin convient également très-bien comme fumure, pour améliorer nos landes. Il a cet avantage qu'il peut, comme la spergule, se semer à une époque tardive. On emploie un hectolitre de semences par hectare, afin que les plantes soient assez nombreuses et tassées.

Le trèfle ordinaire, le blanc et l'incarnat, s'emploient comme fumure verte. Le premier n'est pas semé exprès : le plus souvent on retourne un vieux trèfle, après une dernière coupe. Le trèfle blanc et le trèfle incarnat réussissent dans les terrains sablonneux et peu fertiles. Le second, très-précoce, peut être suivi d'une récolte sarclée; quoiqu'il offre une masse plus considérable que le trèfle blanc, il n'est pas aussi fertilisant que celui-ci.

D'après des observations faites à Roville, par Mathieu de Dombasle, le trèfle blanc agit mieux que l'incarnat et que le sarrasin.

Les lupins donnent une excellente fumure verte, et sont précieux, non-seulement à cause de la masse considérable d'engrais qu'ils procurent au sol, mais parce qu'ils réussissent bien dans les terres sablonneuses où les engrais verts produisent le meilleur effet. On a pensé que le lupin ne venait pas bien dans le Nord; on en cultive cependant pour fumure verte dans les montagnes de l'Eiffel, et il donne de bons résultats. On en sème 2 à 2 ½ hectolitres par hectare, et on l'enfouit quand il entre en fleur. Le lupin ne réussit pas dans les sols calcaires, ce qui nous porte à croire qu'on pourrait l'utiliser, avec avantage, dans la Campine.

On peut retourner les navets en automne, ou seulement au printemps suivant, quand ils sont trop petits en automne. Le peu de frais de culture et le bon marché de la graine, rend cette plante avantageuse comme fumure verte.

Les mélanges produisent plus d'effet que les récoltes d'une seule espèce de plante. En Allemagne, et dans quelques autres contrées, on mélange, avec succès, pour servir comme engrais vert, la spergule et les navets, la spergule et le colza, le sarrasin et le colza, etc. Nous savons, par expérience, que le colza croît bien dans nos landes.

Les fumures vertes, combinées avec l'emploi de la chaux, doivent, suivant nous, faire surmonter facilement l'un des principaux obstacles, la pénurie du fumier, pour opérer le défrichement sur une grande échelle. Leur emploi, joint à celui de l'argile, est un moyen bien simple d'améliorer le sol. Quand on rend au sol la récolte qu'il a produite, on lui donne une véritable fumure, parce que les plantes puisent dans l'atmosphère une grande partie de leurs éléments. En l'enterrant au moment de la floraison, elle rend au sol tout ce qu'elle en a extrait, et lui rend de plus tout ce qu'elle a tiré de l'atmosphère. Ainsi donc, par la décomposition des plantes, au moment de leur floraison, on introduit dans le sol, en fortes proportions et sous la forme la plus assimilable, la majeure partie des substances nécessaires aux récoltes qui se succèdent.

D'après les expériences de M. de Saussure, une bourrache a pris, en croissant, les $^9/_{10}$ de sa substance à l'atmosphère et $^1/_{10}$ seulement au sol. Un tournesol, pendant une végétation de 4 mois, n'a puisé dans le sol que la $^1/_{20}$ partie de ce qu'il s'était assimilé. Ces expériences sont bien concluantes. Nous introduisons donc dans le sol, en enfouissant la récolte qu'il a portée, une masse d'éléments organiques condensés et tirés de l'air, et, en outre, nous restituons à ce sol toutes les parties inorganiques que cette récolte avait absorbées.

Il faut que la récolte soit enterrée bien complétement, car si les plantes ne sont pas tout à fait cachées, si les feuilles ou les fleurs se montrent entre les traits de la charrue, la plante ne meurt pas et, par conséquent, ne pourrit pas. Une forte charrue enterre complétement les récoltes; une charrue ordinaire fait moins bien ce travail, qui doit toujours avoir lieu en été, ou de bonne heure en automne, tandis que le soleil a encore assez de chaleur pour exciter la fermentation. En hiver, l'opération serait sans effet. Il convient, pour accélérer la décomposition, de rouler la récolte bien à plat, et de faire travailler la charrue dans le sens même où le rouleau a passé.

Il est évident encore qu'on donne beaucoup plus à un sol par des débris végétaux provenant d'un autre sol.

Les circonstances où les fumures vertes offrent une grande ressource sont l'éloignement ou l'accès difficile d'une partie des champs en culture, et la disproportion de la quantité de bétail avec les terres à fumer. Lorsque les terres sont maigres, comme celles de nos landes, il est difficile, au début du défrichement, de se procurer assez d'engrais sans recourir aux fumures vertes. Ce moyen serait utilement employé, surtout si des attelages appartenant à l'armée concouraient au défrichement; car alors, il ne faudrait pas porter en compte les labours et les hersages, et l'engrais dont nous venons de parler serait fort économique, puisqu'il ne coûterait que la semence.

Young pense que l'avantage résultant pour la terre d'une telle fumure, dépend surtout de la disposition où est le sol de favoriser la fermentation. Si la masse de la récolte verte est promptement convertie en mucilage, il n'est pas douteux qu'il n'en résulte un bon engrais; il dit qu'une grande masse de végétaux se putréfie beaucoup plus vite et mieux qu'en petite quantité.

En Norfolk, le blé sarrasin est cultivé, soit comme grain, soit comme engrais, mais avec l'intention surtout de purger de mauvaises herbes le terrain sur lequel on le sème. On le destine avec raison aux sols légers et stériles. On fait peu d'attention à l'espèce de récolte qui a précédé; c'est ordinairement l'état de la terre que l'on consulte, relativement à la présence ou à l'absence des herbes. La préparation du terrain dépend de l'intention qu'on a en semant. Si l'on sème le sarrasin pour l'enterrer, on ne donne en général qu'un labour; mais lorsqu'on veut s'en assurer une récolte, on traite la terre avec les mêmes précautions que pour l'orge. On sème le sarrasin sur la surface, pour l'enterrer à la herse. Celui qu'on emploie pour amender le terrain se sème en même temps que l'orge; celui qu'on projette de récolter se sème lorsque les semailles de l'orge sont terminées. On ne donne aucun soin à cette plante, pendant la végétation. Le sarrasin s'élève et s'épaissit si rapidement qu'il dépasse et étouffe presque toutes les mauvaises herbes, avantage bien précieux et particulier à cette graine.

Les bons cultivateurs du Norfolk font grand cas de la méthode de semer le blé sur du sarrasin enterré; et ils en exécutent les procédés d'une manière supérieure. Ils fixent entre les roues de la charrue une espèce de vergette de branchages qui couche le sarrasin à mesure que la charrue avance. Si le sarrasin est très-haut et très-épais, et que les roues de la charrue se soulèvent, on fait précéder celle-ci d'un rouleau qui le couche à plat sur le sol, de manière qu'on voit à peine une fleur paraître sur toute l'étendue du champ, quand la charrue a passé. Quelquefois on herse et on roule après ce labour, mais la meilleure méthode est de laisser la surface du champ dans l'état où la charrue l'a mis. Dans les deux cas, on laisse le sarrasin se consommer jusqu'après la moisson. Alors on coupe, en travers, par un labour profond, et lorsque le moment de semer est arrivé, on herse, on roule, on sème et on forme les sillons.

La crudité des sables ne saurait être un obstacle à la germination et à la croissance du sarrasin, puisque l'expérience nous prouve, par des faits incontestables, que des graines plongées dans une dissolution de sulfate d'ammoniaque végètent parfaitement dans du sable pur.

Nous citerons ici une expérience faite à Gand par le professeur de chimie de l'athénée et de l'école industrielle de cette ville, M. Loppens, qui prouve, à la plus complète évidence, la réalité du fait que nous avançons :

Il a montré, en donnant des leçons de son cours de chimie appliquée à l'agriculture, une petite gerbe d'avoine qui provenait de semences trempées dans une dissolution de sulfate d'ammoniaque, et qu'il avait cultivée dans du sable pur de toute matière animale ou végétale, car il avait été chauffé pendant 24 heures avec de l'acide chlorhydrique. Cependant cette gerbe était fournie de grains aussi beaux que ceux provenant de gerbes qui, pour l'essai comparatif, avaient été cultivées dans une terre fertile de jardin, sans que les semences eussent été trempées dans la dissolution.

La méthode pour préparer du sulfate d'ammoniaque est des plus faciles : les eaux de lavage du gaz contiennent une très-grande quantité de sels ammoniacaux dissous; on y ajoute de l'acide sulfurique, et le sulfate d'ammoniaque est formé; seulement on peut l'obtenir cristallisé en évaporant le liquide en partie, et en le laissant refroidir.

Ce professeur a déclaré que ce phénomène avait échappé, jusqu'à ce jour, à l'appréciation de la science. Il est bien étrange, en effet, que la graine plongée dans la dissolution du sulfate d'ammoniaque, tout en acquérant une force végétative aussi étonnante, ne s'imbibe point du liquide, mais perde, au contraire, 3 à 4 p. % de son poids, tandis que la dissolution elle-même ne diminue pas.

M. de Coster, dans un mémoire couronné par l'Académie royale de Bruxelles, en 1774, établit que la culture du genêt est d'une grande valeur, parce que, outre l'augmentation du produit des grains, elle fournit encore un très-puissant moyen d'engrais, par le changement de production, si utile aux terres médiocres, et il conclut que la culture du genêt est la ressource la plus assurée pour mettre et conserver en bon état des terres incultes trop éloignées des habitations pour pouvoir y apporter du fumier sans d'énormes frais.

Le genêt enfoui, comme engrais, offre tous les avantages signalés par l'auteur du mémoire, à cause de la grande proportion de substances alcalines qu'il contient, substances qui manquent au sol de nos landes, comme nous avons eu déjà l'occasion de le dire.

D'après les belles expériences de M. Th. de Saussure, ce sont les jeunes plantes qui fournissent le plus de potasse, et le genêt en contient beaucoup, puisque, sur cent parties, l'analyse de ses cendres donne :

Potasse	22
Chaux	26
Alumine	14
Chlore	2
Soude	1
Acide sulfurique	1
Acide phosphorique	13
Oxyde de fer	6
Silice	10
Manganèse	1
Magnésie	4
TOTAL	100

Cette analyse démontre bien clairement que le genêt est éminemment riche en substances reconnues les plus utiles à la nutrition des plantes.

En le convertissant en fumier, avec l'attention convenable, il doit assurer la belle végétation des récoltes; l'analyse chimique est venue confirmer le jugement de la savante Académie de Bruxelles, qui a si bien apprécié, il y a bientôt trois quarts de siècle, l'expérience pratique de l'agriculteur Decoster, lors de la publication de son mémoire, qui mentionne en détail l'utilité du genêt comme fumure.

Nous reviendrons sur l'emploi de cette plante, au chapitre qui traite du défrichement.

VII. ÉCOULEMENT DES EAUX ET IRRIGATIONS.

En défrichant le terrain, il faut creuser tout autour un large fossé ou canal, qui puisse recevoir et conserver les eaux surabondantes. Il faut pratiquer ensuite de deux cents mètres en deux cents mètres de distance, plus ou moins, selon les circonstances, des fossés de deux à trois mètres de largeur et d'une profondeur proportionnée. Ces fossés se croisent, afin que chaque partie de terre, s'en trouvant entourée, puisse se débarrasser des eaux superflues, de quelque côté que soit la pente, et les laisser écouler dans les canaux de circonférence.

Le dessèchement du sol est l'opération la plus importante du défrichement dans les parties marécageuses. Toute tentative pour améliorer un tel sol restera sans succès, tant que le dessèchement ne sera pas accompli, et il est à peu près inutile de fumer ces fonds humides, parceque les engrais qu'on y mettrait produiraient très-peu d'effet. Les semences d'ailleurs périssent souvent et l'excès d'humidité du sol empêche les plantes de lever.

Lorsque les eaux séjournent à la surface, on peut généralement en débarrasser le sol par des saignées superficielles.

Si des sols sablonneux reposent sur un sous-sol imperméable, circonstance qui se représente souvent dans la Campine, on débarrasse la couche superficielle de l'eau surabondante qu'elle contient, en perçant la couche imperméable par des tranchées, afin de mettre en liaison les couches sablonneuses que séparait la couche compacte.

Une cause fréquente d'humidité est la stagnation de l'eau dans les fossés qui entourent les champs, surtout dans ceux qui se trouvent dans la partie supérieure des enclos. Pour y remédier, il faut donner plus d'écoulement à l'eau, en augmentant la profondeur ou la pente des fossés.

Les eaux tenues en réserve dans le fossé principal, peuvent être utilisées pour l'irrigation, si on a la faculté d'y employer gratuitement un nombre suffisant de travailleurs. L'usage de quelques vis d'Archimède, qu'on installerait successivement en différents endroits, pour remplir les rigoles d'alimentation dont nous parlerons bientôt, viendrait bien à point pour soutenir la végétation, lorsqu'elle commencerait à se ressentir des atteintes d'une sécheresse prolongée.

Autant l'eau est nuisible à la végétation, lorsqu'elle séjourne sur le sol ou qu'elle le pénètre surabondamment d'une humidité permanente, autant elle assure la prospérité des récoltes, lorsqu'elle arrose à volonté les terres qui les produisent.

Du moment où une pièce de terre est en position d'avoir de l'eau, c'est dans sa partie la plus élevée qu'elle doit la recevoir, par un canal ou un fossé formé exprès. La pente de ce fossé doit être telle que l'eau puisse déborder dans toute la longueur. Au bas de la pièce, des rigoles d'assèchement, à peu près parallèles au grand fossé, doivent recevoir l'eau pour l'en écouler. En barrant le fossé supérieur, de distance en distance, au moyen de gazons et de terres argileuses, on obstrue son cours et on fait déborder l'eau successivement dans chacune des rigoles qui séparent les billons, attendu qu'aux extrémités des billons on aura eu soin de creuser également une rigole de conduite, pour introduire l'eau dans les rigoles de séparation des billons. A l'endroit de leur intersection, on interceptera et on introduira successivement les eaux dans chaque rigole, en fermant à l'aide de quelques gazons l'extrémité de celles qui ont reçu l'irrigation, et en reculant progressivement les gazons de barrage dans la rigole de conduite, qu'on ferme à l'intersection de la rigole qui doit recevoir les eaux.

Ainsi, pour donner la fraîcheur de l'eau à deux demi-billons, toutes les rigoles de séparation sont fermées, à l'exception de celles qui séparent ces deux billons, et les gazons placés dans la rigole d'alimentation sont reculés à mesure pour arrêter l'eau, de manière à l'introduire dans la rigole de séparation restée seule ouverte.

Lorsque le terrain est en herbage, on tâche d'étendre l'eau sur toute la surface, en profitant du moment où elle coule avec abondance et vitesse.

Tandis que les bestiaux broutent la partie arrosée la première, la seconde végète activement, la troisième s'égoutte et la quatrième est inondée.

Les fossés principaux d'arrosement doivent être proportionnés à la masse d'eau qu'on a à conduire.

La qualité des eaux diffère beaucoup : les eaux bourbeuses sont les meilleures, et l'expérience a prouvé que le limon charrié par celles de la Meuse se conserve encore à des distances considérables des points où elles ont été détournées de leur cours naturel. M. l'ingénieur Kummer a fourni à cet égard des détails intéressants (1). Ces eaux ne s'obtiendront que dans quelques endroits à portée du canal.

Sinclair dit que les eaux chargées de sels ferrugineux, qu'autrefois on croyait absolument impropres à l'irrigation, sont utiles à la végétation, lorsqu'on les applique d'une manière convenable. Il cite par exemple les prairies de Prisley en Bedfordshire.

En Écosse, où l'on préfère pour les irrigations les eaux qui ont la faculté de résister assez bien à la gelée, les fermiers ont l'usage d'arroser les terres qu'ils destinent à porter des grains. Beaucoup de gens s'imaginent que l'amélioration qui y est apportée par les eaux est loin d'être aussi efficace que s'il s'agissait de prairies ; mais l'eau est utile à toutes les terres, parce qu'elle occasionne nécessairement une égale distribution des principes fertilisants solubles qui se trouvent dans le sol. Sinclair est de ce dernier avis ; il nous apprend qu'une telle irrigation a réussi en Angleterre, dans des sols convenables et sous certaines conditions, notamment dans le comté de Somerset. Il n'y a aucun motif pour restreindre aux herbages un genre d'amélioration qui produirait, sans doute, sur les grains et sur les autres espèces de plantes des champs, des effets semblables à ceux qu'elle produit sur les plantes des prairies.

(1) Rapport de l'ingénieur Kummer, *Moniteur* du 5 août 1848, p. 2117.

Il suffit qu'un terrain soit très-meuble pour absorber l'eau en grande abondance.

Parmi les graminées, il en est quelques-unes dont l'arrosement favorise davantage la végétation. Il faut semer de préférence celles qui sont dans ce cas. On a remarqué, en Angleterre, que le chiendent donne beaucoup d'herbe dans les terres qui ont été longtemps labourées et que l'on met ensuite en prés arrosés.

Une époque convenable pour mettre l'eau, lorsque les pluies se font attendre, c'est le commencement du mois d'octobre. Cet arrosement est très-important : il fortifie les racines et les tiges, et prépare une vigoureuse végétation pour le printemps suivant, parce que l'herbe qui pousse en automne sert de couverture aux prés et préserve les racines de la rigueur de l'hiver. Les gelées pourraient nuire si on arrosait trop tard en automne. En Belgique, la fréquence des pluies dispense de la nécessité d'arroser à cette époque, à moins qu'on n'ait pour but d'étendre, par acoulin, des sédiments limoneux sur la surface des prairies ou des terres, ou d'y faire passer une eau chargée de substances fertilisantes.

Lorsqu'il paraît de l'écume sur le terrain, c'est une preuve qu'il y a déjà trop d'eau, et il faut l'écouler immédiatement.

Il importe que, toujours maître de l'eau, on puisse la conduire à volonté sur le terrain ou l'en décharger. Le dessèchement est un corollaire indispensable de l'irrigation. Celle-ci n'exerce une pleine influence sur la végétation, que lorsqu'elle est secondée par l'action de l'air, du soleil et de la lumière. Il faut que, dans l'intervalle des inondations, le terrain s'égoutte parfaitement.

Le foin des prairies qui sont arrosées perd plus en séchant que celui des prairies qui ne le sont pas. L'herbe croissant dans le voisinage des rigoles d'alimentation est plus abondante que celle que l'on voit croître dans le voisinage des rigoles d'écoulement, parce que dans le haut du pré l'eau est plus chargée de substances fertilisantes, et qu'elle les perd et s'appauvrit, par conséquent, à mesure qu'elle descend.

L'irrigation semble produire des effets beaucoup plus avantageux dans les climats chauds que dans les climats froids. On a constaté, en Angleterre, que les prés arrosés à l'automne donnaient la pourriture aux moutons, tandis qu'ils peuvent y pâturer en sûreté au printemps.

Le système de l'irrigation ne peut se compléter qu'avec le concours du dessèchement et de la clôture des terrains arrosés. L'eau stagnante fait beaucoup de mal, mais lorsqu'on est entièrement maître de l'eau, de manière à la mettre et à l'ôter à volonté, elle devient un instrument très-utile entre des mains habiles.

Sinclair, comme nous l'avons dit déjà, ne restreint l'utilité de l'irrigation à aucune espèce de sol particulier. Il émet l'avis qu'elle peut améliorer beaucoup un terrain naturellement humide, lorsqu'on la fait marcher de front avec le dessèchement.

L'eau est très-avantageuse aux sols tourbeux, en les débarrassant de quelques substances nuisibles, qui rendent souvent infertile cette espèce de sol. On peut, par les irrigations, leur faire produire des herbages succulents et nutritifs, et les porter à une valeur égale à celle des meilleures prairies.

Il est certain, toutefois, que les sols auxquels convient le mieux l'irrigation sont les terrains sablonneux et graveleux, lorsqu'ils peuvent être arrosés par des eaux chargées de limon, dont le sédiment corrige leur excès de porosité. Les eaux riches et échauffées qui se sont imprégnées de limon, en parcourant la surface de terres fertiles et bien fumées, comme celles de l'Escaut et de la Meuse, après les pluies d'orage, et qui contiennent en suspension des matières animales et végétales, peuvent convertir presque toute espèce de sols en riches prairies.

Les eaux de la Meuse et de la Sambre reçoivent les immondices des villes de Liége, de Namur et de Charleroy, etc.; dans les fortes pluies, elles charrient aussi les engrais que la déclivité du terrain aide à détacher et à entraîner de la surface des terres arables, et fait couler dans les ruisseaux qui alimentent ces deux rivières. Ces eaux s'enrichissent ainsi de substances fertilisantes.

Nous rappellerons ici, au sujet des canaux d'irrigation et d'écoulement, ce que nous avons dit déjà de l'opportunité de les rendre navigables, s'il est possible, pour des chaloupes à fond plat, semblables à celles dont on se sert à Gand pour curer les canaux et en enlever la vase. Elles offrent l'avantage de transporter une forte charge, à l'aide d'un seul homme poussant, au moyen d'une perche, en marchant sur le chemin de halage. C'est ainsi qu'à peu de frais, le riche limon de l'Escaut et de la Meuse pourrait atteindre et fertiliser les sables arides de la Campine.

Nous n'entrerons pas dans de plus amples considérations sur les améliorations qu'on peut attendre de l'irrigation, opérée sur une grande échelle, pour le défrichement des landes, puisque déjà les résultats de cette opération ont été constatés dans les communes de Neerpelt et d'Overpelt. Des détails fort intéressants sur des travaux d'irrigation entrepris dans ces communes ont été donnés dans le rapport de M. l'ingénieur en chef Kummer, dont nous avons parlé plus haut. Rappelons toutefois ce que nous avons lu dans le *Moniteur* du 5 août 1848, page 2116, qu'un hectare de prairie créée par la société Clermont de Maestricht, qui a fait usage de l'amendement et a considéré l'irrigation comme élément secondaire, a occasionné aux acquéreurs une dépense de 1700 francs, achat et frais compris, tandis que la même quantité de terrain n'a coûté aux ingénieurs Kummer et Houbotte, qui considéraient l'irrigation comme l'élément principal, qu'une dépense de 800 francs, en moyenne, par hectare.

Nous ne terminerons pas ce chapitre sans faire encore une ou deux recommandations : la fertilité de la terre doit être généralement entretenue, dans le sol léger de nos landes, par une multitude de coupures et de canaux qui l'humectent. On peut profiter adroitement des eaux superflues en y établissant des irrigations par infiltration, au moyen de retenues ménagées avec intelligence. L'irrigation est un agent efficace de reproduction, auquel il importe de donner dans les sables de nos landes toute l'extension possible. En Angleterre, dans le comté de Hereford, un cultivateur habile, ayant affaire à des prairies marécageuses, parvint à améliorer la nature de l'herbe, par le seul moyen de l'eau courante qu'il y introduisit, et nous pourrions citer plusieurs exemples remarquables de ce genre d'amélioration, due à l'emploi judicieux de l'eau, emploi dont les résultats sont très-avantageux sur les propriétés rurales de peu de valeur, lorsqu'on peut l'y étendre et l'en écouler à son gré.

Il est incontestable que des irrigations bien dirigées ont porté à un haut degré de richesse rurale des masses de terre qui, dans leur état de nature, et avant l'introduction de ce genre d'amélioration, étaient bien peu fertiles, bien peu productives. Ce résultat paraît devoir être atteint, en peu d'années, au moyen du système d'irrigation dirigé dans la Campine par l'ingénieur en chef Kummer, comme depuis longtemps déjà il a été atteint dans les Flandres par M. Van Overloop, à Mendonck, près de Saffelaere, et, plus récemment, sur une vaste étendue de landes, à Winghene, par M. Frédéric Van der Brugge, qui, grâce à l'intelligence et à la persévérante activité dont il est doué, a pu y surmonter des obstacles invincibles pour tous jusqu'ici.

VIII. CLOTURES.

Plantations pour abris.

La plantation doit être, avec l'écoulement des eaux, le premier objet à prendre en considération par ceux qui songent à défricher et à améliorer nos landes, car c'est sur elle que repose la fertilité future de ces terrains incultes. Ce qu'il faut surtout à ces terres sablonneuses, c'est l'humidité. Les arbres et les taillis la leur conservent, en interceptant l'action directe du soleil et celle du vent, plus desséchante encore et bien plus dangereuse dans les vastes plaines de la Campine. De grands vents nuisent toujours aux récoltes qu'ils rencontrent sans abris, car ils s'opposent à la germination, froissent les feuilles dans leur jeunesse, brisent les tiges et déchaussent les plantes.

Une plantation d'arbres groupés, qui s'étendent en rideau, suffit, lorsqu'elle est assez épaisse, pour garantir un terrain des pernicieux effets de ces vents, et même pour en préserver tout un canton. Lorsque ces plantations sont en grand nombre, elles attirent la fraîcheur autour d'elles, tout en accélérant la maturité des récoltes, qu'amène moins une grande chaleur de quelques jours qu'une température maintenue égale pendant toute une saison. Les variations de cette température ont le vent pour cause; en lui opposant des obstacles on atténue ses effets funestes.

En Angleterre, dans quelques situations, les effets que produisent les clôtures, en favorisant la végétation par les abris qu'elles fournissent, sont à peine croyables pour quiconque n'en a pas l'expérience. Dans un canton montagneux, où l'on est dans l'usage d'entourer les champs d'enclos, le climat est devenu plus doux et le sol plus productif; les fermiers y ont acquis plus d'aisance et quelques-uns se sont assez enrichis pour pouvoir acheter la propriété de leur ferme (1).

L'Angleterre est un bon modèle à suivre : depuis une cinquantaine d'années, elle a mis en culture une immense étendue de terrains vagues et arides. Nous pouvons citer ce qui s'est fait récemment chez elle, puisqu'on semble oublier et contester, en Belgique, l'efficacité des moyens employés pour la fertilisation des terres sablonneuses de la Flandre et notamment du pays de Waes. Si les plaines de la Campine sont froides, cela provient en grande partie du dénûment absolu d'abris : les vents du nord et de l'ouest les balaient, sans obstacle, sur toute leur étendue. En Yorkshire, que fit-on pour mettre en culture des terres fort en prise aux vents ainsi que des hauteurs couvertes de bruyères? On multiplia des essais de plantations, mais comme

(1) Sinclair, déjà cité, t. Ier, p. 327.

on les avait entrepris sur une trop petite échelle, on ne réussit pas d'abord. Un propriétaire avisa à un bon moyen : il fit un marché pour planter 500 acres en 10 ans, et parvint à son but : cette belle plantation, presque entièrement en pins d'Écosse, a modifié le climat, en attirant l'humidité et en arrêtant les vents. Des expériences faites en Angleterre par Hales ont prouvé, depuis longtemps déjà, qu'un arbre garni de ses feuilles absorbe 30 fois autant d'eau qu'un arbre qui en est privé.

Dans ce même royaume, un comité composé d'hommes actifs, capables et désintéressés, fut institué pour la mise en culture, sur une grande échelle, des terrains en friche. Depuis que ce comité agit sous les auspices du parlement, l'agriculture de ce pays a pris un tel essor, que si naguère encore elle était moins avancée que celle de la Belgique, ses progrès incessants doivent sérieusement exciter notre émulation, de crainte qu'elle ne nous laisse loin derrière elle, comme elle le fait déjà dans l'élève du bétail et la culture des prairies, ces deux branches d'économie rurale qui se lient si intimement, et qui, dans la Grande-Bretagne, sont bien mieux comprises et bien mieux conduites que chez nous.

Si les calculs du comité des terrains de vague pâture sont exacts, la quantité de terres communales encloses, depuis 1796, s'élève à 3,376,000 acres; depuis le commencement du dernier siècle, plus de 6,000,000 d'acres ont été enclos et défrichés. Les onze-douzièmes l'ont été sous un seul règne, celui de George III, protecteur constant et éclairé de l'agriculture.

Dans l'hypothèse même où un tiers de cette étendue de territoire eût été déjà soumis à une espèce de culture, il en résulterait encore une addition de quatre millions d'acres ou $^1/_7{}^{me}$ de la quantité de terre auparavant cultivée, et une addition de quatre milliards de francs au capital précédemment employé dans l'agriculture. L'Angleterre a produit huit millions de quarters de plus, et elle a pu alimenter une population additionnelle d'un million et demi, avec le produit des terres qui étaient jadis tout à fait stériles.

Malgré tous ces efforts, on estime que ce pays contient encore environ six millions d'acres de terres en friche, et qu'il n'en existe pas moins de trente millions, dans les trois royaumes, dont on obtiendrait probablement des produits considérables, par un bon système d'agriculture. Pendant les deux derniers siècles, le gouvernement anglais ne s'est guère occupé que de l'amélioration des cultures de ses possessions coloniales, et il a laissé aux particuliers le soin d'améliorer celles de l'intérieur. Mais ces particuliers possédaient les richesses nécessaires ; ils étaient doués de l'intelligence et de la persistance de caractère indispensables pour mener à bonne fin les opérations ardues de la fertilisation des terres incultes. En Belgique, les capitaux sont moins abondants et l'esprit d'entreprise a besoin d'être stimulé ; c'est donc au Gouvernement à prendre l'initiative.

Les Anglais ont dépensé au moins cinquante millions sterling pour leurs colonies. Les guerres qu'elles ont occasionnées ont coûté à la métropole deux cents autres millions, ce qui fait en tout la somme énorme de 6,250,000,000 de francs. Aucun homme de sens ne révoquera en doute que, si la moitié de cette somme avait été employée sur le territoire des trois royaumes, il en fût résulté un accroissement immense dans les produits dont nous nous occupons ; mais, comme nous l'avons dit, l'industrie privée a suppléé en Angleterre à l'inertie du gouvernement ; à force de stimuler celui-ci, elle en a obtenu une loi sur la clôture des terres.

Les perfectionnements agricoles que la Grande-Bretagne doit à l'introduction de cette loi des clôtures, ont permis de défricher et de mettre en culture une quantité de terre équivalente au $^{1}/_{7}{}^{me}$ de la culture existante. Il en est résulté surtout une grande amélioration du bétail, dont l'éducation est la tâche la plus difficile du fermier. En Belgique, les trois cent mille hectares en friche forment plus de $^{1}/_{10}{}^{me}$ de notre territoire. Imitons l'Angleterre, et puisqu'il faut multiplier les denrées alimentaires afin de nourrir une population trop nombreuse pour le sol cultivé qui la porte aujourd'hui, livrons à la culture la majeure partie de ce qui reste en friche. En boisant les parties les plus arides, nous avons la ressource de déroder plus tard une étendue équivalente des bois actuels.

Chez nos voisins d'outre-mer, l'introduction du nouveau système de culture, les racines fourragères, cultivées en plein champ, et l'alternat régulier des mêmes champs transformés en prairies, ont doublé la quantité de fourrage qu'on aurait tirée du sol par l'ancien système; et, d'un autre côté, l'amélioration qu'a éprouvée l'élève des bestiaux a sans doute doublé la quantité de nourriture animale qui aurait été envoyée au marché, au temps des vieilles méthodes, comme produit d'une quantité donnée de fourrage. En 1710, le poids moyen des bestiaux vendus au marché de Smithfield était comme suit : les bœufs 370 livres, les veaux 50 livres, les moutons 28 livres, les agneaux 18 livres. Aujourd'hui, cette moyenne est estimée pour les bœufs 800 livres, pour les veaux 148 livres, les moutons 80 livres, les agneaux 50 livres. La mise en culture de 100,000 hectares de nos landes, l'accroissement de production de la viande et l'extension de la culture des pommes de terre ou des topinambours, si la maladie continuait à attaquer les premières, peuvent introduire, par la suite, un changement total dans les conditions alimentaires d'une partie nombreuse de la population belge.

La division des terres incultes de la Campine en enclos, et leur transformation périodique en prairies, augmenteront, dans une forte proportion, la quantité de denrées que l'on peut obtenir d'une portion donnée de terrain, et accroîtront de même la masse totale des moyens d'alimentation, conséquence si éminemment utile à la Belgique dans les circonstances actuelles et son état futur.

La division des terres, par des plantations en bordures, présente un grand avantage, lorsqu'on donne aux pièces une forme plutôt longue que carrée : c'est la facilité des communications d'une pièce à l'autre.

Pour faire consommer, avec économie, les récoltes sur pied, la facilité des divisions et des communications est très-importante, surtout quand il s'agit d'une exploitation agricole tenue régulièrement en pâturage.

L'élève du bétail devant nous fournir la masse d'engrais qu'exige la fertilisation de nos landes, nous sommes porté à proposer la conversion alternative des champs en prés. Nous savons que le voisinage des arbres n'est pas favorable à la production des grains; cependant nous en recommandons la plantation, parce que les abris qu'ils procurent améliorent le climat, diminuent l'évaporation et favorisent beaucoup la végétation des herbages, par l'humidité qu'ils entretiennent dans les prairies. Or, ces prairies peuvent compter pour moitié dans la culture dirigée vers l'élève du bétail.

On a représenté, avec raison, les arbres disséminés dans l'univers, comme de perpétuels siphons entre les nuages et la terre, attirant sans cesse dans son sein la bienfaisante humidité et y produisant les sources qui fécondent les plaines. Nous concevons donc que, dans certains pays, on regrette de voir ces sources disparaître avec les forêts, car on a calculé qu'un arbre de moyenne grandeur soutire, par jour, au moins vingt-cinq litres d'eau. D'autre part, si l'on considère que le soleil pompe invariablement la même quantité de vapeur, et si l'on admet que les arbres soutirent sans cesse le fluide électrique, fait trop bien prouvé par les nombreuses victimes frappées de la foudre sous le feuillage qui les abritait, on comprendra sans peine que, dans des contrées éloignées de la mer, les nuées ne rencontrant plus ces grands végétaux des forêts qui les divisaient, éclatent en orages, crèvent en pluies désastreuses, creusent des torrents et entraînent la terre végétale qui couvre les montagnes.

De tels ravages sont moins à craindre dans le pays de plaine dont nous nous occupons; mais il est incontestable que, sans plantations, sans abris, la culture de cette immense plaine sablonneuse ne peut être entreprise avec quelque chance de succès.

Il est certain qu'un espace donné, dans des enclos, nourrit plus de bestiaux et leur procure plus de bien-être que s'il est ouvert. On a d'ailleurs l'avantage de ne le livrer que successivement à la pâture. Lorsque les animaux n'ont à la fois qu'un petit espace à brouter, ils mangent l'herbe, sans en gâter beaucoup, et sans fouler les endroits qu'ils négligent, pour choisir l'herbe la plus tendre et la plus délicate. Il sera bien plus facile de livrer successivement, dans les enclos, un nouvel espace à la pâture, tout en ne laissant les animaux prendre l'exercice que dans les parties qu'ils ont déjà pâturées, et où le dépôt de leurs graisses excrémentitielles ne tardera pas à faire revenir l'herbe plus épaisse. Pour mieux atteindre ce but, on donnera aux enclos une forme allongée, qui, au moyen de quelques perches, permettra de limiter facilement l'étendue proportionnée au nombre de têtes qui pâturent. Tout sera consommé à la fois dans le compartiment donné, et le bétail, qui a changé de pâturage, s'en trouvera mieux. Ajoutons à ces avantages que l'ombre des haies fournit au bétail, durant l'été, un abri bienfaisant. On le voit quitter l'herbe la plus tendre, pour se mettre à l'ombre, dans les grandes chaleurs du jour. Enfin ces enclos permettront de tenir en plein air, une grande partie de l'année, le bétail d'élève qui sera nombreux dans nos landes, ce qui engraissera fréquemment la terre et fera bien pousser l'herbe.

Un agronome d'une grande expérience, M. J. Thys, de l'abbaye de Tongerloo, qui fut pendant longtemps curé à Wyneghem, établit une différence entre les terres fortes et les terres légères relativement à l'utilité des clôtures. Il pense qu'il en faut aux terres légères, qui souffrent davantage des froids excessifs et des grandes sécheresses. Ses connaissances dans la culture des landes le portent à recommander les clôtures boisées qui, en brisant la force du vent, lui ôtent le moyen de nuire. Les productions en champs non clôturés souffrent toujours des vents secs et continus. Quand le seigle, en plein champ, est exposé à leur action, il languit et meurt, tandis que celui qui est abrité par des clôtures vient très-bien. Lorsque les moissons sont en pleine croissance, les tempêtes ou les grosses pluies les renverseraient infailliblement, si on ne leur assurait des abris dans les vastes plaines formées par nos landes.

Si l'auteur insiste en faveur des enclos boisés, c'est qu'il a écrit son ouvrage pour les habitants de la campagne, chez lesquels ces plantations rencontrent presque toujours de la répugnance et de la mauvaise volonté, parce qu'ils n'y aperçoivent qu'un mal présent pour leur culture, sans songer que ce mal est compensé par un avantage éloigné, qui devrait leur être moins indifférent.

Quelque invétérée que soit cette antipathie des habitants des campagnes, et quelque apparence de fondement qu'ait leur opinion, on ne doit pas désespérer de leur faire comprendre qu'ils se trompent dans l'idée qu'ils ont des clôtures boisées. En effet, ces plantations nuisent bien moins qu'ils ne le pensent à la fertilité des champs; elles y fixent la chaleur, empêchent les fortes évaporations du sol et défendent les moissons contre l'action trop violente des vents. Nous ne saurions trop insister sur cette considération, trop souvent négligée par les défricheurs.

En Écosse, où l'agriculture est fort avancée, les plantations sont conduites avec une entente admirable. Les particuliers ne négligent jamais d'y abriter leurs terres cultivables, leurs vergers, leurs fermes, par des massifs d'arbres de 10 à 12 mètres de profondeur.

Dans la Campine, où la culture des landes ne saurait réussir sans plantations, il faut un système d'ensemble qui agisse pour ainsi dire simultanément, afin d'opérer, sur un espace déterminé, le plus grand nombre de plantations possibles. Si ce système est bien dirigé, outre les avantages généraux que l'agriculture en retirera, il n'est peut-être pas de spéculation plus sûre et plus profitable pour l'avenir.

Pour remédier, par des plantations, aux graves difficultés qui s'opposent à la mise en culture d'une vaste et aride plaine de sables, battue par tous les vents, il faut un grand concours de volontés, et, malheureusement, les intérêts particuliers sont trop divers pour se déterminer à agir de concert, dans un semblable but. Ici encore l'intervention de l'État serait bien utile, surtout dans le principe, pour faire admettre par les volontés particulières un système d'ensemble, sans lequel bien des soins, des travaux et des peines n'aboutiraient qu'à des résultats de médiocre importance.

L'utilité des clôtures, le changement heureux qu'elles peuvent apporter dans une contrée, ne sauraient mieux se prouver que par l'exemple des provinces anglaises de Norfolk et de Suffolk, qui sont fort avancées dans la mer du Nord, et à peine élevées au-dessus de son niveau. Leur sol, battu en tous sens par les vents, manquait presque partout d'abris naturels. On y suppléa par des enclos et des plantations qui nourrissent et protégent aujourd'hui plus d'un million de moutons, en Norfolk seulement; le comté de Suffolk en possède environ 600,000. En 1791, les moutons y étaient d'une race à laine rude, grêle, rare, remplie de longs poils gris. Depuis l'introduction des turneps et l'usage des clôtures pour abris, les laines de Norfolk et de Suffolk, repoussées auparavant par tous les fabricants, ont fait la fortune et la réputation des belles manufactures de Yorkshire.

Un fait analogue doit se produire dans la Campine, en garnissant de rideaux d'arbres résineux les limites de ses champs sablonneux et secs, pour retarder l'évaporation des eaux pluviales. Observons d'ailleurs que l'air échauffé se concentre et se conserve bien mieux dans un enclos, parce qu'il ne se renouvelle point à la moindre brise de vent; ce qui procure aux plantes une chaleur douce, humide, durable. Ainsi, les rayons du soleil, réfléchis et concentrés dans un enclos, agiront sur la terre et sur les productions qui la couvrent bien plus favorablement qu'en pleine campagne, au milieu d'une contrée naturellement froide.

Dans les Flandres, où l'on rencontre des enclos, des haies et des arbres plantés le long des champs, les récoltes précèdent ordinairement, de dix jours et même plus, celles du pays wallon, où les terres sont plus à découvert. Les habitants des polders, dont le pays est aussi découvert, font leurs récoltes après les Flamands, mais ils y sont obligés encore par une autre cause : la compacité du sol, qui retarde les semailles. Dans les polders, les clôtures qui abriteraient sans nécessité la terre, auraient pour effet d'intercepter la circulation de l'air et les rayons du soleil, circonstance aussi désavantageuse à leur sol humide et compacte qu'elle est favorable à un terrain sablonneux et sec.

En traitant des plantations, nous verrons que les parties élevées leur seraient destinées avant tout. Nous aurons ainsi un premier abri; là où il fera défaut, nous établirons des plantations en bordures, d'une largeur de 50 à 60 mètres, pour briser le cours du vent et l'adoucir dans les endroits les plus exposés. En outre, des plantations de 10 mètres d'épaisseur garniront les fossés d'asséchement qui entourent les champs mis en culture. Ces fossés sont généralement espacés entre eux de 200 en 200 mètres.

Le pin maritime, abrité par le genêt, sera préféré à cause de sa prompte croissance. Le genêt végétera promptement, en profitant de l'humidité qui se trouve toujours, à une certaine profondeur, dans les sables de la Campine.

Après avoir abrité les pins, qui végètent lentement, les 3 premières années, le genêt finira par être étouffé sous ces derniers, qui auront acquis assez de force et de hauteur pour résister au vent et former une barrière insurmontable à l'invasion des sables, contre lesquels ils protégent les cultures des terrains intérieurs.

Les topinambours, plantés en ligne sur une profondeur de 8 à 10 mètres, nous offriront un premier abri pour notre culture, en attendant la croissance des pins.

M. le professeur Ch. Morren a publié, dans le Journal d'Agriculture pratique, une suite d'articles fort remarquables, par lesquels il prouve à l'évidence l'utilité de ce tubercule et l'immense parti qu'on peut en tirer pour le défrichement. Ces articles doivent appeler sérieusement l'attention de tous ceux qui portent intérêt au prompt défrichement de nos landes, car l'emploi judicieux du topinambour peut y venir puissamment en aide. Il est étrange que l'opinion émise par ce journal sur l'utilité de ce tubercule ait rencontré des contradicteurs, car depuis longtemps il convient d'en généraliser l'usage.

Les pins formant des enclos seraient remplacés graduellement par les chênes, les peupliers ou d'autres arbres de haute futaie, qu'on planterait, d'après la méthode adoptée dans le pays de Waes, pour protéger les récoltes par leur cime, sans leur nuire par leurs racines. Cette méthode est détaillée dans l'ouvrage de Van Aelbroek, l'*Agriculture pratique de la Flandre* (page 239).

IX. PLANTATIONS.

En émettant nos considérations générales, nous avons posé, en principe, qu'à l'exception des parties de landes destinées à former les enclos, il ne faut consacrer aux plantations que celles dont la qualité et le gisement s'opposent soit à leur utilisation pour culture de grains, soit à leur conversion en prairies.

Nous ne pensons pas qu'on puisse songer à sacrifier à l'espoir d'avoir du bois dans l'avenir, la production immédiate d'aliments végétaux et animaux, que réclame impérieusement la population exubérante de la Belgique : agir sous l'influence de cette idée, ce serait faire supposer qu'on veut introduire une thèse nouvelle, à savoir, que la puissance de la nation dépend plus du nombre des arbres que de celui des hommes, ce qui serait étrange. Les moyens additionnels de production que nous devons espérer du défrichement de nos landes, aujourd'hui tout à fait stériles, doivent donc, nous paraît-il, consister en produits alimentaires et non en bois. Si nous suivons les saines notions d'économie politique, les bois ne serviront que de transition pour préparer, par la décomposition des feuilles, la mise en culture des terres qui les portent.

Les produits d'un sol boisé varient naturellement beaucoup, d'après la nature du terrain, mais il est généralement plus favorable à l'intérêt privé et public de cultiver, comme terres arables, celles qui sont susceptibles d'un bon rapport, que de les couvrir de plantations.

Il est cependant avantageux de n'employer certaines terres qu'à des plantations; et il en existe peu, quelque stériles et quelque mal situées qu'elles soient, dont on ne parvienne à tirer parti pour la culture d'arbres de l'une ou de l'autre espèce, pourvu qu'on y mette des soins convenables. D'un autre côté, les terrains les plus stériles ne peuvent souvent être améliorés que par les plantations. La chute et la putréfaction des feuilles approfondissent la couche végétale du sol, l'enrichissent successivement et finissent par la rendre plus propre soit à la végétation des arbres, soit à sa conversion en terre arable. On peut produire ainsi, en y semant des sapins, les matières organiques qui manquent au sol le plus sablonneux. La chute annuelle des feuilles forme une couche qui augmente d'année en année, et les arbres, toujours verts, empêchent le vent de rien enlever.

En Flandre, on couvre généralement les terrains les plus stériles de plantations de pins d'Écosse, dans l'intention surtout de les rendre, par la suite, propres à la culture. On a reconnu que, dans l'espace de 35 ans, les feuilles qui tombent sur le sol donnent une couche arable de 5 à 6 pouces. Si on coupe alors les arbres et qu'on en plante de jeunes, qui produisent plus de feuilles que les vieux, on obtient ainsi un sol d'un pied de profondeur, qu'on peut cultiver ensuite, en rotation perpétuelle, et faire servir aux mêmes récoltes que celles du voisinage. C'est là sans doute un moyen d'amélioration dont les fruits sont bien lents. L'amendement au moyen de l'argile est bien plus prompt, mais l'extraction et le transport en sont parfois trop difficiles et trop coûteux, tandis que, par l'autre moyen, on a dans l'intervalle le profit des arbres, outre la perspective de l'amélioration future.

Dans beaucoup de cas, le succès des plantations d'arbres dépend plus de la nature du sol inférieur que de celle de la surface. Le sol supérieur ne sert aux arbres que dans les premières périodes de leur croissance, tandis que leurs progrès ultérieurs dépendent entièrement de la nature du sous-sol, de sa profondeur, de son état de sécheresse ou d'humidité. Des sols pauvres et sablonneux, qu'on ne saurait convertir avantageusement en terres propres à la culture des grains, et qui ne produisent que des herbes de mauvaise qualité, portent cependant de beaux arbres, lorsque le sous-sol est argileux.

Nous traiterons ici de la plantation des parties les plus arides et les plus sablonneuses des landes, de celles qu'on ne pourrait, de prime abord, soumettre à la culture, avec l'espoir d'un produit suffisant pour en payer les frais. Nous parlerons ailleurs de la plantation des dunes et des plaines sablonneuses voisines de la mer.

Les plantations bien faites sont un capital qui augmente considérablement. Sous le rapport de l'utilité, celles d'arbres résineux sont d'un grand intérêt, pour la mise en culture de nos landes. Ils croissent avec une grande rapidité; leur bois est solide, quoique léger : la résine qu'il contient le rend peu susceptible de pourriture.

Les parties élevées des landes sablonneuses ne se prêtent pas à la culture, parce qu'elles perdent toute leur humidité, laquelle, par son infiltration, fertilise les terres inférieures au détriment des premières. Il convient, en général, de ne pas les choisir pour les mettre en terres arables; mais lorsqu'elles sont couvertes de plantations, elles concourent à abriter une contrée qu'on ne veut pas laisser en prise à toute l'action du vent.

La culture des arbres résineux, lorsqu'on en peut écouler les produits, donne parfois un revenu qui surpasse celui des terres, mais il faut y consacrer quelques avances et attendre un certain nombre d'années, avant d'en être remboursé.

Le pin d'Écosse brave bien l'humidité. Une seule génération de ce grand végétal, quand il a donné ses produits, suffit souvent pour accumuler sur le sol plusieurs pouces de terreau productif.

Parmi les espèces d'arbres résineux les plus propres aux terrains dont il s'agit, nous indiquerons, outre le pin d'Écosse, le sapin commun. Le pin maritime croît, chaque année, d'environ un mètre, mais son bois est peu serré et cassant.

Tous les pins ont les racines peu étendues relativement à leur masse; aussi, est-ce moins par elles que par leurs feuilles qu'ils subsistent. Le vent les renverse facilement lorsqu'ils croissent isolés, parce que leurs racines ne s'étendent pas, et qu'elles sont souvent fixées dans un sable mouvant, où toute autre plantation ne réussirait pas.

On préfère généralement le pin d'Écosse pour en faire des perches à houblon, parce qu'elles sont droites, fortes et hautes. Une seule tient lieu de deux perches de bois taillis; elles durent plus de 12 ans, tandis que les perches de bois non résineux durent à peine 5 ans.

Pour semer les différentes espèces d'arbres résineux, on fait bêcher le terrain à la profondeur de 2 fers de bêche. S'il contient des pierres, des souches ou des racines de bois, on les extrait à mesure qu'elles se présentent. Après cela, on le fait herser pour l'unir le mieux possible. On se sert du râteau pour les terrains fort en pente.

A la fin de l'hiver, au premier moment favorable, lorsque le terrain est sec et mouvant, on passe encore une fois à la herse ou au râteau et on sème un peu d'avoine, environ un demi-hectolitre par hectare, qu'on recouvre avec le même instrument. Puis on choisit, autant que possible, un beau jour, et on procède au semis, avant que la terre soit desséchée, de crainte que le vent n'emporte celle dont il faut le recouvrir légèrement. La résine que contient ce semis empêche l'humidité de la saison de le faire pourrir; à cette époque de l'année, sa croissance n'est pas non plus assez rapide pour donner une pousse délicate trop sensible à la gelée, inconvénient qui pourrait se produire, après une prompte croissance, développée à un degré de chaleur pareil à celui que nous avons communément au mois de mai.

Si le terrain est déclive, on examine par où il faut commencer, pour que les rangées soient à peu près transversales à la pente du terrain, qu'on divise en plusieurs parties, de 15 à 20 mètres de large sur 50 à 100 mètres de long. Ces divisions seront séparées entre elles par des espaces de 2 mètres, destinés aux rigoles d'écoulement, et plus tard, aux chemins d'exploitation des produits des semis.

Pour procéder bien uniformément, on emploie un râteau à 3 dents de bois longues d'un pouce, espacées entre elles de $0^m,60$, que l'on enfonce entièrement dans les terres sablonneuses. En faisant glisser ainsi ce râteau, le long d'un cordeau tendu, on creuse trois raies parallèles d'un pouce de profondeur environ, et d'une largeur uniforme. On place de $0^m,50$ en $0^m,50$, successivement sur toutes les raies, 4 à 5 semences de pin ou de sapin; puis on les recouvre d'environ ½ pouce de sable, en faisant glisser le dos du râteau successivement sur toutes les raies, en appuyant de manière que les semences ne soient jamais à une plus grande profondeur.

Cette manière de semer a l'avantage d'économiser la graine, d'avoir ensuite un semis bien espacé, de favoriser la germination par une profondeur uniforme, de faciliter l'inspection de la première culture et d'en suivre les développements.

En plusieurs endroits on sème à la volée, comme on sème les grains, et on recouvre la semence à la herse; mais alors le semis est très-irrégulier; on y entre difficilement; les plants sont trop espacés ou trop rapprochés; d'où il résulte qu'on a des perches trop grosses du bas, qui ne peuvent servir, et d'autres, en plus grand nombre, qui ne sont propres à rien, parce que faute d'espace suffisant, elles sont restées trop minces et trop fluettes. En semant à la volée, on emploie 6 kilogrammes de graine par hectare, pour l'espèce fine, et environ 20 kilogrammes de la grosse espèce, qui est trois fois plus grande. On tient toujours compte du plus ou moins de sécheresse du terrain.

Les distances indiquées paraissent suffisantes pour toutes les espèces de pin dont les branches se croisent facilement. Néanmoins, en les espaçant entre elles et en élargissant les rangées de 5 centimètres de plus (0,55 et 0,65), leur croissance serait plus rapide, parce que leurs branches pourraient s'étendre davantage et sécheraient moins vite. En général, la distance moyenne la plus convenable pour une bonne croissance, dans une terre très-favorable, paraît être de $0^m,70$ en tout sens, et jamais moins.

Bien espacer un semis est un point si important que tout le succès en dépend. Si l'on s'écarte du terme moyen, soit en plus, soit en moins, on risque également de manquer le but, qui est d'avoir toutes belles perches égales, ni trop grosses, ni trop minces en bas, mais d'environ $0^m,30$ de circonférence.

Le semis terminé, il est prudent de se mettre en garde contre les averses, pluies d'orage et fontes de neige, qui pourraient entraîner le sable et les semences, creuser le terrain et occasionner beaucoup de dommage au semis, pendant les premières années. C'est pourquoi l'on trace ordinairement des rigoles entre les rangées, de dix en dix, en faisant au milieu des chemins de séparation une large et profonde rigole pour conduire les eaux, par le chemin le plus court, hors du terrain ensemencé. Si le terrain est déclive, on place la terre qui provient des rigoles du côté de la pente, pour y former une petite digue. La plupart de ces rigoles peuvent être comblées après 4 ou 5 ans, parce qu'elles sont alors inutiles.

La semence des pins et des sapins commence à lever au bout de six semaines environ. Les oiseaux, qui sont friands de la jeune tige, pourraient endommager le semis, si l'on ne prenait les précautions nécessaires pour les en éloigner. L'avoine ou le sarrasin viendra alors à point, pour garantir un peu le semis, comme plus tard, ils serviront d'abri contre l'ardeur du soleil. Leurs racines raffermissent le terrain sablonneux, et, en hiver, le chaume desséché garantira encore le jeune plant.

Si le terrain à ensemencer présente une pente assez rapide, il est à craindre que le défrichement ne fasse ébouler les terres. Pour éviter cet inconvénient, on laisse, par intervalle et transversalement à la pente, des espaces incultes d'un mètre de largeur.

Les semis doivent être clôturés par de bons fossés, pour les garantir de l'atteinte des bestiaux, qui pourraient les endommager.

Deux années entières doivent s'écouler avant qu'on touche au semis, si ce n'est pour détruire les mauvaises herbes avec la houe, si, pendant le second été, elles menaçaient de nuire aux jeunes plantes ou de les étouffer. Les alignements et les intervalles réguliers permettent de ménager, comme il convient, les endroits où la semence a été déposée. Au mois d'avril de la troisième année, on visite avec attention toutes les rangées du semis, pour choisir les plus beaux plants de chaque groupe, couper les autres contre terre, ou déplanter, avec soin et en motte, les plants dont on aurait besoin, pour remplacer ceux qui manquent ou pour les planter sur un autre terrain. Dès lors, le plantis est complété et espacé régulièrement. Peu après, les branches commençant à se croiser, étoufferont l'herbe qui ne pourra plus nuire, et alors la plantation n'exigera presque plus aucun soin.

La meilleure méthode de retourner la terre est celle qui emploie la bêche. Elle offre des garanties certaines de réussite et favorise éminemment la bonne croissance des végétaux. Lorsque la terre des landes est très-dure et très-froide, c'est la bêche qui, brisant et divisant la glaise, parvient à l'adoucir et à lui faire perdre sa crudité. Mais comme ce travail se fait, le plus souvent, à l'entreprise, les ouvriers se contentent de retourner la terre, en enlevant de gros morceaux, qui restent entiers et ne peuvent s'ameublir convenablement. Il ne serait pas inutile de labourer d'abord l'espace que l'on veut retourner à la bêche. Avant d'être enfouis par cet instrument, les végétaux qui couvrent le terrain encore froid, auraient déjà subi ce commencement de décomposition, sans lequel ils pourrissent beaucoup trop lentement et fournissent un aliment mal digéré au produit qu'on veut obtenir. En labourant avant de bêcher, on a donc l'avantage de bien briser la terre. D'ailleurs ce labour n'entraîne pas une grande dépense, puisqu'il apporte déjà une économie dans la durée du travail à la bêche, qu'il vient rendre plus facile.

Si la couche dure, qu'on rencontre généralement dans la bruyère, se trouve assez près du sol, il n'est pas nécessaire de retourner à la bêche : la charrue suffit; mais il faut employer une grande et forte charrue, qu'on nomme *beul* dans la Campine. On y attelle 5 ou 6 chevaux; en la faisant passer deux fois dans le même sillon, la terre sera assez remuée, et on pourra l'employer à toute espèce de culture.

Pour améliorer davantage le sol, il conviendrait même de lui donner, pendant l'été, un léger labour à la charrue ordinaire et de le laisser reposer quelque temps, avant d'y passer la grande charrue, qui n'enterrerait ainsi les végétaux de la surface qu'après qu'ils seraient fanés; car c'est là une précaution à prendre pour assurer leur prompte décomposition. Sans ce labour préalable, la terre de la surface resterait déposée, tout l'hiver, sur un sol très-compacte où l'eau séjourne, parce qu'elle n'y peut pénétrer, ce qui communique une grande crudité à cette surface.

Si l'on trouve la dépense du labour trop forte, on peut utiliser, sans les labourer, les terrains qu'on destine aux sapinières, en se contentant d'y faire des tranchées parallèles dont on ôte la terre, pour la rejeter ensuite sur les semences. On a fait ainsi, dans la Campine, beaucoup de sapinières d'un rapport avantageux aux propriétaires. Cette méthode, à la portée des personnes d'une fortune ordinaire, leur permet de cultiver le sapin sans grands frais. Il suffit de gratter la terre, car on a remarqué que les semis de grands pins et, en général, de tous les arbres résineux, prospéraient moins dans une terre profondément labourée que dans celle qui ne l'est pas. Cela s'explique, parce que cette dernière subit, dans l'été qui suit la plantation, une dessiccation plus prompte qui amène celle des faibles racines du plant. Il faut d'ailleurs considérer que, lorsque les jeunes arbres commencent à grandir dans un sol trop meuble, ils sont exposés à être arrachés par la violence du vent. Par contre, les labours profonds sont favorables dans les jardins abrités, où l'on peut arroser au besoin.

Originaires d'une zone élevée, les pins croissent naturellement sur les hauteurs. La chaleur n'y est jamais forte et les pluies y sont fréquentes, ce qui dispense de toute précaution contre les effets de la sécheresse; mais, dans les terres constitutionnellement arides, il est nécessaire de garantir le plant, pendant ses premières années, des atteintes d'un soleil trop brûlant et d'un vent trop desséchant.

Le moyen de l'abriter le plus sûr, le plus économique et en même temps le plus fructueux, c'est d'y semer du genêt et d'y planter des topinambours, d'autant plus rapprochés que le terrain est plus sec et plus exposé au vent.

Les lignes de semis d'arbres résineux étant, comme nous le supposons, espacées entre elles de 0^{m},60, on plantera dans les intervalles en quinconce, les rangées de topinambours. Il serait bon de faire cette plantation l'année qui précédera le semis, afin qu'elle offre des touffes plus épaisses. A l'automne, les tiges et les feuilles donneront, pendant 3 ou 4 ans, un produit considérable; elles serviront, en même temps, d'abris ou de fortes haies d'enclos pour garantir les champs, en attendant la croissance des pins. Dès que les pins ont atteint une hauteur suffisante, on arrache les racines de topinambours. Les rejetons seront successivement étouffés par la croissance des pins.

Nous avons proposé de donner la préférence au pin d'Écosse, parce qu'il réussit tout à la fois dans les sols les moins profonds et les plus secs, dans les lieux bas les plus pauvres, pourvu qu'ils ne soient pas trop humides; dans les bruyères sablonneuses et dans les sols tourbeux de moins de deux pieds de profondeur, pourvu qu'ils aient un sous-sol perméable à l'eau. Un fond d'argile est fatal à cet arbre. La qualité de son bois est d'autant meilleure qu'il a végété dans une situation plus élevée.

On peut épargner beaucoup de foin en donnant aux moutons, pendant l'hiver, les branches vertes du pin d'Écosse.

A l'âge de 9 ou 10 ans, les plants atteignent 3 à 4 mètres de hauteur. Il est utile alors d'en faire la revue, pour s'assurer si des branches gourmandes ne font pas trop grossir quelques tiges au détriment de celles qui les environnent. Pour faciliter cette revue, il convient de casser ou de couper, à cette époque, au rez du tronc, toutes les branches sèches, mais non d'autres. Il en résultera une ouverture qui permettra d'entrer dans l'intérieur du plantis, pour y couper toutes les branches gourmandes, c'est-à-dire celles qui sont beaucoup plus grosses que les autres de la même couronne, ou enlever même quelques couronnes entières, encore vertes, sur les perches dont il serait nécessaire de retarder la croissance parce qu'elles grossissent trop. Cette pratique est importante pour avoir toutes perches uniformes.

Il est reconnu en principe que tous les arbres résineux ou autres croissent d'autant plus vite, en hauteur et en grosseur, qu'ils ont plus de branches, mais que plus on coupe de branches vertes, plus leur croissance diminue. Quoique rien ne soit plus vrai, la plupart des ouvriers agissent comme s'ils étaient persuadés du contraire. De là des élagages mal faits, qui gâtent et détruisent les plantations d'arbres de la plus belle apparence et retardent de plusieurs années l'époque de leur maturité ou de la grosseur nécessaire à leur destination.

Nous n'entrerons pas dans de plus longs détails sur l'élagage des arbres; nous ne pourrions que répéter ici les préceptes contenus dans un excellent article du *Journal d'agriculture pratique et d'économie forestière* (1). L'auteur de cet article considère les conditions d'un bon élagage, en vue de notre climat, en tenant compte du sol et du but spécial des plantations qui, dans une partie de la Belgique, et notamment dans le pays de Waes, sont destinées avant tout à protéger les cultures agricoles. En suivant ces préceptes, on donne à un arbre de la grosseur, de l'élévation et un bon port, en contrariant la nature le moins possible. La santé et la beauté de l'arbre dépendent du retranchement convenable de ses branches. S'il est fait sans discernement, l'arbre languit jusqu'à ce que la nature ait reproduit ce que l'ignorance de l'homme lui a enlevé mal à propos.

En ce qui concerne l'exploitation, il faut se guider soit d'après la nature du terrain, soit d'après des considérations locales ou

(1) Numéro du mois de juin 1848, p. 201.

d'intérêt. On peut abattre les plantis en entier ou en laisser croître une partie, si le sol est favorable à une bonne croissance, pour faire des échelles, des piliers d'échafaudage, des bois de construction pour des bâtiments ruraux. Cependant il ne faut pas perdre de vue que la nourriture qu'absorbe un grand arbre, à son profit, son ombrage et l'eau qui coule de ses feuilles font beaucoup de tort à ce qui se trouve dans son rayon.

On a recommandé de semer le sapin en pépinière, pour le transplanter ensuite. On ne doit recourir à cette méthode que pour convertir en sapinière un terrain glaiseux, s'exfoliant à la gelée en hiver, malgré les labours qu'il aurait reçus. Si l'on semait le sapin dans un pareil terrain, comme la jeune tige de ce plant est très-tendre et très-flexible, le vent et la pluie ne manqueraient pas de charger de glaise son sommet, qui forme une espèce de couronne, de sorte que le jeune plant s'inclinant vers le sol glaiseux, y resterait collé et périrait infailliblement. C'est pour garnir un terrain pareil qu'il faut transplanter, à l'âge de 3 ans, les sapins avec les mottes qui entourent leur racine.

Il est plus utile et plus économique, lorsqu'on entame une lande vierge où le sable domine, de laisser croître la bruyère, pendant un an ou deux, sans y toucher. On profiterait de ce temps pour entourer le terrain d'un fossé avec berge intérieure, puis on choisirait bien le moment pour mettre le feu à la bruyère et y semer la graine. On y tracerait ensuite autant de sillons ou de rigoles qu'il est nécessaire, pour recouvrir la graine, au moyen de la terre qu'on en aurait extraite. Avant d'ensemencer ce terrain, il est indispensable de savoir à quoi on le destine, car si on veut le convertir en terre arable, on doit y semer du pin commun, qui croît et mûrit plus tôt et amende mieux le sol que les autres espèces. Lorsque le pin a atteint une hauteur de 8 à 10 pieds, il faut l'abattre, retourner le terrain à la bêche et en arracher les racines. On obtient ainsi une terre qui est déjà préparée au labour, sans avoir nécessité de grands frais. La chute du feuillage des sapins de cette espèce améliore remarquablement le sol, tandis que le produit du bois couvre ou diminue les frais.

En général, une terre sablonneuse très-meuble que l'on veut garnir de sapin ne peut être ni bêchée ni labourée, de crainte qu'elle ne s'éparpille trop.

En semant du sapin, on doit commencer le premier semis au nord et à l'est, en s'avançant graduellement vers le sud et l'ouest. Cette considération est très-importante, parce que les sapins souffrent beaucoup des fortes gelées, lorsque leurs jets sont tendres, ce qui les fait languir et parfois périr, comme on l'a vu dans la Campine en 1789.

En commençant les semis au nord et à l'est, les premières sapinières n'ont à souffrir qu'une fois, lors du premier semis, et comme les grands froids viennent de cette direction, les premières sapinières garantissent, en grandissant, les semis qui suivent parce qu'elles les préservent des vents froids.

Des rideaux de sapin de 10 à 12 mètres d'épaisseur sont autant de murs qui arrêtent le vent froid. Plantées ainsi en masse pour servir d'abris, les parties extérieures peuvent bien être arrêtées dans leur croissance par la violence des vents, mais elles protégent l'intérieur, qui forme la partie la plus considérable de la plantation.

Parmi les arbres non résineux qui réussissent le mieux dans le sol des landes, nous citerons le chêne, le chêne d'Amérique à larges feuilles, le bouleau, le châtaignier, le frêne à fleurs, le saule marsault. Les feuilles de ces deux derniers sont bonnes pour nourrir le bétail.

L'aune, le bouleau, le saule et le frêne conviennent bien aux lieux bas et humides. Le frêne croît, avec vigueur, même dans les lieux bas, bourbeux ou marécageux, de niveau avec l'eau. On le voit prospérer à côté des osiers et des arbres aquatiques. Il étend ses racines à la surface, comme le bouleau, et réussit bien là où les autres arbres à racines pivotantes, qui s'enfoncent profondément dans le sol, ne peuvent croître, parce que les racines d'aucun arbre ne vivent dans les couches inférieures d'un terrain marécageux, à cause de l'humidité qu'elles retiennent.

L'expérience nous apprend qu'il y a beaucoup d'endroits dans les landes où le sol est très-propre à la croissance du chêne. Cependant il en est beaucoup d'autres où on le voit insensiblement décroître et dépérir, malgré sa belle venue des trois premières années. C'est ce qui arrive quand on sème le chêne dans une terre inculte, qui ne convient pas à cette essence. Lorsque la même terre a été cultivée, pendant un an ou deux, avant la plantation ou le semis, les chênes croîtront très-bien, durant les huit ou dix premières années, puis ils dépériront insensiblement. La bruyère s'emparera du terrain, à l'exception peut-être de quelques flaques meilleures, ou bien à l'endroit où se trouvaient çà et là d'anciennes ornières. Le chêne dépérira, dans l'espace de dix-huit ans, parce que le sol n'est pas suffisamment mélangé, qu'il n'a pas perdu sa crudité naturelle et qu'il ne peut donner les sucs nécessaires à la croissance du chêne (1). Avant de planter du chêne dans des terres nouvellement défrichées, il faut s'assurer d'abord si cet arbre réussit dans ce terrain, ou du moins s'il a réussi dans un terrain voisin semblable. Lorsqu'on s'est arrêté sur le choix de la terre, il faut la défoncer, à 3 pieds de profondeur, bien la remuer, la mêler et la cultiver, en fumant fortement, pendant quelques années.

On a conseillé de semer le chêne dans une sapinière, lors de sa création (2). L'expérience nous a appris à cet égard que le chêne grandit autant que le sapin, surtout dans un sol favorable, et qu'il paraît même vouloir le dépasser. Il en résulte que le chêne s'élance en tige mince et fluette, si faible à cause de sa longueur, qu'à la transplantation, il faut la raccourcir et l'élaguer beaucoup. M. Decoster donne à entendre qu'un semis de chêne, mêlé à du sapin, doit profiter dans tous les terrains, parce que ceux-ci s'améliorent, d'une manière remarquable, par la chute et la décomposition du feuillage des arbres résineux. Mais ce serait là

(1) J. Thys, *Historische verhandelingen.* By Hanicq, 1809, p. 474.
(2) Decoster, *Mémoire couronné,* en 1774, par l'Académie.

une manière par trop commode de créer, sans peine ni dépense, de beaux bois de chêne, tandis que l'expérience prouve, au contraire, qu'on ne peut pas faire croître aisément le chêne, dans les landes, à moins que le sous-sol ne soit argileux. Sa méthode peut réussir dans quelques endroits où le chêne croît, pour ainsi dire, de lui-même, comme on en trouve çà et là dans nos landes; mais elle ne peut s'appliquer avec avantage à tous les terrains en général. Il n'est donc pas prudent d'entreprendre, sans connaissance suffisante du sous-sol, la plantation ou le semis du chêne mêlé au sapin, d'autant plus que la préparation du terrain est tout autre pour le chêne que pour le sapin. Le sapin demande une terre raffermie à la surface et qui ne doit pas être cultivée, tandis qu'une terre bien meuble convient au chêne, qu'on sème dans le seigle. De plus, la chute du feuillage du sapin n'améliore le sol qu'à la surface, mais jamais à ce point qu'il puisse assurer au chêne une croissance vigoureuse sans améliorations ultérieures.

X. DÉFRICHEMENT.

Nous avons traité, en détail, l'amendement, l'écoulement des eaux, les clôtures, l'assolement et les engrais qui, dans la Campine, nous paraissent convenir le mieux à la mise en culture des landes. Ce qui nous reste à dire du défrichement proprement dit est par là considérablement restreint. Nous avons insisté déjà sur ce point : que la question la plus importante est moins le défrichement des landes en lui-même que l'amélioration du sol des landes, après leur défrichement.

La première opération à régler, c'est d'assurer l'écoulement des eaux surabondantes.

Il faut d'abord, au moyen d'une sonde, pénétrer de $2^{m},50$ à 3^{m} de profondeur, pour bien connaître la nature du sol et du sous-sol, et pour s'assurer du gisement des bancs de tuf ferrugineux et d'argile. Lorsqu'une couche compacte, sans être trop épaisse, se trouve à une profondeur moyenne de quelques pieds de la surperficie, on doit, comme nous l'avons dit en parlant de l'écoulement des eaux, creuser des tranchées de distance en distance, pour extraire le tuf ou la glaise, et les remplacer, à mesure qu'on les extrait, par la terre sablonneuse de la surface, afin de mettre ainsi en communication, à travers la couche compacte, les deux couches perméables de la superficie et du sous-sol. Ces tranchées ou saignées doivent aboutir, par leurs extrémités, à des fossés larges et profonds, et communiquer avec le canal d'écoulement, que l'on creuse, comme nous l'avons expliqué déjà, pour recevoir et conserver les eaux surabondantes, selon les besoins de l'arrosement et pour servir d'abreuvoir au bétail.

Indépendamment de ces tranchées, des fossés serviront à enclore les divisions du terrain en parties ou blocs d'une contenance convenable.

Il faut ensuite débarrasser le sol des principaux obstacles que l'on trouve à sa surface : les broussailles, les souches, les pierres, les eaux stagnantes et les inégalités, parce que le terrain doit être nivelé pour assurer l'écoulement des eaux et empêcher les inondations accidentelles, si nuisibles à la végétation.

Après avoir défoncé le sol le plus profondément possible, il faut aviser aux moyens de se procurer le fumier nécessaire et décider, d'après les convenances spéciales, quelles parties de terre on destine à être converties en bois, en champs cultivés ou en prairies; car, ainsi que nous l'avons dit, il est des terrains qu'on met en bois pour en améliorer le sol, afin de les transformer plus tard en terres labourables. Les plantes, telles que bruyères, etc., qui couvrent le sol, sont brûlées pour être répandues en cendres comme engrais. Dans quelques circonstances, il est peut-être plus avantageux d'écobuer entièrement la bruyère; mais il ne faut pas négliger d'y mettre de la chaux qui se mêle aux cendres, parce que la chaux est l'agent le plus utile dans nos landes nouvellement défrichées. Il importe, pour que la chaux opère bien, de la maintenir près de la surface du terrain. On laboure, puis on répand de la chaux et l'on sème des trèfles, dont la croissance est la plus certaine avec de l'avoine (1). On creusera des rigoles de distance en distance, à environ 3 mètres d'intervalle, en éparpillant la terre qu'on en retire pour recouvrir les semences. On passe la herse, le traîneau et le rouleau. Ces trèfles ne donneront pas de très-grands produits la première année, mais ils assureront le fourrage pour le commencement de la seconde, et l'avoine, fauchée en vert, servira de nourriture, après avoir facilité la croissance du trèfle. On fume bien le trèfle avec de l'engrais liquide et du plâtre alternativement, comme nous l'avons indiqué au chapitre qui traite des engrais, ou l'on applique, en couverture, un compost argileux bien consommé, dont le mélange d'argile, de chaux et de fumier est très-intime. On laboure le trèfle, à la fin de septembre et au commencement d'octobre, avec la quantité de fumier dont on peut disposer, pour semer du froment, du seigle ou de l'orge, toujours en se réglant d'après cette quantité de fumier et la qualité du sol, et sans perdre de vue qu'une terre, nouvellement défrichée, exige toujours plus de fumier qu'une autre terre de la même espèce.

Ces terres, nouvellement défrichées, sont très-favorables à la plantation des pommes de terre, qui, d'après le curé agronome de Wyneghem, peuvent s'y succéder deux années de suite. La plantation des pommes de terre améliore beaucoup la terre, en la mêlant et en la divisant, ce qui la prépare avantageusement à porter du seigle.

On rencontre parfois dans nos landes, bien près de la superficie, deux couches de terre d'une nature très-différente, communément infertiles, mais que leur mélange améliore d'une manière étonnante. Ce mélange peut se faire, au moyen de la culture des pommes de terre. On divise le terrain en zones alternatives de $1^{m},50$, dont l'une est plantée de pommes de terre, tandis que l'autre fournit la terre pour la plantation. Dès qu'on a fini cette plantation, qui s'opère très-peu profondément, on la

(1) Thys, p. 501.

recouvre au moyen de la terre enlevée aux deux demi-zones juxta-posées. Le mélange de la terre jetée sur les pommes de terre s'opère bien, lors du buttage, et s'achève par l'extraction des tubercules. Lorsque la récolte est terminée, ou pendant l'hiver, on remet les terres en place, et, au printemps suivant, on plante de nouveau des pommes de terre, en observant d'en mettre sur les zones qui n'en avaient point porté l'année précédente, lesquelles obtiennent à leur tour l'ameublissement et le mélange complet de leurs terres. On traite ces terres comme on avait traité les autres l'année précédente. Le champ tout entier se trouve ainsi mis en bon état pour la culture des céréales. Il est inutile de dire qu'après la seconde récolte, les ouvriers doivent avoir soin de rejeter les terres dans l'excavation, de manière à laisser le champ bien de niveau.

Il est utile de mêler de la chaux aux terres dont on recouvre les pommes de terre, tout en donnant à celles-ci une fumure convenable. La chaux n'augmente pas sensiblement la quantité des pommes de terre, mais elle produit un excellent effet sur les grains ou les prairies artificielles qui succèdent. Le fumier et la chaux réunis renforcent l'action du sol, lorsqu'elle est faible et languissante. L'un nourrit les plantes, tandis que l'autre divise la terre, attire l'humidité de l'atmosphère, excite la fermentation et avance la décomposition des matières végétales.

Il faut des labours profonds pour débarrasser les terres des eaux pluviales superflues, sinon on perdrait tout le fruit des engrais et des semailles. Il est dangereux de laisser séjourner ces eaux, car elles forment, dans les parties les plus basses, comme une mare souterraine, qui, n'atteignant pas la surface, ne se manifeste que par l'état languissant de la récolte. Une terre, noyée chaque fois qu'il tombe de l'eau, est dépourvue de tous principes fertilisants, car l'eau les dissout inévitablement.

On emploie, dans la Campine, une charrue plus forte, nommée en flamand *beul*, qu'on fait passer dans le même sillon que la charrue ordinaire, qui précède. On remue ainsi les terres à la profondeur de 55 à 60 centimètres, en la faisant passer deux fois dans le même sillon. Lorsque le fond est trop dur, ou qu'on trouve des pierres, il vaut mieux faire travailler à la bêche, immédiatement après que la charrue a passé, en espaçant des hommes de manière qu'ils tiennent tête à la charrue. Lorsque le sol inférieur est moins bon que celui de la surface, on emploie cette charrue à deux coutres et sans versoir.

Le genêt, qui croît naturellement dans les terrains arides et sablonneux, peut s'employer très-utilement comme engrais. Cette plante a l'avantage de soutenir et de lier la terre. Elle produit beaucoup de fleurs agréables aux abeilles, et réussit dans des endroits arides, dont la stérilité semble exclure tous les végétaux, à l'exception du genêt. Dans les Flandres et la Campine, l'emploi du genêt pour le défrichement des bruyères sablonneuses est mis en pratique depuis bien longtemps. La méthode consiste à semer ensemble de l'avoine, du trèfle et du genêt. En brûlant le gazon qui couvre la bruyère, et en y mettant de la chaux après le labour, on obtient, dès la première année, une bonne levée d'avoine; à la seconde année, du trèfle en abondance, et, à la troisième, on récolte le genêt, dont les rameaux et les tiges servent d'engrais à un autre défrichement. Après ces trois années, la terre se trouve assez améliorée par le gazon du trèfle et le détritus des feuilles de genêt, pour produire des grains; et, d'après Decoster, auteur du *Mémoire sur le défrichement*, couronné par l'Académie royale, en 1774, si l'on répète, tous les six ans, cette culture, combinée en avoine, trèfle et genêt, on est sûr de tirer d'un tel sol tout ce qu'on peut attendre d'un terrain sablonneux.

La culture du genêt est très-nécessaire dans les défrichements, tant à cause de l'engrais qu'il procure, qu'à cause du fourrage, avec lequel le genêt se cultive simultanément. Si les terres ont acquis un commencement de fertilité, elles sont engraissées par les petits rameaux du genêt qui tombent la première et la deuxième année, et par les racines qui restent dans la terre, au point qu'il ne lui faut que la moitié du fumier requis dans les cas ordinaires.

A l'objection que ces terres en genêt ont reposé, pendant deux ou trois ans, l'auteur du mémoire répond que le genêt est lui-même une plante qui a besoin de nourriture pour sa production; qu'elle sert à différents usages, et qu'elle est plus avantageuse que les productions chétives qu'on aurait tirées de ces terres, sans avoir pu les engraisser, à moins de grands frais.

L'échauffement spontané des bottes de genêt, lorsqu'elles sont comprimées et entassées les unes sur les autres, donna à Decoster l'idée de fumer avec du genêt divers terrains de différentes manières. Il dit que, pour apprécier l'effet du genêt et se convaincre que cet effet ne doit pas être attribué à la qualité des terrains ou au fumier des années précédentes, on doit amender une partie d'un champ avec du genêt et une autre partie, attenante à la première, sans genêt ni autre engrais, et que le résultat sera bien clair, principalement sur les terrains nouvellement défrichés, qui n'ont jamais reçu d'engrais ou qui ne sont pas fertiles de leur nature.

Si l'on veut fumer avantageusement au moyen du genêt, on enfouit cette plante à la charrue. Pour les récoltes d'été, ce labourage doit se faire avant le mois de mars, afin que le genêt commence à pourrir quand on sème les récoltes, parce que les grains d'été, qui se hâtent de croître aussitôt qu'ils sont semés, ont immédiatement besoin de cette nourriture. Lorsqu'on met le genêt au-dessus du terrain pour le couvrir ensuite avec de la terre, ses effets sont moins considérables.

Le genêt sec fait autant d'effet que le genêt vert, quoique celui-ci soit toujours l'engrais le meilleur et le plus sûr, lorsqu'on l'enfouit dans la terre, à moitié flétri, par un temps sec. L'auteur du mémoire déjà cité dit que, pour croire aux effets que le genêt produit alors sur des landes nouvellement défrichées, il faut en avoir fait soi-même l'expérience. Il assure que, pour rendre fertiles et tenir en bon état de mauvaises terres, situées à l'écart, il n'a jamais trouvé de meilleur moyen que celui de semer le genêt, qui croît très-bien dans ces mêmes terres. Le genêt se sème avec le seigle, sans aucun autre frais. En trois ou quatre ans, il pousse des racines profondes et profite des engrais que les pluies avaient enfoncés dans le sol, sans que les grains, qui ne croissent que la moitié d'un été, eussent pu en profiter. La culture du genêt coûtera davantage sur les landes nouvellement défrichées, mais on en sera bien dédommagé.

Dans les endroits où l'on n'a plus besoin des tiges du genêt pour le chauffage, et où l'on ne peut les vendre à un bon prix, il y aurait un grand avantage à les enterrer à la charrue, par un temps sec. Le genêt doit avoir alors un an. On choisit, pour les grains d'été, l'époque que nous avons indiquée, et, pour les grains d'hiver, deux ou trois semaines avant de les semer. De cette façon, on épargne les frais de récolte du jeune genêt, car on le laisserait se flétrir et pourrir à demi, en le mettant dans les raies.

Si, dans quelques parties des terres nouvellement défrichées, le genêt n'est pas assez bien venu, on doit avoir soin de remplir ces mauvaises places par des genêts tirés d'ailleurs ou par du fumier, afin d'avoir partout une fumure et une moisson égales.

Le labourage peut se faire aussi lorsque le genêt a deux ans, si, la première année, il n'est ni assez grand ni assez épais pour donner un engrais suffisant.

Le terrain une fois mis en bon état, on peut, après y avoir semé du genêt dans le seigle, faire couper ce dernier, de manière que le chaume qui reste dans le genêt serve avec celui-ci à être labouré et retourné en terre. Au mois d'octobre, le genêt est à la hauteur d'un mètre, et son mélange avec le chaume produit un excellent engrais. L'année suivante, on fait moissonner à rez de terre, pour nettoyer le terrain des mauvaises herbes et pour varier l'engrais, en y semant de la spergule, qu'on fait labourer et enfouir aussi comme fumure verte, pour y semer encore de nouveau du seigle entremêlé de genêt.

M. le curé Thys convient que la culture du genêt est un des meilleurs moyens pour améliorer une terre inculte. Il ne doute pas que cette plante, employée de la manière qui vient d'être indiquée, ne fasse un très-bon fumier. Il en résulte, selon lui, qu'un bon cultivateur qui veut mettre en valeur des terres incultes, doit semer du genêt pour les améliorer, et qu'en y ajoutant le fumier dont il peut disposer, il exploitera ses terres avec plus d'avantage.

M. Van der Mey, secrétaire de la Société d'émulation d'Anvers, dans son intéressant mémoire sur le défrichement des landes sablonneuses de la province d'Anvers, parle du genêt comme d'une plante qui sert aux pauvres journaliers pour cultiver ce sol ingrat et le rendre fertile. Il dit qu'après la seconde coupe de trèfle, à la fin de la quatrième année qui suit le défrichement, il y a des cultivateurs qui engraissent leurs terrains avec trente charretées de fumier et qui sèment du genêt avec le seigle. La cinquième année produit une bonne récolte de seigle. Le genêt reste sur pied pendant les deux années suivantes, et, pourvu que les hivers ne soient pas assez rudes pour le faire périr, il produit 15 bottes par verge, ou 6,000 bottes par bonnier. Ce genêt se vendait aux briquetiers, à l'époque où écrivait M. Vander Mey, en 1801, à raison de 4 francs les 100 bottes.

M. Maximilien Le Docte, dans un article fort intéressant sur le défrichement des terres incultes de la province de Luxembourg, inséré au *Journal d'agriculture pratique* de juillet 1848, p. 264, admet que les bons fumiers y ont une valeur double de ceux des cultivateurs ardennais, fumiers dans lesquels le genêt prédomine; mais il ne parle point du genêt enfoui en vert, qui supplée fortement, même en admettant la proportion indiquée par M. Le Docte, à la pénurie du fumier d'étable, laquelle est presque inévitable dans un défrichement. Peut-être aussi le genêt convient-il mieux aux terrains sablonneux de la Campine qu'au sol schisteux de l'Ardenne.

Le genêt, selon M. Van der Mey, étant enfoui à la charrue, pourrit plus tôt que la paille, et produit, en engraissant la terre, le même effet que le fumier (1). « C'est pourquoi, dit-il, après » avoir semé du genêt avec le seigle, et après avoir fait la récolte » du seigle, on enfouit quelquefois le genêt avec le chaume, » pour y semer itérativement du seigle sans autre engrais. »

(1) P. 11 de son mémoire.

« D'autres (1) (pauvres journaliers dans le canton où il de-
» meurait) sèment, la première année, un mélange d'avoine, de
» trèfle et de genêt, ce qui leur donne d'abord une récolte d'a-
» voine, la deuxième année deux coupes de trèfle, la troisième
» du genêt, après quoi, le terrain est capable de produire du
» grain. »

L'auteur cite d'autres tentatives, celles de plantations sur des terrains mal préparés qui, par cette raison, offrent, même après vingt-cinq ans de végétation, l'aspect le plus triste et le plus désolant. Ceux qui ont préparé leur terrain par la culture de pommes de terre ou d'autres produits, en défonçant à une assez grande profondeur, ont été amplement dédommagés par le bon succès et le prompt accroissement de la plantation.

« Une autre classe de cultivateurs plus courageux ont osé
» faire une grande entreprise : ils ont fait écobuer le terrain,
» c'est-à-dire enlever les gazons de bruyère, les ont fait sécher
» et brûler, et répandre les cendres sur le terrain. Ils y ont semé
» ensuite; la récolte fut passable et leur donna quelques béné-
» fices. Mais, après la récolte, qui était le fruit de l'écobuage,
» ils ont laissé le terrain sans engrais, et ont semé de nouveau.
» Mais la première récolte ayant dépourvu le sol de la majeure
» partie de la terre végétale que lui avaient communiquée les
» cendres du gazon brûlé, la deuxième s'en est ressentie, et la
» dépense fut tout au plus couverte. La troisième a été plus
» mauvaise encore, et s'ils ont apporté du fumier acheté, la dé-
» pense a surpassé le bénéfice. Cette expérience a fait croire et
» dire à cette classe de cultivateurs que les avantages du défri-
» chement ne valent pas la dépense qu'il exige.

» Quelques-uns ne pouvant se faire à une jouissance aussi
» éloignée que celle qu'offre la plantation du bois, et craignant,
» d'un autre côté, toute la dépense qu'exige la culture ordinaire
» des landes, si on veut le faire avec avantage, ont commencé
» par des essais en petit. Ils ont labouré quelques verges, ré-

(1) P. 14.

» pandu du fumier, semé de l'avoine, du seigle ou d'autres » grains, et, après avoir calculé la dépense et le produit de la » récolte, ils ont trouvé que le bénéfice n'égalait pas la dépense. » Ils ont peut-être répété la même expérience plusieurs années » consécutives, et, après avoir trouvé toujours le même résul- » tat, ils ont décidé hardiment, ils ont cru de bonne foi et ont » fait croire aux autres que les landes ne sauraient être défri- » chées ni cultivées avec avantage, et, ne doutant pas qu'on pût » mieux faire que ce qu'ils ont fait, ils se sont dégoûtés de la » culture qu'ils avaient essayée. »

On a encore vu des cultivateurs acheter un certain nombre de bestiaux, faire venir de loin le fourrage nécessaire pour les nourrir et n'obtenir aucun bénéfice, pendant les trois premières années du défrichement. Il est néanmoins probable qu'ils auraient récupéré leurs avances, dans la suite, s'ils avaient eu le bon esprit de convertir leurs terrains défrichés en prairies; mais la plupart d'entre eux, oubliant que la bruyère a besoin, dans son état naturel, d'une plus grande quantité d'engrais et qu'il faut le renouveler plus souvent, ont voulu soumettre leurs terres défrichées à la culture qui convient à de bonnes terres. Pour avoir négligé de multiplier les prairies artificielles, ils n'ont pu augmenter la quantité du fumier, en entretenant un plus grand nombre de bestiaux. Le fumier leur a manqué; ils en ont acheté et fait venir de loin, et leurs récoltes n'ont pas valu les frais de la culture.

M. Van der Mey nous apprend que le défrichement du terrain qu'il a cultivé lui-même, avait été commencé et entrepris par un particulier, qui paraissait avoir senti la nécessité de remédier aux défauts naturels, qui sont les causes de l'infertilité des landes. Il assura l'écoulement des eaux, égalisa le terrain, dans quelques endroits, et plusieurs morceaux de terre furent foncièrement amendés par le produit d'une fabrique que le même particulier, M. Salin, y avait établie. Il faisait venir annuellement quelques milliers de sacs de cendres de bois, qu'il répandait sur son terrain, après les avoir lessivées. Il en est résulté que les pièces ainsi amendées se trouvaient encore, après vingt-cinq années consécutives, en nature de prés. M. Van der Mey y récolta lui-même jusqu'à cent quintaux d'excellent foin par bonnier, sans qu'il y parût dès lors une seule plante de bruyère (1). Son prédécesseur entretenait un plus grand nombre de bestiaux qu'on n'a coutume de le faire dans la bruyère. Il avait essayé la culture de la luzerne, qui y avait réussi, mais que l'ignorance ou les préjugés avaient fait détruire après son départ. M. Van der Mey en trouva cependant encore plusieurs plantes vigoureuses très-florissantes, ce qui lui fit croire que cet excellent fourrage pouvait être cultivé dans les landes aussi bien que le trèfle. Le genêt épineux, semé par son prédécesseur, fut plutôt nuisible qu'utile. L'auteur que nous venons de citer compte qu'il faut trois cents charretées d'argile pour amender un bonnier.

Le genêt est extrêmement utile pour assurer des semis de bois. Il pivote profondément et, par conséquent, il ne peut être nuisible aux jeunes plants; il les protége, au contraire, par son ombre, et c'est sous cette plante qu'on voit germer le plus de semences. Le genêt les défend aussi des chenilles, dont il est l'antidote. Lorsque le bois est grand, il étouffe à son tour, par son ombre, le genêt dont il n'a plus besoin.

Nous avons vu que les labours profonds sont également nécessaires pour assurer la bonne croissance du genêt, plante à racines pivotantes.

Le sol une fois ouvert, par le soc ou la bêche, à une grande profondeur, comme nous l'avons indiqué, les pluies le pénètrent dans toute cette profondeur. L'eau s'écoule peu à peu, après avoir séjourné trop bas pour faire tort aux racines des récoltes, qui végètent dans les couches supérieures. La même quantité d'eau pluviale, qui aurait noyé les 10 centimètres labourés à la surface, s'imbibe peu à peu, jusqu'à la profondeur de 40 centimètres, en tenant la terre plutôt fraîche que trop humide. Si les pluies cessent, cette humidité inférieure se conserve en

(1) P. 17.

dépôt, pour nourrir les racines à la surface, quand survient la sécheresse. Ainsi, la pratique tant recommandée des labours profonds est tout à la fois une ressource pour dessécher les terres et pour les maintenir dans un état de fraîcheur convenable. Un tel fait frappe nos yeux, tous les jours, dans les jardins, sans que nous le remarquions.

Bien qu'il soit très-avantageux pour le défrichement de défoncer et remuer la terre, à une grande profondeur, on ne doit pas regarder les labours très-profonds comme étant habituellement nécessaires. A moins d'avoir en vue un objet tout spécial, les labours peu profonds sont généralement suffisants dans les terres légères. Il est bien entendu que, de temps en temps, l'opération de défoncer le terrain, de la manière que nous venons d'indiquer, doit être répétée lorsqu'elle redevient utile. Les couches supérieures du champ dans lesquelles les plantes doivent germer et d'où elles doivent tirer la plus grande partie des substances propres à leur nutrition, seront mieux amendées par une quantité donnée de fumier, que si cette quantité était mêlée à une plus grande partie de terre. Les principes fertilisants des fumiers descendent toujours par l'effet des eaux : c'est une raison pour que les labours, par lesquels on enterre le fumier, soient très-peu profonds.

Plus tôt on chaulera les terres des landes, après leur défoncement, et mieux on réussira, à tous égards. La chaux n'agit jamais mieux que lorsqu'elle est intimement mêlée au sol et près de la surface. Son action fertilisante grandit à mesure que cette union est plus intime. Il faut donc la répandre le plus tôt possible pour lui donner le bénéfice de tous les labours subséquents. Il convient de ne jamais répandre la chaux, avant de l'avoir réduite en poussière. On doit la herser et l'enterrer à la charrue très-promptement, pour ne pas lui donner le temps de se réunir en petites masses par l'effet de l'humidité; ce qui arrive lorsqu'elle est mal éteinte. Ces petites masses, aussi dures que la pierre, ne peuvent plus se diviser. Nous faisons cette observation, parce que le temps pourrait manquer pour l'application de la chaux en compost argileux, ce qui est toujours bien préférable dans les terres légères et sablonneuses, comme nous l'avons dit.

Mais lors d'un défrichement sur une grande échelle, on n'a pas toujours le loisir d'extraire l'argile dès le début, tandis qu'il faut se hâter de semer des plantes fourragères pour la nourriture du bétail. En Angleterre, on a mis en pratique la méthode de couvrir de terre la surface du sol, non-seulement sur les terrains marécageux, mais encore sur les sables sans consistance.

Le duc de Bridgewater a effectué, d'après cette méthode, une amélioration très-considérable. Il a couvert un vaste terrain de débris de houille, qui sont propres à fertiliser les sables, par les sels ammoniacaux et autres qu'ils contiennent. Ils réussissent bien aussi dans les terres tourbeuses. La méthode de couvrir d'argile ou de marne la surface des bruyères a été fortement recommandée par un écrit relatif aux améliorations du Huntingdonshire.

M. Bodwell, en Suffolk, entreprit de couvrir d'argile et de marne une étendue extraordinaire de bruyère. Dans le cours de deux baux, comprenant un espace de 28 ans, il a couvert d'argile et de marne 820 acres (328 hectares), et il a employé 140,000 tombereaux de terre, qui, à raison de 8 ½ deniers par yard cube, lui ont coûté 4,958 liv. st. (118,992 francs). Ayant conclu un troisième bail, dans l'espace d'environ 49 semaines, il a employé encore 11,275 yards cubes d'argile, pour couvrir le sol. Il préfère l'argile à la marne dans les sols sablonneux, dont quelques-uns ne sont qu'un sable grossier et très-pauvre. Le résultat fut très-satisfaisant : la rente du domaine s'accrut de 350 livres (8,400 francs), ce qui présente une amélioration foncière de 10,500 livres; et le public a joui d'un produit en grain, viande et laine, d'une valeur de 30,000 livres (720,000 francs) de plus, dans les 28 années qui ont suivi l'amélioration, que dans les 28 années précédentes (1).

(1) Sinclair, *Agriculture pratique et raisonnée*, t. I, p. 313.

Quel sujet de réflexion un fait semblable ne doit-il pas présenter à l'esprit des Belges, amis de leur pays! En Angleterre, un simple particulier, un fermier entreprend les travaux que nous venons de décrire; ici, en Belgique, le Gouvernement, qui peut disposer d'un moyen puissant pour le prompt défrichement des landes de la Campine, l'emploi de l'armée, semble hésiter à marcher dans la voie féconde qui s'ouvrirait ainsi pour la Belgique!

XI. ASSOLEMENT.

Le mode de culture qu'exigent certaines plantes et la manière dont elles se nourrissent dans la terre, font qu'elles réussissent plus ou moins en succédant à telle ou telle autre plante. Cette considération, jointe à celle du choix des plantes qui réussissent dans les sables, permet d'obtenir de la terre une suite de récoltes non interrompues qui, loin de nuire à la fertilité du sol, peuvent l'améliorer graduellement, dès qu'on l'aura entamé à la charrue.

Le but principal qu'on doit chercher dans le choix de l'assolement pour la culture des landes, c'est la faculté de produire, en abondance, des récoltes destinées aux bestiaux, car c'est le seul moyen de parvenir à fumer copieusement la terre et à la rendre plus fertile. La production des racines fourragères doit alterner avec celle des plantes graminées. L'abondance ne quittera jamais les terres, si les plantes dont les racines tirent leur nourriture de la partie supérieure de la couche végétale se remplacent par des plantes qui peuvent aller chercher leur nourriture dans les couches inférieures.

La terre de la surface, qui entretient les plantes graminées, renouvellera ses forces productives pendant qu'on cultive des plantes à racines pivotantes. Ces dernières vont s'assimiler et utiliser les sucs fertilisants que les pluies ont entraînés au fond du sol, pendant qu'il se forme à sa surface de nouveaux sucs destinés à son entretien. Les plantes parasites disparaîtront par le sarclage des récoltes de racines fourragères, et, au moyen de cette rotation variée de moissons, nous parviendrons à transformer en champs productifs nos landes ingrates, tout en les maintenant nets de mauvaises herbes.

Pour que le terrain, ainsi tenu en rapport continuel, ne s'appauvrisse pas, il faut s'attacher à le convertir momentanément en prairies artificielles.

Une grande diversité règne parmi les agronomes sur la proportion des prairies artificielles et des terres arables. Quelques-uns pensent qu'il faut y employer la moitié des terres, les autres, le quart; il en est qui proposent un terme moyen. En Norfolk, on y affecte généralement la moitié. Arthur Young propose deux tiers, dans certaines circonstances. « J'ai examiné, dit-il, nombre » de fermes sous ce rapport, et je suis convaincu, qu'en terres » très-fortes, les fermiers qui font les meilleures affaires sont » ceux qui ont autant de prés que de terres arables. Jamais, avec » des terres médiocres, l'étendue des prés ne peut être moindre » du tiers de la totalité. Si les terres sont de très-bonne qualité » et pas humides, un quart en prés peut suffire. »

Yvart décide cette question, en s'appuyant sur les vrais principes d'agriculture. « On peut, dit il, établir comme règle générale, que la proportion des herbages, dans une exploitation, » doit toujours être en raison inverse de la richesse du fonds et » des autres ressources locales qui servent à la subsistance des » animaux. Quoiqu'il ne soit pas possible de déterminer cette » proportion d'une manière fixe et invariable, on peut avancer » cependant, sans crainte de se tromper, qu'elle doit constamment y être forte; que, sous ce rapport, il ne peut y avoir d'inconvénient à pécher par excès, quoiqu'il y en ait beaucoup à » pécher par défaut. »

Il résulte des observations de ce célèbre agronome :

1° Que les prairies artificielles doivent être plus multipliées dans les terres d'une consistance médiocre que dans les bonnes terres;

2° Qu'à mesure que les prairies naturelles concourent à la

nourriture des bestiaux, il n'est pas nécessaire de conserver une aussi grande quantité de terre en prairies artificielles.

Ainsi, dans la Campine, où les terres sont mauvaises, où, d'après Yvart, il ne peut y avoir d'inconvénient à pécher par excès de prairies artificielles, nous pourrons, comme dans le Norfolk, leur consacrer la moitié des terres, en exceptant toutefois de cette règle les prairies où les irrigations que procure le canal ont créé des prairies, qui peuvent fournir un grand secours pour l'entretien du bétail.

Mais, pour employer en herbages la moitié des terres arables, il faut de fortes avances de fonds, qui exigent des ressources pécuniaires chez les cultivateurs.

Si l'on ne trouve à louer les prairies, on est forcé d'acheter le nombre suffisant de bestiaux pour en consommer le fourrage, et les frais qu'occasionne la construction des bâtiments sont très-dispendieux.

Les prairies artificielles seules ne peuvent jamais amener une grande amélioration. Dans tout bon assolement, elles doivent se combiner avec la culture des plantes sarclées, sur lesquelles il faut faire rouler l'alternation, si l'on ne veut voir la terre s'empoisonner d'herbes nuisibles, qui réduiront les récoltes de grains à de chétifs produits.

On a reconnu que toute espèce de plante épuise beaucoup plus le sol, si on laisse venir les graines à maturité, que si on les fauche vers la floraison. On peut donc admettre, au point de vue des plantes fauchables, en général, que l'épuisement du sol est d'autant moindre que ces plantes sont coupées à une époque moins avancée de la croissance. Cette considération est sérieuse, quant à la culture améliorante des landes. Aussi voyons-nous les agriculteurs campinois, qui fondent leur principale ressource sur leurs bestiaux et sur les produits qu'ils en retirent, semer tous les huit jours, pendant les mois de mai et de juin, et souvent plus tard, une certaine étendue de terrain en spergule et en sarrasin, destinés à être mangés en verts comme supplément au trèfle.

Ils augmentent ainsi leur fourrage disponible et, par suite, la quantité d'engrais qui augmente, à son tour, la force productive du sol. Guidons-nous donc d'après cette considération, en choisissant nos assolements. La spergule et le sarrasin, que cultivent de préférence les Campinois, sont les plantes qui conviennent le mieux à l'amélioration d'un sol aride, parce qu'elles suppléent à l'insuffisance de la nourriture qu'elles reçoivent par leurs racines, en la tirant, en majeure partie, de l'atmosphère par leurs feuilles et leurs tiges.

Loin d'épuiser le sol, ces plantes, fauchées avant la floraison, nous permettent, lorsqu'elles sont consommées, de diriger la culture de manière à rendre plus au sol, par les engrais, que nous ne lui avons ôté, par les récoltes.

On a dit que les circonstances font les assolements : les circonstances, dans une entreprise de défrichement, sont l'urgente nécessité d'améliorer un sol pauvre; or, nous ne parviendrons à l'améliorer que par un bon assolement, base d'un système durable qui rende suffisamment à la terre, tout en donnant au cultivateur un produit satisfaisant. Ce qu'il faut dans la culture des landes, c'est l'obtention de produits qui eux-mêmes servent à en créer de nouveaux.

La science agricole indique et emploie pour un sol sablonneux, léger, meuble, sec, facile à travailler, beaucoup plus de moyens d'amélioration qu'on ne peut en employer aux terres tenaces et humides. Schwerz nous dit que, dans une terre légère, on peut faire ce que l'on veut, tandis que dans une terre forte, on fait ce que l'on peut.

Le sol des bruyères, cultivable par tous les temps, permettant des semailles hâtives et tardives, est susceptible de bien des choses qu'on ne peut hasarder avec tout autre. Dans les terres légères, et sous un climat pluvieux, comme celui de la Campine, une récolte dérobée de navets ou de carottes a les plus belles chances de réussite, tandis qu'elle ne se produirait qu'en petit sur une terre tenace, tantôt trop humide, tantôt trop sèche et où il faut choisir le moment précis de cultiver.

Schwerz regarde comme une circonstance très-importante la quantité moyenne de pluie qui tombe dans une contrée. « De là, » dans quelques endroits, une si belle végétation d'herbe, de si » beaux trèfles, tandis qu'ailleurs, même sur un sol convenable, » il est rare de les rencontrer, s'il n'a pas beaucoup plu en mai » et en juin. Sans l'humidité de leur climat, il faudrait bien que » les Anglais renonçassent à leurs turneps, à leurs champs en » pâturages, à leur trèfle et à leur froment, dans les sables de » Norfolk, comme les habitants des montagnes de l'Allemagne » seraient forcés de renoncer au système de culture d'Egart, » système où les terres sont périodiquement mises en pâturages » d'herbe. Ici le fourrage croît naturellement, tandis qu'ailleurs » la culture n'en obtient que de pauvres récoltes. »

Le même auteur dit aussi qu'il y a, mais par exception, des sables si fertiles qu'ils peuvent donner des prés durables et de bonne qualité. La règle est qu'en labourant, on peut tirer du sable le plus haut produit. Sa culture facile et la diminution de frais qui en résulte, l'avantage de pouvoir le travailler en toute saison, même en hiver, font que les fermiers y réussissent souvent dans leurs affaires. Avec un assolement bien choisi, les terres de sable produisent seules peut-être plus que si on y joignait des prés; et comme les fourrages artificiels suffisent à l'entretien du bétail, le sol, amélioré par la culture alterne, finit, après un certain nombre d'années, par devenir propre à la culture des grains. Longtemps ce principe a été combattu par les écrivains agricoles; ils s'opposaient opiniâtrément à ce que les pâturages sur des terres de sables fussent rompus; mais le bon sens des cultivateurs l'emporta à leur avantage.

Les écrits d'Arthur Young nous apprennent que, « dans un » espace de 70 ans, toute la partie occidentale de Norfolk, qui » était en pâture de moutons, a été changée en bonne terre à » grains. Longtemps encore les fermiers, qui avaient rompu la » majeure partie de leurs pâturages, furent d'opinion qu'il fal- » lait laisser une partie de chaque ferme dans son état primitif; » mais ils revinrent insensiblement de cette idée et apprirent à

» connaître de mieux en mieux leurs intérêts. D'année en année, » ils diminuèrent l'étendue des pâturages qu'ils avaient encore » réservés aux bêtes à laine; au point qu'on trouve aujour- » d'hui des fermes qui n'ont absolument aucun pâturage. Il en » est de même en Suffolk. Que l'on compare maintenant les » heureux résultats qu'ont obtenus les fermiers de ces deux pro- » vinces avec ce qui a été écrit, il y a environ 20 ans, sur la » nécessité de conserver les pâturages des bêtes à laine, et l'on » sera convaincu que les raisonnements de tous ces écrivains » n'avaient absolument aucune valeur. »

Ces considérations, soutenues par les avantages inhérents à l'humidité du climat et à celle qui appartient naturellement au sous-sol des landes, nous paraissent si péremptoires, au triple point de vue de l'économie générale de l'exploitation, de la bonne végétation de l'herbe et de l'emploi des attelages pour charrier l'argile, qu'elles nous engagent à proposer l'introduction de l'agriculture pastorale mixte, comme étant le meilleur système à affecter au défrichement de la Campine, et peut-être aussi le meilleur à maintenir après le défrichement. Schwerz a appelé de ce nom l'agriculture dans laquelle les herbages et les céréales se succèdent alternativement, mais à quelques années d'intervalle, et non pas tout de suite, d'une année à l'autre.

Sinclair dit qu'on ne saurait trop répandre le principe de ne jamais semer de grains que si on sème, en même temps, un pré artificiel, ou qu'on rompe celui-ci.

Ce système, très-avantageux à l'amélioration des terres, mérite d'être pris en considération. Le terrain des landes peut produire immédiatement des trèfles, à moins que la chaux ne lui soit refusée. Comme il importe cependant de couvrir les sables et de les fixer le plus tôt possible, il nous paraît convenable de mettre la moitié des champs alternativement en prés. Trop de prairies produisent disette de paille, mais un sixième en seigle et un sixième en avoine sur l'étendue totale de l'exploitation, nous fourniront assez de paille pour l'entretien du bétail de l'exploitation.

Il importe moins, au début du défrichement, de diriger l'assolement de manière à obtenir des profits par la vente des récoltes, que de donner de la fertilité à la terre et de la maintenir, car la mise en bon état du sol des landes est de soi-même le plus beau profit qu'on puisse y obtenir. C'est un point sur lequel on ne saurait trop bien fixer l'attention ; en effet, il arrive souvent qu'après avoir beaucoup et longtemps travaillé à mettre une étendue de landes en bon état, on cherche à se rembourser de ses frais par une suite de récoltes épuisantes, qui font retomber la terre au même point de stérilité d'où on l'avait tirée. Un principe qu'on ne devrait jamais perdre de vue, c'est de ne point demander une récolte épuisante à une terre qui n'est pas en bon état ; car une telle récolte, dont le produit est beaucoup au-dessous du médiocre, constitue une perte réelle, et l'espérance de tirer parti du présent même, aux dépens de l'avenir, se trouve déçue.

Nous proposons donc de mettre aussi promptement que possible le terrain en prés ou pâturages. Le sol se fixera ainsi par les racines fibreuses des herbes dont le gazon est formé, et il demandera moins d'engrais, tout en fournissant à l'alimentation des bestiaux. *On peut amender les terres mises en prairies, au moyen de composts argileux, qui servent à la fois d'engrais fertilisants pour l'herbe et d'amendement pour le sol.*

Il serait dangereux cependant de s'empresser de mettre les terres en prés avant de leur avoir fait subir une préparation suffisante. Dans l'enfance de l'agriculture anglaise, on était convaincu qu'un terrain soumis à la charrue ne devait être mis en pré que s'il refusait absolument de donner des grains. On est revenu de cette erreur; et, aujourd'hui, il y a très-peu d'agriculteurs qui n'apprécient la prodigieuse différence de produits que présentent, après quelques années, les prés établis au moment où la terre était dans le meilleur état possible, et ceux qu'on a créés sur des terres médiocrement préparées. Cette différence est trop sensible pour qu'on n'y prenne point garde dans les entreprises de défrichement.

En Norfolk, où l'alternat des terres en prés est général, elles portent le trèfle depuis si longtemps que, malgré le soin de ne le faire revenir, au plus, que de quatre en quatre ans, elles paraissent s'en lasser au point que, sans l'addition du ray-grass, on ne pourrait faire durer les prés artificiels deux années consécutives. Au second printemps, le trèfle disparaît presque entièrement; mais cette association des deux foins est admirablement calculée. Les prés de première année nourrissent les chevaux, puis les bêtes maigres, et les prés de seconde année complètent d'abord l'engrais des bœufs, et servent ensuite aux pâturages des chevaux. On ne fait aucune distinction quant au sol, et on sème le trèfle mêlé au ray-grass sur toutes les espèces de terrain. Dans la succession des récoltes, ils se sèment en même temps. Quelquefois, mais très-rarement, ils se sèment sur le blé, au printemps.

Le moment de semer est singulièrement choisi : ce n'est ni le même jour que l'orge, ni après que l'orge est levée, mais entre sa semaille et sa levée. L'humidité que le labour de la semaille de l'orge ramène à la surface paraît suffire pour faire lever le trèfle et le ray-grass, mais elle ne suffit point à les faire croître quelque temps, si la pluie tarde à tomber. Lorsqu'on sème les graines de foin sur la surface déjà sèche, à un certain point, leur végétation ne commence à poindre qu'à la première pluie, et les plantes ont alors la force de se soutenir jusqu'à ce que les jeunes tiges de l'orge les protégent de leur ombre. Pendant le premier automne, on ne laisse point pâturer les moutons ; mais lorsque la saison est sèche et le sol ferme, on y met le jeune bétail. Quelques fermiers y répandent du fumier ou du compost, pendant le premier hiver.

Il est rare que le trèfle se coupe deux fois, si ce n'est pour recueillir la graine. La seconde récolte est pâturée par les chevaux, puis par les bêtes maigres, qui ont besoin de cette ressource lorsque les ray-grass ont été rompus, pour semer du blé.

Les prés artificiels de seconde année sont toujours pâturés en Norfolk. La pousse du printemps est particulièrement destinée, comme nous l'avons vu, à achever l'engrais des bestiaux. Dès le milieu de juin, lorsque toutes les bêtes grasses sont vendues, on met les maigres dans les prés de ray-grass, jusqu'au moment où on les rompt, ce qui varie, de juillet à octobre, selon la rareté ou l'abondance des fourrages.

L'introduction d'une agriculture de ce genre nous paraît convenir dans les landes, partout où nous ne pouvons former assez de prairies naturelles. Nous aurons ainsi pour prairies nos terres, et pour terres améliorées nos prairies, dont nous couvrirons le gazon, au moment de le rompre, d'une couche épaisse d'argile, recouverte elle-même de fumier.

Schwerz veut que l'industrie de l'homme concorde avec la marche de la nature, pour que celle-ci se charge d'une partie de l'œuvre et que tous deux se rencontrent à mi-chemin. Il dit que cette vérité se montre à l'évidence dans l'agriculture que nous proposons ici pour nos landes, quand toutefois l'avarice de l'homme ne le porte pas à trop prendre et à trop peu restituer. Si même le produit brut d'une semblable agriculture n'équivalait pas à celui d'une autre, où la charrue remue constamment la terre, son produit net n'en dépasserait pas moins celui-ci, d'après l'agronome allemand. Lorsque le sol est divisé en portions égales, dont on laisse alternativement reposer la moitié pour servir de pâturage au bétail, on épargne la moitié de la dépense en attelages, domestiques, instruments d'agriculture, transport d'engrais, grains de semence, frais et transport de récolte et dépense de battage. Comme ces objets enlèvent au moins les deux tiers du produit brut et ne laissent, par conséquent, qu'un tiers pour rente nette de la terre, il est probable que le produit de la partie en friche l'emportera sur celui de la partie cultivée. Cet excédant deviendra d'autant plus considérable que les terres seront plus difficiles à cultiver, qu'elles seront plus éloignées, que les attelages et les domestiques seront, comme on le voit souvent, dans les grosses fermes, en proportion inférieure aux besoins.

La conversion des pâturages en terres arables est pratiquée par les bons cultivateurs de la Campine. Le curé Thys nous apprend, à la page 285 de son ouvrage, que les récoltes qu'on y sème y croissent vigoureusement; il cite le froment, l'orge, l'avoine, le trèfle, et recommande l'usage de la chaux.

Il est tout naturel de conclure de ceci que, lorsque le sol et le climat sont favorables à la croissance de l'herbe, et que des motifs particuliers ne demandent pas les autres systèmes de culture, comme, par exemple, le voisinage d'une ville, une population nombreuse, une terre très-fertile, la facilité de se procurer des engrais à bas prix, il est, disons-nous, très-naturel de conclure que l'agriculture pastorale mixte mérite la préférence sur toutes les autres. Ces diverses circonstances se présentent toutes dans la Campine, et leur coïncidence doit nous porter fortement, semble-t-il, à adopter pour le défrichement le système agricole que nous proposons ici. Les très-petites exploitations peuvent seules faire exception.

Un autre avantage de l'agriculture pastorale mixte, c'est l'économie de paille qu'elle fait pendant l'été, ce qui la met à même de donner une abondante litière en hiver, ou d'en fourrager une partie. Les champs ne perdent pas non plus l'engrais produit pendant l'été, comme cela a lieu avec les pâturages pérennes. Les avantages ultérieurs sont : une plus grande simplicité dans les opérations, plus de facilité dans la surveillance et de liberté dans le choix de l'assolement. Manque-t-on, par exemple, d'engrais pour fumer complétement une des soles à rompre, ou peut-on l'utiliser mieux ailleurs? On laisse subsister le pâturage, un an de plus, au profit du bétail. La même chose a lieu si on gagne moins à cultiver des céréales qu'à faire des élèves; ou si, parmi les différentes soles, l'une se montre plus propre à la production des herbes, et l'autre à celle des céréales.

L'agriculteur peut donc fixer son choix sur l'objet qui lui promet le plus de bénéfice, sans pour cela interrompre le cours de sa marche ordinaire. Il peut se décider entre l'éducation des bêtes à cornes et celle des bêtes à laine. D'après Schwerz, les terrains en friche fournissent une herbe sinon aussi abondante que celle des prés ou d'autres terrains constamment en herbe, du moins plus nourrissante et plus saine, et partant plus convenable aux bêtes à laine. Lorsque le terrain est sec et léger, il ne peut être mieux employé qu'à cet usage, et le piétinement des animaux tasse ce sol léger et le rend plus propre à la culture des céréales.

On ne peut espérer que le terrain en friche se gazonne dès la première année, ni même complétement la seconde, s'il n'est d'abord dans un très-bon état de culture, et si l'on n'a pas eu soin de l'ensemencer en trèfle et en bonne semence de graminées.

Il n'existe point de système qui n'ait son mauvais côté. Le système pastoral mixte favorise l'amélioration du sol des landes, en le laissant reposer, mais la culture des céréales y est restreinte, et la production des pailles demanderait plus de développement. En produisant du bétail, on peut compenser bien aisément ce désavantage, car le prix de la vente de quelques bœufs suffirait largement pour l'acquisition des pailles qui pourraient manquer. Plus tard d'ailleurs, les récoltes de céréales, quoique moins nombreuses, donnent une compensation par la richesse de leurs produits, du moins sous le rapport de leur produit net, car le travail et le grain de semence y figurent au moins pour un quart. Mais ceci n'a pas lieu la première année, ni même dans le cours de la première rotation, et ne peut commencer qu'avec la seconde.

Dans l'assolement, il faut avoir égard au nombre de récoltes de céréales qu'il est possible de faire, tout en laissant la terre en bon état, pour ne pas trop diminuer sa faculté graminifère; il faut avoir égard aussi au temps que cette faculté peut durer, sans que le gazon se charge de mousse, de joncs, de genêts, ou de bruyères. D'un autre côté, lorsque la série des années de pâture n'est pas assez considérable, la terre n'a pas le temps de se reposer, c'est-à-dire d'acquérir la consistance nécessaire et d'étouffer le chiendent.

Dans la Westphalie, pendant l'hiver de la seconde à la troisième année, le pâturage est recouvert de limon et de terre; ces substances sont mises en petits tas et répandues au printemps suivant. La croissance de l'herbe en est accélérée à la troisième année, et la terre se prépare à recevoir les céréales. Dans l'arrière-été, lorsque la première pousse de l'herbe est broutée, on répand du fumier d'étable que l'on enterre légèrement avec la couche de gazon. L'on ne herse point, afin que les sillons restent visibles, et, au second labour, la charrue suit exactement la même trace qu'au premier; mais elle entame la terre plus profondément, de sorte que le gazon et le fumier sont ramenés à la partie supérieure, mais recouverts de la terre du fond. Après cela, on sème le blé et l'on herse. La récolte faite, on donne un labour qui ne rompt que la partie supérieure du sol; on herse ensuite et on laboure à la profondeur convenable. On sème, pour la seconde fois, du blé dont les racines, trouvant la couche de gazon et de fumier ramenée à la surface, n'ont pas besoin d'autres engrais. A la suite de cette seconde moisson, les chaumes sont légèrement retournés (*gescheld*, c'est-à-dire pelés), et, s'il est possible, cette opération est répétée. On donne encore un second labour avant l'hiver. Au printemps suivant, on herse, on répand un peu de fumier; on sème des fèves par-dessus, et le tout est enterré à la charrue. Les fèves sont suivies de blé non fumé, et de trèfle, le plus souvent hors de pâture. Il est inutile de dire que cette culture n'est suivie que sur de très-bonnes terres, mais on pourrait, nous semble-t-il, l'appliquer, par analogie, pour obtenir deux récoltes consécutives de seigle, en rompant les prés dans la Campine. Schwerz regarde comme une prodigalité de fumer les prairies; mais il envisage aussi comme une économie bien entendue, de donner au sol beaucoup d'engrais, avant de le convertir en prairies.

Arthur Young dit, dans son *Calendrier du fermier*, que pour rétablir une terre appauvrie qui ne peut plus produire, ou qui a été mise en mauvais état, par suite d'une culture défectueuse, il n'y a pas de meilleur moyen que de la mettre alternativement en céréales et en pâturages; il ajoute qu'au bout de cinq à six ans, le champ paraîtra avoir acquis une nouvelle nature et qu'il étonnera le cultivateur par ses belles récoltes de céréales.

Le même auteur cite, dans son *Traité des assolements anglais*, plusieurs exemples d'assolement : nous en rapportons quelques-uns ici, pour des terres analogues à celles de nos landes :

Dunes de Berkshire.

1re *année*. Turneps.	3e à 6e *année*. Herbages.
2e — Avoine.	

Suffolk, dans un sable sec.

1re *année*. Turneps.	3e à 5e *année*. Pâturages.
2e — Orge.	6e — Seigle.

Dunes de Hampshire.

1re *année*. Blé sur terrain écobué.	4e *année*. Herbes à faucher *(ray-grass)*.
2e — Orge.	5e — Pâturages.
3e — Avoine.	

En Northumberland, les récoltes diminuaient à chaque rotation, par suite d'un assolement de quatre ans. Pour rétablir les terres, on les ensemença de trèfle et de graminées, en les abandonnant pendant trois ans aux moutons. On les cultiva ensuite, pendant le même nombre d'années. Au bout de trois années de pâturage, les turneps réussirent de nouveau, comme il arrive toujours dans un terrain nouvellement rompu, et on gagna beaucoup, par la transformation du système d'assolement en système pastoral mixte.

Olivier de Serres nous apprend que la méthode de mettre certaines espèces de terres alternativement en céréales et en pâturages était pratiquée, en France, depuis bien longtemps. « Voyant, » dit-il, votre pré ne rapporter à suffisance, ne soyés si mal avisé » de le souffrir avec si petit revenu ; ainsi, lui changeant d'usage, » le convertirez en terre labourable ; en quoi profitera plus en » un an, produisant de beaux blés et pailles que de six en foin. » Dont estant le fond renouvelé, au bout de quelques années, » sera remis en prairies, etc. »

Tous ces motifs et les exemples que nous avons cités nous paraissent suffisants pour recommander l'alternat de la moitié des terres en prés. Cette proportion ne s'éloigne guère de la moyenne pour la Belgique entière. En effet, sa contenance en terres labourables est de 1,463,663 hectares; en pâturages de 544,162, un peu plus du tiers. Mais en ajoutant à ces pâturages les 227,482 hectares de bruyères, broussailles, terrains essartés, marais, fanges et terrains vagues, qui servent également au parcours du bétail, ainsi qu'une partie des bois et forêts, comprenant 539,128 hectares, parce que les bois défensables servent souvent de pâture aux bêtes aumailles, surtout dans les provinces de Hainaut, de Liége et de Luxembourg, nous pensons que la proportion des pâturages aux terres labourables s'élève bien à la moitié, en moyenne, pour toute la Belgique.

En commençant le défrichement, avant de pouvoir suivre toutes les règles que la science agricole nous indique pour un bon assolement, nous devons adopter une première rotation de succession de culture, spécialement destinée à mettre en bon état de fertilité les terres de nos landes, tout en nous procurant la nourriture et les pailles nécessaires aux animaux. Nous justifierons ainsi le précepte si vrai de Morel de Vindé : *les circonstances font les assolements*. Le premier point dont nous devons nous préoccuper dans le choix des récoltes, c'est de donner le plus tôt possible à toutes nos terres un bon état de fertilité, à l'aide de fumier provenant des premières récoltes. Ce fumier ne devra généralement s'employer qu'en compost argileux, attendu que la terre trop poreuse des landes laisse échapper très-facilement, par la volatilisation, les gaz fertilisants contenus dans le fumier. Mais si l'argile se mêle au fumier, elle absorbera et retiendra fortement les gaz qu'elle conservera longtemps à la terre, au profit de la végétation des plantes.

En prenant donc la terre telle qu'on la trouve, sous le rapport de sa composition et du degré de fertilité des landes, il est bon de déterminer son assolement et de n'adopter un système de culture plus parfait qu'après une amélioration de plusieurs années consécutives. Il en résultera sans doute, une augmentation de dépense, pendant un certain temps, mais cette dépense amènera des profits proportionnés aux avances.

Nous indiquons ici deux successions de récoltes qui remplissent, en majeure partie, les conditions que nous venons de signaler, au sujet de l'assolement. Ces deux rotations s'appliquent, chacune, à la moitié des terres défrichées par année :

1re *année.*	Pommes de terre.		1re *année.*	Avoine et trèfle (1).
2e	—	Seigle et carottes.	2e —	Trèfle et herbe.
3e	—	Avoine et trèfle.	3e —	Pâturages.
4e	—	Trèfle et herbe.	4e —	Pâturages.
5e	—	Pâturages.	5e —	Pommes de terre.
6e	—	Pâturages.	6e —	Seigle et carottes.

La récolte de pommes de terre réussit très-bien dans les landes nouvellement défrichées ; elle prépare le sol pour le seigle, et l'on est sûr d'en avoir une belle récolte, après celle de ce tubercule. La pulvérisation et le nettoiement complet du sol sont d'un avantage incontestable pour la semaille des graines de trèfle et de prés, dans l'avoine, après les carottes.

On peut, selon les besoins de la consommation, semer de la spergule, de l'avoine et du sarrasin pour les faucher et les donner en vert pour fourrages, ou les enfouir comme engrais.

Les récoltes qui conviennent le mieux, immédiatement après un pré rompu, sont celles qui peuvent se semer ou se planter sur un seul labour; le lin, les pommes de terre, l'avoine, le colza sont dans ce cas.

Le lin est la plus riche récolte qu'on puisse faire sur un pré rompu. Mathieu de Dombasle dit n'avoir jamais vu de plus beaux lins que ceux qu'il a cultivés sur un seul labour, à 5 ou 6 pouces de profondeur, donné en mars et ensemencé de suite.

Les gazons pourrissent parfaitement sous cette récolte, et la terre est très-bien préparée pour les récoltes suivantes.

(1) Pour assurer la croissance du trèfle, on alternera l'emploi de l'engrais liquide avec celui du plâtre, d'après ce que nous avons dit en traitant des engrais.

Les pommes de terre donnent ordinairement une récolte abondante sur un pré rompu, à 6 ou 8 pouces de profondeur. Pour ne pas ramener les gazons à la surface, il faut planter les pommes de terre à la bêche et les cultiver à la houe à main. Dans l'assolement de six ans, que nous proposons, les pommes de terre se présentent sur un pré rompu.

L'avoine semée sur un seul labour de 5 à 6 pouces, dans un pré rompu, donne ordinairement une très-belle récolte.

Nous avons justifié la quantité de prés, portée à la moitié de l'exploitation, car la proportion à observer entre les prés et les terres labourables influe beaucoup sur le profit qu'on peut faire. Les pâturages sont, d'après Young, très-supérieurs aux terres (1). Il trouve mauvais que plusieurs fermiers aient très-peu de pâturages et que d'autres n'en aient point du tout, et dit n'avoir jamais vu le défaut contraire, celui d'en avoir trop.

Notre système offre encore cet avantage qu'après six années de rotation de culture pour l'amélioration du sol, il laisse toute facilité d'adopter l'assolement le plus convenable, parce que la terre mise en pré, pendant trois ans, aura été amendée au moyen de l'argile qu'on y aura transportée, en grande quantité, avant de labourer pour rompre le gazon.

En cultivant de manière que les mêmes champs soient alternativement convertis en prairies et mis en terres arables, nous pourrons obtenir, dans nos landes, un résultat bien important, celui de rendre la production moins précaire et moins incertaine, car des produits tels que la viande de boucherie, le lait, ou plutôt le beurre, sont beaucoup moins exposés à l'influence des saisons et des phénomènes atmosphériques. D'ailleurs l'écoulement de ces produits est le plus assuré en Belgique et pour l'exportation, car la viande de boucherie et le beurre trouvent toujours leur placement et sont recherchés sur nos marchés; et, dans le cas où il y aurait encombrement, la ville de Londres leur ouvrirait un large débouché.

(1) *Le Cultivateur anglais, ou Œuvres choisies d'Arthur Young*, t. IX, p. 343, édition de Paris, 1801.

La Belgique, l'Angleterre et l'Allemagne, qui ont amélioré leur agriculture en imitant celle de la Flandre, puisèrent dans la culture en grand des racines fourragères le moyen d'utiliser des terrains qui, sans cela, seraient restés sans valeur. Cette culture laisse le sol dans un état si satisfaisant, qu'on peut être sûr d'y faire ensuite une récolte abondante de céréales et de trèfle, qui est une excellente préparation pour le froment. Il est évident que les avantages résultant de la culture en grand des racines fourragères sont très-supérieurs à leur valeur comme nourriture des bestiaux. Dans les terres sablonneuses, le moyen le plus sûr de produire une grande quantité de grain, c'est de n'en pas trop cultiver. Pour récolter des blés, on doit, au préalable, semer du trèfle et des racines fourragères.

Il est certain qu'on n'obtient des engrais en quantité suffisante qu'en faisant entrer dans la succession des récoltes des productions propres à nourrir abondamment les bestiaux; et cette marche, la nature l'indique si bien que les productions destinées à nourrir le plus grand nombre de bestiaux sur un sol donné, sont précisément celles qui disposent le mieux la terre à porter des grains, indépendamment même des engrais produits.

Quand nous en serons au défrichement de nos landes de la Campine, ne portons pas trop nos vues sur la production des grains; comptons plus sur la richesse qui résulte de la multiplication des bestiaux et sur la plus grande valeur des terres bien amendées et bien mises en état. Dans une bonne agriculture, on ne saurait séparer la rotation qui produit abondamment les grains de celle qui multiplie les bestiaux. Ces considérations nous portent à nous rapprocher du système adopté en Norfolk, comme étant celui qui, sur une terre des plus médiocres, réussit à nourrir le plus de bestiaux et à produire le plus de grains.

Sinclair recommande, en général, le système de culture alterne, dans lequel une partie d'une ferme est employée à produire des grains, tandis qu'on cultive sur le reste des herbages et des récoltes vertes. « Par le moyen des récoltes de grains, dit-il, on » se procure une suffisante quantité de paille, en partie pour la

» nourriture du bétail, mais surtout, dans le système d'agricul-
» ture perfectionnée, pour faire une abondante litière aux ani-
» maux, pendant qu'en même temps, on tire un bon profit de la
» vente du grain. Au moyen des herbages et des récoltes vertes,
» on entretient, en été et en hiver, une grande quantité de bé-
» tail; et, lorsqu'avec une nourriture abondante, ils reçoivent
» aussi une litière copieuse, on ne manque pas d'obtenir une
» quantité considérable d'excellents engrais. C'est pour cela que
» la culture alternative des récoltes destinées à la nourriture
» de l'homme et des animaux domestiques, doit être regardée
» comme indispensable pour la production de la plus grande
» quantité possible de grains et de viande sur tous les sols sus-
» ceptibles de culture. Les avantages de ce système ne peuvent
» être révoqués en doute que par les personnes qui n'ont pas eu
» occasion d'en observer les résultats. Ces deux branches de
» l'agriculture, lorsqu'elles sont réunies, au lieu d'être tenues
» séparées, contribuent puissamment à leur prospérité réci-
» proque. »

Mathieu de Dombasle considère également la conversion des terres arables en prés, et des prés en terres arables, comme une des opérations les plus importantes de l'agriculture, parce que le labour aide à en tirer un produit bien plus fécond que si on les laissait trop longtemps en prairies; tandis qu'au bout de quelques années, leur conversion en herbages les rend plus productives qu'auparavant.

Ce procédé a le grand avantage d'alterner les récoltes, en les ramenant à longs intervalles. S'il n'est pas toujours nécessaire, il est du moins toujours utile, en ce qu'il conduit à des résultats agricoles plus importants, procure une économie d'engrais et de travail et fait éviter une succession trop prompte de la même plante sur la même terre. C'est une remarque générale que les récoltes réussissent bien mieux dans un sol médiocre qui ne les a jamais produites ou de longtemps, que si elles revenaient à des intervalles trop rapprochés.

L'agronome de Roville dit qu'en rompant un pré, on doit déterminer le nombre et l'espèce des récoltes qu'on peut en tirer, d'après l'épaisseur de la couche de gazon qu'on a renversée, ce gazon formant un engrais très-puissant, plus ou moins durable, selon sa masse et aussi selon la nature de la terre.

Rien n'est plus propre, d'après Schwerz, pour maintenir un champ, avec le moins d'engrais possible, en force productive et en état de culture, que de lui donner, après quelques années de production de céréales, le temps de repos nécessaire pour se relier, et de le consacrer pendant ce temps au pâturage.

Les terres légères, lorsqu'elles sont en bon état, ne tardent pas à donner naturellement de bonnes herbes, qui nuisent ainsi à la production des grains. Il en résulte que des répétitions de labour et de sarclage deviennent souvent indispensables afin de parvenir à surmonter la force végétative des graminées, dont nous proposons de tirer parti, pour former un gazon qui devienne plus tard un engrais très-efficace.

Dans les années humides, les pâturages en terre légère sont préférables à ceux en terre forte. Ces derniers exigent bien plus de chaleur, au printemps, pour se débarrasser de la surabondance d'humidité de l'hiver; cependant ils redoutent moins la chaleur de l'été.

Les cultivateurs de la Campine ont un genre de culture auquel ils sont, en général, très-attachés. Plusieurs personnes, qui se sont fixées parmi eux, prétendent qu'il serait très-difficile et peut-être impossible de leur en faire adopter un autre, ou même de leur persuader qu'ils devraient y apporter quelques modifications. Les labours profonds et l'emploi de la chaux qui contrariaient les habitudes locales, ne se sont introduits qu'à la longue et bien lentement. Encore n'y sont-ils pas généralement admis.

La culture du seigle est la principale de la Campine; elle y occupe les deux tiers des terres arables; on le sème parfois, plusieurs années de suite, sur le même terrain, sans y intercaler d'autre plante.

Après le seigle, on sème le plus souvent des navets, de la spergule ou des panais. Le froment se sème dans les meilleures terres, après la récolte des pommes de terre, du sarrasin, de l'avoine, du colza, ou sur un trèfle bas et touffu (1), en employant le meilleur fumier.

On sème les trèfles dans l'avoine; le lin, à la fin d'avril, dans une terre très-propre, retournée profondément et bien fumée avant ou pendant l'hiver. L'orge d'été se sème à la même époque, en employant du fumier consommé.

MM. Jacquemyns et Voortman ont obtenu à Meerle, près de Hoogstraeten, des récoltes de colza fort belles. Le lin a également bien réussi chez eux. Les choux sont aussi une grande ressource pour l'entretien du bétail, ainsi que le sarrasin, pour enfouir comme engrais ou faucher comme fourrage. La culture du genêt est fort utile pour fixer les sables mouvants et faciliter celle des pins, parce qu'il aide beaucoup à soutenir et à lier les terres trop meubles. Il est étonnant que la culture en grand du genêt ne s'étende pas davantage dans la Campine, car les cendres qui en proviennent contiennent plusieurs substances fertilisantes qui manquent aux landes. Les cendres du genêt contiennent en effet, 26 % de chaux, 22 % de potasse et 13 % d'acide phosphorique.

Nous croyons utile de donner encore ici quelques indications de culture de terres analogues à celles dont nous nous occupons.

La province d'Overyssel présente une grande étendue de bruyères. La société de cette province, pour le développement du bien-être et des améliorations, en faisant connaître les produits qu'il convient de cultiver dans les différents terrains, recommande la culture de l'herbe dans les terres sablonneuses.

M. de Lichtervelde, dans son *Mémoire sur les fonds ruraux de la Flandre* (2), nous indique les opérations de la culture des terres mélangées de limon noir où le sable est dominant, dans les bassins de la Lieve, de la Caele et de la Langerlede. On y

(1) Thys, déjà cité, p. 257.
(2) P. 40.

cultive le seigle, le sarrasin, l'avoine, les pommes de terre, le lin, les carottes, le trèfle et les navets; le seigle après la récolte des pommes de terre. On donne deux labours profonds en planche, on enfouit la semence, à la herse, et on approfondit les rigoles d'écoulement. Au mois de février suivant, on y répand la graine de carottes, qu'on enfouit, par le moyen de branchages que deux personnes traînent sur toute l'étendue du terrain. Au mois de mars de l'année suivante, on y répand l'engrais liquide, et ensuite on arrache les mauvaises herbes.

Le sarrasin suit la récolte de l'avoine, en donnant un labour à sillons élevés, puis un léger labour à plat, et on y jette la graine, qu'on recouvre avec la herse, et on y passe le rouleau. L'avoine succède à la récolte des carottes ou des navets. Au printemps, au second labour à demeure, on enterre le fumier, et on sème l'avoine et le trèfle, qu'on enfouit à la herse, puis on passe le rouleau. Après le trèfle, on plante des pommes de terre; on renverse les gazons, on brise les mottes, on brûle les chevelus et on façonne la terre en sillons élevés pour la laisser reposer.

Au printemps suivant, on donne trois labours; au troisième on ensevelit le fumier, ensuite on plante les pommes de terre, en faisant, avec un large sarcloir, de petits trous espacés de 50 centimètres, en tous sens, et on y jette la pomme de terre; on la recouvre de 10 à 14 centimètres de fumier ou de terreau; on remplit le reste de terre et on bêche les points de contact du terrain. Lorsque les plants se sont levés de 10 à 14 centimètres, on y répand de l'engrais liquide, on sarcle les mauvaises herbes et on butte en même temps.

Le lin suit la récolte des carottes; on donne un labour profond en sillons élevés, et on laisse reposer la terre jusqu'au printemps, pour donner deux labours à plat, en enterrant le fumier au second; puis on répand l'engrais liquide et l'on herse; et, lorsque le terrain est bien uni et bien meuble, on ensemence, on herse, on passe le rouleau et on nettoie à la bêche les points de contact du terrain. Après que le lin s'est levé à 3 ou 4 pouces, on arrache les mauvaises herbes.

Pour les navets qu'on obtient en seconde récolte, après le seigle, on laboure les chaumes, on enfouit la graine à la herse, et quand elle est levée, on ôte les herbes parasites, en même temps qu'on éclaircit les plants.

Si les principes de l'assolement de la province de Norfolk sont utiles et par cela dignes d'être étudiés, nous n'oserions affirmer que cet assolement lui-même est le meilleur possible dans les terres analogues. Il a été maintenu, de père en fils, depuis nombre d'années; mais son adoption a précédé l'introduction de la culture des pommes de terre, et ce précieux tubercule n'est point admis encore dans la succession des récoltes du Norfolk. Il ne peut l'être, à cause du peu de profondeur des labours usités chez les cultivateurs de cette province, qui ne remuent la terre qu'à cinq ou six pouces. Nous pensons donc qu'il convient de mettre à profit les connaissances acquises sur la valeur des productions de la Campine et de la Flandre, et de les combiner sagement avec les principes que les méthodes suivies dans la province anglaise nous ont donné occasion de développer.

Malgré les analogies de sol et de climat que le Norfolk présente avec la Campine, vouloir imiter entièrement le premier, ce serait professer une espèce d'engouement qui nous conduirait sans doute à des mécomptes : prétendre, d'un autre côté, ne rien devoir imiter de pareils exemples, refuser d'étudier les bases sur lesquelles repose une agriculture aussi prospère et ne point en profiter, ce serait également une grave erreur.

Quant à nous, qui considérons comme une question capitale les bases de l'assolement de nos landes, où tant de milliers d'hectares attendent la charrue, nous avons cru devoir exposer en détail celles qui nous paraissent les plus rationnelles pour porter rapidement la production des denrées alimentaires au niveau de la consommation, et faire cesser l'importation des grains étrangers que nous soldons en numéraire et non en produits manufacturés. D'après ces bases, l'agriculture serait dirigée de manière à nourrir beaucoup de bestiaux, dont le fumier profiterait à la terre, laquelle acquerrait bientôt un haut degré de fertilité; en outre, les produits surabondants qu'on pourrait exporter, les grains, les bestiaux et le beurre, constitueraient un pur gain.

La richesse du sol et certaines dispositions locales ne sont pas indispensables à la multiplication des bestiaux. S'il en était ainsi, on serait dispensé des soins que réclame cette multiplication, dans les terres médiocres, qu'on condamnerait alors à la stérilité. Les avantages résultant de la multiplication du bétail, dans un sol de gras pâturages, exclusivement destiné à le nourrir, ne sont point comparables aux avantages résultant de cette multiplication, dans les terres sablonneuses, qui comportent le labourage. Les déjections des animaux ont besoin du mélange des pailles ou d'autres substances végétales pour servir à l'amélioration des terres. Les pailles manquent toujours dans les pays de pâturage; la quantité relative des engrais produits y est donc peu considérable, et la terre n'y reçoit guère que les graisses excrémentielles des animaux. Il en est tout autrement lorsqu'on emploie une quantité suffisante de bonnes pailles, et que les animaux reçoivent à l'étable une nourriture qui provoque la sécrétion des urines. Les moyens d'améliorer la terre abondent alors : les récoltes vertes, le trèfle, les navets, les carottes, qui nourrissent les bêtes, préparent bien la terre, et, lorsque les grains y succèdent, ils se distinguent par la quantité, le poids et le prix qu'ils se vendent sur les marchés.

Les Flamands, dit Van Aelbroeck, varient toujours leur assolement, de crainte que la même plante semée trop souvent dans le même terrain, ne perde beaucoup en qualité et en produit. Ils suivent à cet égard un ordre qui existe de temps immémorial. Cependant la diversité du sol fait que cet ordre ne peut s'observer également partout, et le cultivateur doit alors se laisser guider par l'expérience.

L'auteur de l'*Agriculture pratique de la Flandre* donne trois tableaux d'assolement: le premier pour les meilleures terres légères; le second pour les terres légères, et le troisième pour les bonnes terres fortes. Nous extrayons du second tableau l'assolement suivant :

1re *année*.		Lin et carottes.
2e	—	Seigle et navets.
3e	—	— —
4e	—	Avoine.
5e *année*.		Trèfle.
6e	—	Orge et navets.
7e	—	Pommes de terre.
8e	—	Seigle et navets.

L'auteur du *Mémoire sur les fonds ruraux de la Flandre* nous dit qu'en voyant les nombreuses différences dans la manière de cultiver les productions du sol, on peut se persuader qu'il a fallu un certain laps de temps aux agriculteurs pour se fixer, et proportionner à chaque espèce de terre le nombre, la profondeur, le genre et la saison des labours, et, en général, la préparation et l'entretien du sol, la quantité de semence qu'il faut employer, l'épaisseur de terre dont il convient de la couvrir, et la sorte de plante la mieux appropriée à chaque terrain.

« Quand je vois, dit-il, où l'on cultive les colzas et où l'on ne » cultive pas le chanvre; où le chanvre est cultivé de préférence » aux colzas; quand j'apprends que de temps immémorial on y » fait telle culture; qu'après avoir essayé d'autres plantes et y » avoir quelquefois réussi, on est cependant revenu à la pre- » mière culture, j'ai le droit de conclure que les plantes qu'on » a l'habitude d'y cultiver y offrent le genre de culture le plus » favorable au sol. »

Combien de fois n'a-t-on pas vu des cultivateurs d'un canton entreprendre l'exploitation d'une ferme, dans un autre canton, dont le sol différait du leur, et, après avoir échoué, en voulant suivre leurs anciennes coutumes, être contraints de revenir à celles qui y étaient suivies avant eux ?

En résumé, nous pensons qu'en défrichant les landes, il faut scinder la culture en deux périodes bien distinctes:

Adopter, dès le début, une rotation de récoltes qui combine les meilleurs moyens de faciliter l'amélioration du sol;

Remplacer cette rotation par un assolement qui s'adapte aux circonstances locales de sol, de climat et d'écoulement de produits, dès que l'amélioration du fonds aura été suffisamment atteinte.

XII. PRAIRIES.

Les petits cours d'eau servant de décharge aux eaux pluviales, qui se réunissent dans les parties basses des landes, n'amènent pas beaucoup de parties fertilisantes; ils entraînent au contraire celles qui devraient rester sur les surfaces dégarnies qu'ils parcourent. Il en est tout autrement, lorsqu'on parvient à couvrir ces surfaces d'une herbe assez touffue. Tous les principes fertilisants, amenés par les eaux, s'attachent aux herbes et aux racines, et le gazon ne pourrit point dans un terrain sablonneux, lorsqu'il est momentanément submergé. Il est donc avantageux de convertir en prairies de tels espaces de terrain; mais, pour réussir dans le choix des moyens à employer, il faut tenir compte des espèces de sable qui, étant très-variables, ont besoin d'être traitées différemment.

Dans les fonds et les vallées, on trouve assez souvent un sable gris, doux au toucher, parce qu'il est mêlé de limon et de terreau; quelquefois on y trouve un sable noir, marécageux, qui indique la présence des tourbières; ailleurs c'est un sable rougeâtre qui contient de l'oxyde de fer; en d'autres endroits, on rencontre un sable à gros grains, de diverses teintes, et qui, lorsqu'il est coloré en jaune par le mélange de l'argile, est parfois très-fertile. Toutes ces espèces de sables, à l'exception du sable pur et mouvant, peuvent produire de l'herbe et se convertir en prairies, après une culture de quelques années. Ces pâturages nourrissent en été des bestiaux et des moutons qui engraissent le gazon pour l'année suivante, par les déjections qu'ils y laissent. Le piétinement des moutons et celui des jeunes bêtes, à mesure que le pré prend de la consistance, tassent le sol et foulent le gazon, ce qui est favorable à sa croissance.

Les travaux d'irrigation, entrepris par le Gouvernement dans la Campine, pourront s'étendre à une superficie de 25,000 hectares, d'après le rapport de M. l'ingénieur en chef Kummer, inséré au *Moniteur* du 3 août 1848. Nous ne pouvons donc nous dispenser de signaler ici l'immense avantage qui résulterait de l'exécution complète de ces travaux.

D'un autre côté, nous avons indiqué l'alternat des terres arables en prairies, comme un moyen efficace pour marcher d'un pas rapide à l'amélioration des landes défrichées et au défrichement successif des landes incultes. Il est cependant des parties basses et des terrains tourbeux qu'on ne saurait mieux employer qu'en les convertissant en prairies permanentes. La chaux appliquée en grande quantité aux terres tourbeuses, les consolide promptement et son emploi les rend très-productives en pâtures, pour les bêtes à laine ou pour les plus petites races de bêtes à cornes.

Il faut toujours, lorsqu'on cultive ainsi un sol tourbeux, avoir grand soin d'y pratiquer des saignées ou rigoles d'écoulement, pour en retirer les eaux stagnantes. Là où l'eau reste, elle fait disparaître les herbes les plus succulentes pour y substituer des joncs ou des roseaux de la plus mince valeur. Ce n'est qu'une trop grande humidité, retenue sur le sol, par l'une ou l'autre cause, qui donne de la durée aux couches de terres tourbeuses qui se sont formées, et c'est ainsi que les meilleures pâtures des terres tourbeuses peuvent devenir les plus mauvaises.

La valeur de quelques pâturages, dans un sol de cette nature, a été doublée uniquement parce qu'on y avait pratiqué un grand nombre de rigoles de desséchement. Après cette opération, les mauvaises plantes ont disparu ; de meilleures les ont remplacées, par suite de l'emploi de la chaux, et l'amélioration du bétail a suivi celle du pâturage.

Sinclair dit que les tourbes, qu'on regardait autrefois comme incultivables, peuvent être cultivées aujourd'hui avec grand profit, par les procédés découverts et par la culture. La tourbe devient une terre végétale douce et d'une grande fertilité, susceptible de se convertir en bonnes prairies. On peut aussi y gagner de belles récoltes de grains ou de racines.

L'herbe, en supposant le sol graminifère, donne plus de profit que les grains, dans les terres ingrates, qui demandent beaucoup de fumier. La dépense des terres arables est certaine, mais les récoltes sont d'une réussite plus douteuse que celle des herbages, et tout concourt à démontrer qu'il est prudent de réduire l'étendue des terrains soumis à la charrue, et de convertir, pour quelque temps, les champs en prés, en choisissant le moment où la terre est dans le meilleur état. Un compost d'argile et de chaux mêlés à un peu de fumier, aidera à tenir les prairies dans un bon état, et l'on pourra disposer du restant du fumier pour la culture des grains et assurer ainsi de belles récoltes.

Il faut mettre en pré, aussitôt que possible, une partie du terrain défriché, qui cesse alors d'être autant à charge, et exige moins de travail et d'engrais, ce qui permet d'en fournir davantage aux parties du défrichement qui en ont le plus besoin. Mais l'empressement à mettre les terres en prés ne manquerait pas d'être nuisible, s'il n'était secondé par de bons moyens préparatoires. Pour transformer, avec avantage, des terres incultes en prés, il y a, outre les engrais abondants, certaines précautions à prendre, parce que les terres qui n'ont jamais été soumises à la culture, ont une crudité qui les rend incapables de produire de bonne herbe en abondance. Pour les y rendre propres il faut de fréquents labours, une longue action du soleil, de l'air, des pluies, des engrais, et le défricheur doit user de toutes ses ressources pour abréger le temps pendant lequel les terres nouvelles devront être préparées à leur conversion en prairies. La règle la plus importante est de défoncer la terre par le labour, aussi profondément que possible. Comme il arrive souvent dans les landes que le sol inférieur surpasse en qualité la terre de la surface, le labour alors devra être assez profond pour que les deux terres soient remuées et bien mêlées.

D'après De Coster, on peut faire des prairies au moyen du genêt. En semant du trèfle et du genêt, on aura, à la 2me et à la 3me année, de très-bonnes prairies; le genêt qu'on aura éclairci alors n'en croîtra pas moins, il aura même une tige plus forte que celui qui demeure plus épais. On l'arrache de distance en distance, de manière que les plants soient à un mètre l'un de l'autre, par bouquets de deux ou de trois plants. Les bêtes qu'on y enverra pâturer en détruiront par-ci par-là quelques plants en les foulant, mais elles ne dégarniront pas tout à fait la plantation du genêt. Le cultivateur en coupe une partie pour engraisser ses terres.

Il est incontestable que, dans une situation aussi exposée que celle des landes, le genêt peut servir utilement d'abri aux prairies. Van Aelbroeck, auteur de l'*Agriculture pratique de la Flandre*, a signalé dans son mémoire sur les prairies, couronné par l'Académie royale de Bruxelles (1), que quelques années d'excessive sécheresse ou de fortes gelées, un vent du nord piquant et sec qui se prolonge pendant les mois d'avril et de mai, peuvent détériorer une prairie et endommager, à différents degrés, le gazon dont elle se compose. Il est donc évident que, d'après le moyen proposé par De Coster, pour les prairies à créer dans les landes, l'herbe qui croît parmi les arbrisseaux du genêt est mieux abritée contre les intempéries. A la faveur de l'ombre qu'il donne, les prairies situées sur les terres hautes et légères de leur nature, ne seront pas sitôt brûlées en été, et l'âpreté des vents ne desséchera pas aussi vite les sillons que dans d'autres terres ou prairies découvertes. Les genêts protégent le gazon contre un trop prompt abaissement de température. En France, on remarque que les vignes plantées d'arbres fruitiers sont moins sujettes à geler que celles qui en sont dépourvues, et l'analogie pour le gazon ne peut être contestée ici.

Lorsque les prairies contenant trop de sables stériles sont ou trop maigres ou trop arides et qu'elles produisent seulement une herbe sèche, maigre et aigre, mêlée de diverses espèces de joncs fins et menus, on peut, selon Van Aelbroeck, les améliorer, jusqu'à un certain point, et sans de grands frais. Il conseille, dans ces cas, de copieuses aspersions d'urine de vache, de résidus de fabriques d'amidon et de raffineries de sucre, d'im-

(1) Paris, Madame Husard, 1835, in-8°, p. 40.

mondices de rue, de fumier de porc, auquel on mêle une grande quantité de terre extraite des fossés autour des champs bien cultivés. Plus on emploie de ces divers engrais, soit réunis, soit séparés, et plus on a de chances de succès. Ces chances seront encore plus probables, dit Van Aelbroeck, si le sol contient un peu de terre glaise et s'il n'est pas d'une aridité excessive. Il est nécessaire de renouveler de temps à autre cette opération, tous les trois ou quatre ans, par exemple, sous peine de perdre tous les fruits de son travail. Quand on s'aperçoit que rien de tout cela ne peut réussir, il vaut mieux, dans un semblable terrain, planter un bois tailli d'aunes, avec quelques rangées de saules, ce qui sera d'un rapport infiniment meilleur qu'un mauvais pâturage.

De ce qui précède nous devons inférer que toutes les landes, tant basses que hautes, quelle que soit l'espèce de culture à laquelle on les destine, exigent, dans le principe, des travaux et des soins particuliers, qu'on les mette en prairies, terres arables ou bois. Les sables mouvants eux-mêmes ne peuvent être abandonnés, de crainte qu'ils ne soient un obstacle à la bonne réussite de la fertilisation des parties moins arides : il faut donc les fixer au moyen des herbes qui leur conviennent.

Le jugement, joint à l'expérience, prévoit et pèse les difficultés, surtout celles qui proviennent de la différence des terrains. Leur dissemblance est si marquée, par suite des couches alternatives que l'on rencontre, par la diversité de leur emplacement et de leur épaisseur, qu'à vrai dire, il est impossible d'indiquer des règles générales pour les traiter; mais, pour les convertir en prairies, il faut, après avoir bien préparé le terrain, semer, en choisissant les gramens que l'expérience indique devoir réussir le mieux sur les terres de même nature.

XIII. PETITES ET GRANDES FERMES.

La division du sol et l'étendue des exploitations agricoles méritent d'être prises en sérieuse considération, par rapport au défrichement de nos landes incultes.

La question des avantages des grandes fermes sur les petites ne doit pas se traiter d'une manière absolue, parce que cette question d'économie rurale est dépendante de faits que le raisonnement ne saurait changer. Elle se lie à la nature du sol et du climat, à l'espèce de végétaux qu'on veut cultiver, à la capacité intellectuelle des cultivateurs et à l'abondance ou la pénurie de leurs capitaux.

Ainsi, pour transformer en terres fertiles les terres arides de nos landes, le travail à la bêche a offert jusqu'ici les résultats les plus avantageux à l'industrie privée, surtout lorsque le travail ne devait pas être porté en compte. Nous avons mentionné, dans la partie historique, les prodiges opérés, à l'aide de la bêche, par de simples journaliers, pour le défrichement des landes sablonneuses en Flandre. Cette culture, qui demande beaucoup de main-d'œuvre, convient très-bien à un homme qui fait tout lui-même, avec l'aide seule de sa femme et de ses enfants, et qui compte pour peu ou pour rien l'augmentation du travail. N'ayant à faire pour cela aucun déboursé, il considère toute augmentation de produit comme produit net. Quoiqu'il apporte moins au marché, il crée relativement plus que le cultivateur en grand. Il sarcle, il bine, il travaille, avec une ardeur infatigable, parce qu'il travaille pour lui et pour les siens. Ainsi que lui-même, ses champs n'ont point de repos. Une culture libre, sans assolement régulier, est celle qui lui plaît le plus, lorsqu'il n'est pas gêné par ses voisins. Le comte de Lichtervelde assure qu'un grand cultivateur, dans les Flandres, ne conçoit pas comment font les petits fermiers. « Demandez-leur, dit-il (1), tel article que vous voulez,

(1) *La bêche ou la mine d'or*, p. 36.

» ils en auront à vendre, tandis que, dans les grandes fermes, » il y a toujours l'un ou l'autre qui manque. »

C'est donc dans le défrichement à la bêche que la petite culture fait le mieux ressortir ses avantages; mais ce moyen de fertilisation est bien lent. La position exceptionnelle de la Belgique, ses nécessités actuelles surtout, veulent que le défrichement sur une grande échelle puisse s'opérer promptement et sans fortes dépenses, car il s'agit d'installer le plus tôt possible, non pas sur ces terres en friche, mais sur ces mêmes terres mises en état de produire et de continuer à produire, une forte partie de la population nécessiteuse des campagnes des Flandres. En s'y installant, elle y doit trouver sa subsistance assurée.

C'est pour atteindre ce but sur le sol de nos landes, c'est pour y obtenir à bien peu de frais de grands résultats, voire même de grands bénéfices, qu'il nous faut recourir à de puissants moyens d'action. Ces moyens, le Gouvernement peut en disposer dès qu'il lui plaît, en destinant à l'agriculture quelques centaines d'hommes et de chevaux de trait, choisis dans l'artillerie. On formerait ainsi un noyau d'agriculteurs de profession, tous dans la force de l'âge; on leur donnerait une direction énergique et intelligente. La mission de ce noyau d'hommes spéciaux serait de mettre successivement en bon état de production nos landes aujourd'hui stériles. Dès que cette transformation serait terminée, on déverserait sur ce point les cultivateurs flamands, qui pourraient y continuer la culture, sans avoir à lutter contre les difficultés et les dépenses du défrichement.

Ce que nous proposons est la marche suivie autrefois par les abbayes d'Everboden, de Tongerloo et de Postel, qui ont défriché une grande étendue de bruyères. D'après l'abbé Mann, les couvents ont cultivé ou fait cultiver à leurs frais, dans l'origine, tout ce que la Campine renfermait, pour ainsi dire, de terre fertilisée, à la fin du siècle dernier.

« Aussitôt, dit-il, qu'ils avaient porté, par les travaux et les » engrais, une portion de ces terres de bruyère à un degré de » culture suffisant pour nourrir une famille, ils y faisaient bâtir

» des habitations commodes et y établissaient des fermiers à » des conditions équitables..... C'est par de tels moyens que de » vastes espaces, dans la Campine, ont été convertis en une » terre très-bien cultivée et couverts de villages, d'églises et de » maisons. »

Il y a deux bons moyens de défricher : l'un, à la bêche, qui nécessite les frais de nourriture et d'entretien sur place de la population nécessiteuse qu'on voudrait y employer; l'autre consiste dans l'emploi de travailleurs militaires, cultivateurs de profession, avant leur entrée au service et dont le travail est gratuit, puisque leur entretien, ainsi que celui des chevaux dont ils se serviraient, est assuré par le budget de la guerre. Ces militaires porteraient successivement une portion des landes au degré de culture suffisant pour nourrir les familles qu'on y installerait et qu'on pourrait dès lors considérer comme sauvées pour toujours.

Les maisons religieuses, par l'emploi de leurs revenus, le Gouvernement, par l'emploi d'une partie de l'armée, auraient exécuté, à deux époques distinctes, le travail préalable à la production des landes. Ce travail est le plus pénible et le plus infructueux; sans nul doute, il présenterait de trop grands obstacles à surmonter à de simples journaliers qui se trouveraient dans une position très-précaire, éloignés des centres de population, où ils peuvent, dans une certaine limite, utiliser encore leur travail, en échange d'un salaire modique, il est vrai, mais qui leur offre cependant une précieuse ressource.

D'après notre plan, comme d'après celui qu'exécutèrent, pendant six à sept siècles, les établissements religieux, après la mise en culture préalable, on installerait des fermiers. De nombreuses familles de cultivateurs, de journaliers travaillant sous la direction immédiate et pour le compte du fermier, exploitant des fermes de deux charrues ou de quarante-huit hectares environ, succéderaient sur le sol aux travailleurs militaires.

Ce serait là, nous le pensons du moins, un mode de défrichement qu'on aurait la certitude de voir réussir, puisque le sol nourrirait ceux qu'on y installerait, tandis que si l'on jetait sur nos landes en friche des journaliers nécessiteux, il y aurait à surmonter une difficulté de plus, celle de pourvoir, à grands frais, pendant une année entière au moins, à tout ce que comportent leur subsistance et leur entretien; d'où il suit nécessairement que la chance d'un non-succès serait bien plus probable.

Le moyen que nous proposons pour soulager les Flandres nous paraît le plus efficace. Il diminuerait de la moitié le nombre de journaliers qui y vivent du produit de leur travail, aujourd'hui si restreint, si précaire. En les transportant dans la Campine fertilisée, dont les champs réclameraient leur travail, pour suppléer celui des travailleurs militaires, qui se porteraient sur un autre point, l'avenir de ces journaliers serait assuré; et, dans la Flandre même, l'existence de l'autre moitié le serait également, puisque c'est à elle seule que reviendrait la totalité des sommes répandues en salaires, sommes réduites de moitié aujourd'hui pour eux, à cause de la répartition qui doit s'en faire aussi longtemps que l'émigration n'aura pas eu lieu.

L'administration de la société de bienfaisance pour la colonisation à Wortel et Merxplas, avait donné d'abord la préférence à la culture morcelée; mais il y a beaucoup d'objections à faire contre la création de ces petites fermes, à moins que le fermier ne fasse par lui-même tout l'ouvrage, et ne puisse écouler facilement ses produits; ce qui n'a pas lieu dans la Campine comme dans les Flandres, où les villes sont si rapprochées et si nombreuses. Cette société, en créant Merxplas, modifia ses premières vues, et l'expérience lui fit préférer la grande culture à la petite.

La grande culture convient aux contrées où la nature homogène du sol permet de suivre des assolements réguliers. Il est facile d'y introduire une division plus exacte du travail, précisément parce qu'en raison de cette régularité des assolements, l'exploitation peut embrasser une plus grande superficie et la travailler par des opérations plus uniformes. Là tout s'opère avec plus de puissance et de force.

Le terme moyen, qui est souvent le plus avantageux, semble être une quantité de terre telle qu'on puisse monter la ferme et la faire valoir, sans être obligé de rien ajouter ni diminuer. Young suppose que pour une ferme de 70 acres de terre (28 hectares), dans un bon pays, dont 20 acres (8 hectares) sont en herbages, il faut au fermier un domestique, et, s'il ne travaille pas fortement lui-même, un ouvrier toute l'année, outre quelques secours, dont il aura besoin dans le temps des grands travaux. Il dit qu'avec les mêmes frais ordinaires de domestiques, de chevaux, etc., le même nombre de charrues, herses, tombereaux et chariots, etc., on pourrait faire valoir 100 acres, aussi bien que 70, et avec le même profit pour chaque acre. Celui qui n'en exploite que 70 perd donc considérablement, faute d'en avoir 30 ou 40 de plus.

Il est hors de doute que si toute l'étendue des terres labourées ne peut être exploitée et ameublie, comme il convient, à l'aide des charrues de la ferme, la culture s'en ressent, et il est évident que les récoltes seront moins abondantes. Si au contraire l'étendue des terres labourées n'est pas dans une proportion assez grande pour les charrues qu'on entretient, le fermier est en perte, car il doit nourrir des attelages qu'il ne peut utiliser, et il supporte les mêmes frais pour les gages du valet d'écurie, les mêmes dépenses au charron, au bourrelier, etc. Ces considérations exigent une juste proportion des terres de la ferme avec les charrues, et prouvent qu'il y a de l'avantage à convertir la moitié des landes défrichées en prairies le plus tôt possible, parce que les attelages n'ayant plus alors à labourer que la moitié des terres de l'exploitation, on les utilise au transport de l'argile, dont la présence sur le sol peut seule lui donner une amélioration durable, et dont l'effet sur les récoltes sera tel qu'il indemnisera amplement des travaux et des dépenses du transport même.

Mais, s'il y a des avantages inhérents aux petites fermes, l'exiguïté des domaines a bien aussi ses inconvénients, surtout en envisageant comme une question sociale la distribution du terrain, en grandes et en petites exploitations. Aux grands domaines seuls conviennent les grands efforts de l'agriculture industrieuse et habilement conduite. 1,000 hectares admettront largement l'alternative des plantes à racines traçantes et à racines pivotantes, de salubres étables, d'assez vastes édifices pour distribuer, sans dommage, les divers produits, des canaux d'irrigation venant de loin, qui appliquent à la terre les eaux des rivières ou même des ruisseaux.

De 1,000 hectares descendez à 500 : c'est encore une superficie qui peut suffire à des combinaisons fructueuses. Mais que le domaine tombe à 100 hectares, aucune des fractions du domaine ainsi atténué ne pourra soutenir un système analogue à celui de l'ensemble. Les troupeaux diminuent, et avec eux s'amoindrit un des meilleurs réservoirs de l'aliment végétal que leurs engrais obtenaient du sol fertilisé par eux.

La grande culture cependant est distincte de la grande propriété.

En continuant dans une progression descendante jusqu'à 5 hectares, le bœuf ne s'élève que difficilement, le laitage restreint n'offre point tous ses bénéfices. La nourriture est moins énergique, la viande de boucherie diminue en quantité et en qualité. Il y a une augmentation sur les dépenses en bâtiments.

La grandeur des fermes est donc, dans la question du défrichement, une donnée qui mérite la plus sérieuse attention. Il est incontestable que le produit d'une ferme doit varier proportionnellement aux moyens du fermier et à la quantité de terre qu'il occupe; mais la question importante est de savoir si un grand fermier cultive sa terre d'une manière plus parfaite qu'un petit.

En examinant cette question, nous devons faire une distinction, par rapport à la qualité des terres. Arthur Young dit que s'il peut y avoir doute sur la supériorité en produits des grandes et des petites fermes, en général, il n'y en a aucun, lorsqu'il s'agit des mauvaises terres. Une circonstance à considérer c'est que le cours de culture que l'on suit communément sur des terres maigres et légères, consiste à récolter des racines fourragères, carottes et navets, dans une forte proportion, tout en ramenant le trèfle aussi souvent que la terre le permet. Quand il est bien conduit, ce mode de culture demande, pour la consommation des produits, plus de bêtes à cornes que de bêtes à laine, et, pour l'ordinaire, il roule sur l'entretien des vaches laitières ou d'un fonds d'autres bêtes à cornes. Or, ce genre d'exploitation n'est pas à la portée d'un petit capital.

Il n'y a que des fermiers pourvus de fonds considérables qui puissent exploiter, comme il faut, des fermes de 6 à 12 chevaux. Ils possèdent les ressources nécessaires pour mettre en action tous les ressorts les plus avantageux à une bonne culture. Ils se procurent abondamment des engrais dans les villes, et peuvent les transporter, ainsi que la chaux, par les chemins de traverse comme par de grandes routes, mais en doublant leurs attelages, ce qui leur est facile.

Les fermiers de cette classe n'hésitent pas à entreprendre tous les genres d'amélioration; ils dessèchent leurs terres humides, labourent et hersent avec soin et en temps opportun. Ils ont le moyen d'acheter toujours assez de bétail pour consommer le fourrage et les racines, ce qui leur permet de ne pas négliger la culture des jachères, faute de pouvoir se procurer des animaux pour en consommer les produits.

M. Coke, qui fut, pendant 50 ans, l'un des représentants du comté de Norfolk, au parlement anglais, et dont les fermages, dans ce seul comté, montaient, en 1827, à environ 20,000 livres sterling et ont suivi une progression inouïe, n'était pas partisan des petites fermes. Il pensait, d'après sa propre expérience, qu'on peut obtenir les plus beaux résultats en affectant judicieusement à la grande culture l'emploi de gros capitaux.

Plusieurs des grandes fermes de M. Coke ont 1,200 acres (486 hectares) d'étendue, et celle qu'il exploitait lui-même n'avait pas moins de 2,000 acres (840 hectares).

Les grands fermiers faisant de l'agriculture une spéculation, sont tout disposés à la considérer sous ce point de vue, et, par cela même, ils calculent le résultat des changements qu'ils peuvent y apporter pour son amélioration. Leurs fermes étant plus vastes et demandant la présence d'un fort capital circulant, l'activité rurale y est plus grande, mieux ordonnée, relativement aux moyens pécuniaires, et, par conséquent, mieux disposée pour exécuter les combinaisons que réclame l'établissement d'un cours varié de récoltes.

Le choix d'un assolement ayant pour but essentiel d'augmenter à la longue le produit brut des récoltes, en fertilisant les terres par une grande abondance d'engrais, implique des effets progressifs et lents, comme tout ce qui se fait en agriculture. Un petit fermier qui tient à obtenir des résultats immédiats, parce qu'il doit récupérer immédiatement ses avances, ne pourrait réaliser une telle entreprise qui n'appartient qu'à de grands fermiers. Les petits, pressés souvent par le besoin d'argent, épuisent parfois leurs terres, en ajoutant des récoltes de grains à l'assolement, sans faire la dépense des engrais nécessaires pour les remettre en état. Un fermier dans la gêne emploie à son exploitation aussi peu d'argent qu'il lui est possible, et il n'obtient ainsi de sa ferme que de petits produits et de minces profits. Le fermier riche, au contraire, fertilise sa terre par de riches engrais, et fait tous les frais nécessaires pour la tenir en bon état; il en obtient ainsi de bons produits et de gros profits.

D'après Sinclair, les fermes moyennes conviennent le mieux pour tirer un profit très-avantageux de la laiterie. Il existe peu de genres d'industrie qui emploient mieux un petit capital; mais les soins assidus et minutieux qu'exige impérieusement cette branche d'agriculture, ne s'obtiennent guère de domestiques à gages; la femme et les filles du fermier doivent exécuter, ou du moins surveiller, toutes les opérations qui peuvent rendre la fabrication du beurre productive.

Ce genre de ferme, qui comporte un bétail très-nombreux, paraît convenir à la Campine, dont le sol demande beaucoup d'engrais. Une ferme à culture mixte, dont les terres sont alternativement labourées et mises en prés, nous permet d'amender bien plus facilement, parce qu'au moment de rompre les prés, on peut y charrier une quantité d'argile proportionnée à l'épaisseur du gazon. Cette argile, mêlée et enterrée avec le gazon, absorbe le résidu de la décomposition de l'herbe, pour le céder ensuite lentement aux récoltes subséquentes, dont la bonne végétation est ainsi assurée. On peut tirer des avantages toujours considérables d'une ferme de moyenne grandeur en culture alterne, soit par l'élève du bétail et la laiterie, soit par l'engraissement des bestiaux maigres. Ces deux branches, quand elles sont bien dirigées, donnent de grands profits, par la promptitude de la rentrée du capital et par la spécialité de la production même ; car la viande de boucherie et le beurre ont un écoulement toujours assuré. Ils manquent sur nos marchés, et lors même qu'il y aurait encombrement, les marchés de Londres sont un gouffre pour la consommation de ces denrées.

Young critiquait la méthode de convertir les pâtures en terres labourables, sans les remettre en herbes. Il qualifiait de malheureuse cette manie, assez générale des fermiers ses voisins, qui n'était propre qu'à les appauvrir.

D'après son opinion, qu'on peut certainement suivre comme autorité, une ferme, dans de bonnes terres, devrait avoir en herbages deux tiers de ses terres ; une petite ferme devrait les avoir toutes, parce que les grands frais qu'entraîne le labourage tiennent dans la gêne beaucoup de fermiers qui, si leurs terres étaient toutes en herbages, courraient beaucoup moins de risques et vivraient beaucoup plus à l'aise.

La division du travail et la superficie à cultiver doivent être telles que les chevaux soient pleinement occupés et que néanmoins la superficie totale de l'exploitation soit assez bornée pour que le fermier puisse, à l'aide d'autres ateliers, vaquer, comme dans la petite culture, à des opérations minutieuses.

Cette considération, celle du caractère et de l'intelligence des fermiers, ainsi que la question importante du capital dont ils peuvent généralement disposer dans les Flandres, d'où nous pensons qu'il convient de les tirer pour les placer dans de nouvelles fermes à créer dans la Campine, tous ces motifs nous font pencher en faveur des fermes de moyenne grandeur, à deux charrues. Ces fermes cultiveraient aisément 48 à 50 hectares d'un sol bien léger, tout en conservant du temps disponible pour les transports.

Une telle ferme, lorsque ses terres seraient en bon état de fertilité, entretiendrait donc, pour son usage, 4 chevaux, 20 vaches à lait, 8 bêtes à cornes qu'on engraisse, 4 veaux et 8 ou 10 cochons (1).

Il faudrait 2 hommes pour soigner et conduire les chevaux, 2 autres pour le service de la grange et les travaux des champs; 2 ou 3 servantes, sous la direction de la fermière, auraient soin de tout ce qui regarde la vacherie et le ménage; 2 jeunes garçons, employés comme vachers pour mener les troupeaux à la prairie et les ramener à l'étable et remplissant toutes sortes de petits services, compléteraient le personnel ordinaire de la ferme; mais, au temps des semailles et des récoltes, il faudrait y adjoindre quelques journaliers de plus.

Après quelques années, 2 chevaux pourraient suffire, en utilisant le travail de quelques jeunes bœufs; ce qui offrirait un grand avantage aux fermiers, sous le rapport de l'économie.

Ces fermes de moyenne grandeur nous paraissent convenir le mieux dans la Campine. Il importe de trouver un nombre suffisant de fermiers capables de bien les diriger. Or, nous trouvons bien plus facilement des fermiers pour occuper des fermes moyennes que de grandes fermes, dans les Flandres, où bon nombre de jeunes campagnards ne peuvent se marier, faute de trouver où se placer, parce qu'il n'y a pas de fermes à louer dans la proportion de leurs ressources, et qu'ils n'ont pas assez d'argent pour entreprendre l'exploitation de grandes fermes, s'il s'en trouvait.

Ce fait a été constaté depuis bien longtemps déjà. Nous lisons ce qui suit, dans un mémoire de l'abbé Mann, sur les moyens d'augmenter la population et de perfectionner la culture dans les Pays-Bas : « Des personnes bien instruites assurent qu'il y a » dans les Flandres des paroisses où l'on trouve 60 et même » 70 couples de jeunes gens, d'accord pour se marier, s'ils sa-

(1) Van Aelbroeck compte qu'il faut une bête à cornes pour 3 arpents de Flandre (1 hect. 34 ares), p. 113.

» vaient où se placer, mais qui n'osent pas le faire, parce qu'ils » désespèrent de trouver un peu de terre à cultiver pour en » tirer de quoi vivre. » Le mémoire de l'abbé Mann fut lu à l'Académie, le 5 avril 1775. La citation est tirée de la page 171 du 4e volume des mémoires anciens de l'Académie de Bruxelles.

Si, après quelques années d'exploitation d'une ferme de moyenne grandeur, l'on reconnaissait à quelques-uns des fermiers une aptitude et des ressources assez grandes pour diriger avec fruit une très-grande ferme, on pourrait, dans la marche du défrichement, créer pour ceux-là quelques fermes de cette nature, où ils se transporteraient avec tout le bétail et le matériel de la ferme moyenne qu'ils occupent, et pourvus des ressources qu'ils auraient préparées et accumulées dans la prévision de l'extension qu'ils devaient obtenir.

Les partisans des petites fermes se prévalent de ce qui s'est pratiqué en Flandre, où les fermes excèdent rarement 25 hectares et où souvent leur étendue est moindre. Ils disent que l'habitation du fermier, placée au centre, permet en général une active surveillance, que tout y est prospère, parce que chaque partie soumise à l'œil du maître y reçoit la culture qui lui est propre; que le travail s'y fait par le fermier lui-même et sa famille; qu'ils prodiguent leurs peines à ce champ qui doit fournir à leur subsistance, que la terre, bien fumée, bien pourvue d'engrais et cultivée avec soin, répond aux espérances du laboureur. Puis, passant à la critique des fermes étendues, ils soutiennent que plusieurs parties y sont négligées, parce que les gens à gage dont on se sert étant moins intéressés à la récolte et, par conséquent, moins actifs, travaillent avec une insouciance dont il faut nécessairement que la culture se ressente.

La plupart de ces allégations ne présentent plus qu'un caractère spécieux.

On peut diviser les fermes en exploitation qui emploient une charrue ou deux, en grandes fermes et en fermes d'herbage. En examinant le plus grand nombre de petites fermes, nous trouverons que, dans la plupart, les mêmes circonstances se reproduisent : la terre s'y loue à un plus haut prix que dans les moyennes ou grandes fermes du voisinage. Les chevaux qu'un petit fermier achète ne sont pas toujours assez vigoureux pour supporter un fort travail, parce qu'il y a souvent une grande différence de prix entre de forts chevaux et ceux qu'on voit ordinairement dans l'écurie d'un petit fermier. Cet article est considérable, parce que l'expérience prouve qu'il résulte une perte constante du défaut de force dans les animaux de trait. Il est évident que de faibles chevaux ne font pas aussi bien le travail d'une ferme que des chevaux vigoureux, et il en résulte une balance habituelle défavorable à celui qui emploie les premiers. Sans la proximité d'une route pavée, celui qui ne tient que deux chevaux est hors d'état d'acheter au loin des engrais, à moins qu'ils ne soient d'un très-petit volume, ce qui comporte leur cherté, et il n'y a que les fermiers riches qui puissent acheter ceux de cette nature. Cet objet est d'une grande importance pour les terres situées à la portée des villes.

Quant aux fermes de l'espèce suivante : celles qui sont exploitées avec deux charrues et quatre chevaux, une grande partie des objections faites aux premières ne peut leur être appliquée. Si la ferme compte assez de prés naturels ou artificiels, si le bétail y est proportionné au nombre de chevaux qui doivent être forts et vraiment capables de faire leur ouvrage, alors le fermier peut labourer et herser d'une manière convenable. Quatre chevaux suffisent pour se procurer des engrais; quatre chevaux peuvent encore employer avantageusement deux tombereaux pour charger de l'argile, de la terre, de la chaux, des composts, ouvrage que le petit fermier ne peut faire que très-lentement, si jamais il le fait. Ensuite le loyer de ces fermes, qui emploient 4 chevaux, est rarement aussi fort en proportion que celui des petites. Le fermier est nécessairement plus riche et plus en état d'améliorer sa terre, en achetant des engrais et en s'en procurant par la quantité plus grande du bétail qu'il nourrit. Il paraît résulter de ces considérations, pour les terres éloignées des villes, que celle d'un fermier qui tient 4 chevaux doit être mieux cultivée que lorsqu'elle est louée à celui qui n'en a que deux. En d'autres termes, la quantité et la valeur du produit retiré de la même étendue de terre doivent être plus grandes pour le fermier et pour le public, à intelligence, activité et industrie égales chez ces deux fermiers.

Lorsque le petit fermier est propriétaire, la terre qu'il cultive est un capital à lui. Il a donc à la fois la rente de ce capital et le profit du travail, qu'il applique à la culture. L'exploitation des propriétés de cette catégorie s'exécute ainsi sans exiger d'avances pécuniaires et sans produire de circulation : sans avances, parce que ces cultivateurs ne se payent pas à eux-mêmes ni aux membres de leur famille leurs propres journées, et sans produire de circulation, parce que le plus souvent ils cultivent moins dans le but exclusif de faire une spéculation sur les produits, que par un autre motif, celui d'obtenir par leur travail l'assortiment des productions dont ils ont personnellement besoin, lorsque leur éloignement des villes ne leur promet pas un écoulement assuré.

Il ne faut donc pas s'attendre à ce que ces petits propriétaires puissent adopter un système de culture qui n'ait pas pour but de remplir les besoins immédiats de leur consommation.

La petite culture ne peut enrichir le pays ni l'aider efficacement dans les circonstances actuelles, si elle se bornait à faire produire en petit les récoltes que donne la grande culture, car elle consommerait elle-même presque toutes ses productions et n'aurait à fournir au marché national que le surplus même des bras qu'elle aurait de trop, c'est-à-dire la surabondance de la population que cette culture fait naître.

Nous en avons l'expérience dans les Flandres. Autrefois l'industrie linière versait sur les marchés une immense quantité de ses produits et accroissait, dans une grande proportion, les éléments de circulation et de prospérité de ces provinces.

Les petits cultivateurs, pendant les heures qu'ils ne pouvaient donner aux travaux de la campagne, s'occupaient, chacun en particulier, dans l'intérieur de sa famille et avec le secours de ses enfants et de ses domestiques, s'il en avait, de la fabrication de la toile; car, dans la Flandre, les tisserands sont de petits cultivateurs. Ils allaient mettre sur le métier le fil pour fabriquer la toile dans les grandes fermes. On leur donnait ordinairement 10 sous par jour, outre la nourriture (1). Cette industrie de la toile, répandue sur toute la surface du territoire des Flandres, s'alliait donc ainsi, chez les mêmes individus, à la culture des terres. Pendant que les rouets et le métier étaient vacants, le tisserand effectuait dans ses champs, à la bêche, ses travaux extraordinaires, pour donner une disposition favorable à ses terres. Tout cultivateur s'en abstiendrait, s'il devait en payer la dépense (2).

Le surcroît de cette population, qui est aujourd'hui une charge pour la Belgique, trouvait alors, dans le salaire d'un travail toujours assuré, l'équivalent de ce qu'il lui fallait pour sa consommation, et une partie du salaire des travailleurs servait à payer les grains que le commerce extérieur y introduisait.

Il n'en est plus de même maintenant : les bras sont inoccupés. Les travailleurs des Flandres avaient jadis une ressource qui échappe aux ouvriers des villes et des manufactures; en s'occupant de la fabrication de la toile, ils s'employaient aussi, comme nous l'avons dit, à la culture des terres. Ils travaillaient encore à la ferme voisine lorsqu'on y avait besoin d'eux. Ils plantaient leurs pommes de terre sur le champ du fermier, qui profitait du fumier que laisse cette culture pour la récolte des céréales qu'il y faisait suivre. Ils cultivaient leurs légumes dans le jardin de leur chaumière. Autrefois, au moyen du petit capital qu'ils possédaient, ils achetaient le lin sur pied, pour le rouir et le transformer en toile. La fabrication de la toile ne saurait plus pourvoir à leur entretien : « Le temps est malheureusement arrivé où » celui-là seul peut s'en tirer, dit Schwerz, qui, avec femme, » enfants et servante, fait la plus grande partie de son ouvrage » et débourse le moins d'argent. Il n'y a que des politiques à vues » bien bornées, ou les partisans de la division des propriétés *qui* » *puissent se réjouir d'un si grand mal.* » La terre manque dans

(1) Van Aelbroeck, p. 140.

(2) Le comte de Lichtervelde, *La bêche ou la mine d'or*, p. 83.

les Flandres pour occuper complétement cette surabondance de travailleurs. Dans les landes de la Campine, au contraire, les bras manquent à la culture. Si donc les bras manquent de terre, dans les Flandres, et si, dans la Campine, les terres manquent de bras, que doit faire le Gouvernement belge?

Nous avons exposé les différentes données de la question, et nous devons nous demander : lequel des deux systèmes, celui de la grande culture ou celui de la petite, est le plus favorable au développement de la prospérité agricole et de la prospérité nationale de la Belgique?

Serait-il à désirer que, d'après l'opinion des économistes anglais, la grande culture y occupât une étendue beaucoup plus vaste? que la petite fût restreinte aux seules localités où l'on ne saurait en admettre d'autres et que la moyenne fût à peu près bannie, comme une espèce mixte, prenant ce qu'il y a de fautif dans les deux espèces auxquelles elle participe?

Serait-il, au contraire, à souhaiter que la petite culture prît plus d'extension, afin de porter la culture du territoire belge à une perfection en quelque sorte jardinière?

Un grand obstacle est levé aujourd'hui que les œufs, les volailles, les lapins, le beurre, les légumes, les fruits, etc., produits qui ne sont pas transportables, à de grandes distances, par voiture, s'écoulent bien facilement en Angleterre, par la voie si prompte et si régulière des chemins de fer et de la navigation à vapeur.

Pour la partie cultivée, on doit tenir compte de ce qui existe : en fait de division de propriété et de culture, il faut, pour en changer la nature, un concours exceptionnel de circonstances et une longue période de temps, pour accomplir de notables changements susceptibles de se généraliser.

Il se fait en Belgique beaucoup de moyenne culture là où la disposition physique du sol demanderait la grande; mais ce défaut, s'il est réel, a pour cause, d'une part, l'insuffisance du capital des exploitants, qui les met hors d'état d'entreprendre la grande culture; et, de l'autre, l'incapacité agricole des grands propriétaires, ou bien leur répugnance à avancer les capitaux nécessaires pour créer la grande culture dans leurs terres, ou bien encore l'incertitude de rencontrer toujours un fermier convenable pour diriger une très-grande exploitation.

Une considération importante pour guider les propriétaires, c'est qu'on doit admettre comme un principe incontestable que de profondes connaissances agricoles, l'expérience, l'esprit de combinaison et de prévoyance sont indispensables pour diriger une grande ferme, de manière à en tirer un bon profit. A ces qualités essentielles le fermier doit joindre encore de belles ressources pécuniaires, parce que le capital de circulation devant s'élever environ à huit fois la rente de la terre, toutes ces conditions ne se trouvent que rarement réunies chez le même individu. Si l'une ou l'autre de ces qualités fait défaut, l'exploitation périclite à la longue. Tel fermier peut exploiter avantageusement une ferme d'une cinquantaine d'hectares, qui ne saurait diriger avec profit l'exploitation d'une ferme de 200 à 300 hectares, et l'on trouvera en Belgique beaucoup plus d'hommes de la première catégorie que de la seconde. Avant donc de donner la préférence au système des grandes fermes, il faudrait avoir la certitude de trouver le nombre de bons fermiers nécessaires pour les occuper, si la grande culture s'étendait davantage.

Le but de l'introduction de la grande culture est, comme nous l'avons vu, d'obtenir une large exécution des travaux agricoles et, par conséquent, de meilleurs produits résultant de l'emploi d'une plus grande force et d'un plus grand capital; une meilleure combinaison dans les assolements, à raison de la supériorité d'intelligence et de capital que suppose cette culture. Dès lors, pour résultat de cette supériorité et de la division du travail qu'elle permet, on doit en attendre sur les marchés une plus grande abondance de denrées, et, comme conséquence, un surcroît de subsistances pour nourrir les habitants des villes et la population manufacturière, qui produit, à son tour, les objets sur lesquels elle a accumulé toute la valeur de son travail. On peut admettre qu'il ne faut guère employer qu'une moitié des habitants aux travaux de l'agriculture, pour fournir toute la population de matières premières.

L'Angleterre, pour satisfaire aux besoins de sa prodigieuse activité industrielle et commerciale, a obtenu des résultats très-satisfaisants sur la surface de son territoire soumise à la grande culture. Cependant la grande culture ne s'y étend que sur un tiers tout au plus de l'Irlande, sur les basses terres de l'Écosse et dans les parties de l'est et du sud de l'Angleterre, c'est-à-dire sur les $^{2}/_{3}$ environ de sa superficie; de sorte qu'on peut soutenir que la grande culture ne comprend que la moitié environ de la surface totale des îles Britanniques, qui compte 77,394,453 acres, dont 46,522,970 sont cultivés.

Sinclair compare les fermiers, dans le voisinage des grandes villes, à des marchands en détail, dont l'attention doit se diriger vers de petits objets qui leur produisent beaucoup d'argent, mais dont une grande partie serait perdue, sans des soins assidus et minutieux. Ce genre d'exploitation agricole ne comprend que de petites fermes.

Le cultivateur qui, placé loin des marchés, travaille sur une grande échelle lui paraît devoir être comparé à un négociant en gros, dont les profits sont moindres, et qui a besoin d'une plus grande étendue de terre pour se soutenir avec avantage.

En Angleterre, on semble ne pas s'enquérir davantage si la culture sera mieux menée par un homme qui la soigne de ses propres mains, ou par un homme cultivant une grande étendue de terres à l'aide d'ouvriers à gages, que l'on ne s'enquiert si le commerce sera mieux fait par un marchand assistant lui-même à ses propres chargements, écrivant ses propres lettres et faisant toutes ses affaires lui-même, sans l'aide de commis ni d'employés. Dans ce pays, on semble assez généralement disposé à considérer la question sous un autre point de vue. On ne s'attache pas à la dimension des fermes ni à la division du sol en grandes ou petites exploitations, mais bien aux relations où les différentes classes de la société se trouvent l'une à l'égard de l'autre.

On a remarqué, vers la fin du dernier siècle, et au commencement de celui-ci, la fusion fréquente de plusieurs exploitations agricoles en une seule, fusion fort approuvée par Young. A cette époque, la vapeur fut généralement employée comme moteur dans les manufactures, et malgré les guerres ruineuses où l'Europe était plongée, l'industrie fit de grands progrès. La population s'accrut, les richesses se multiplièrent, les sciences s'étendirent, les arts se développèrent. C'était la preuve que les classes moyennes et supérieures, les fermiers aussi bien que les marchands, étaient en voie de prospérité. Mais les classes ouvrières n'avancèrent pas, dans la Grande-Bretagne, d'un pas égal avec les autres classes; elles se multiplièrent même plus promptement que ne le comportaient les progrès des industries qui pouvaient pourvoir à leur subsistance. C'est là un fait qui, certes, n'est pas la conséquence de l'extinction d'une grande partie de la classe des petits fermiers, mais de la culture des terres en grandes portions. Bien d'autres circonstances donnaient au capitaliste des avantages immenses et une grande supériorité relativement aux classes ouvrières. Il est incontestable qu'autrefois ces classes ouvrières ou se multiplièrent bien plus lentement ou doivent avoir été beaucoup plus malheureuses.

L'inconvénient capital de la petite culture est de pousser trop au développement de la population dans les campagnes. Les produits de la terre n'augmentant pas dans une proportion semblable, une plus grande partie de ces produits est consommée à la campagne même, tandis qu'une trop minime quantité est conduite au marché des villes pour servir à l'alimentation de la nombreuse population ouvrière des manufactures. C'est là une des causes du renchérissement successif des denrées, depuis une vingtaine d'années.

Le point essentiel qu'on doit rechercher dans la division du sol, relativement à sa culture, celui qui intéresse le plus le reste de la société, c'est la création de la nourriture pour la masse des consommateurs; et s'il peut être prouvé que les petits fermiers obtiennent autant de produits nets pour en approvisionner les marchés que les grands fermiers en obtiennent d'une même étendue de terre, ce sera le terme de toute discussion. Mais jusqu'ici ce fait n'a pas été prouvé d'une manière satisfaisante, et il ne saurait l'être par la comparaison de quelques petites localités particulières.

En Angleterre, l'expérience a fourni les données suivantes :

1° Plus les fermes sont grandes et moins elles emploient d'animaux de trait sur un terrain donné;

2° Plus les fermes sont petites et plus elles nourrissent de bétail sur un terrain donné;

3° Les fermes de moyenne grandeur entre 300 et 500 acres (entre 120 et 200 hectares) et entre 300 et 400 acres (entre 120 et 160 hectares) en élèvent presque le double de celles au-dessus de 400 acres (160 hectares);

4° Les fermes entre 300 et 400 acres (entre 120 et 160 hectares) nourrissent une plus grande quantité des trois genres de bestiaux (vaches, bêtes à l'engrais et élèves) que les fermes de toute autre étendue; et les fermes, depuis 500 acres (200 hectares) et au-dessous, en nourrissent plus du double de celles au-dessus de 500 acres (200 hectares);

5° Les fermes entre 200 et 400 acres (entre 80 et 160 hectares) sont supérieures, quant au nombre de bestiaux, aux fermes plus petites dans le rapport de 5 1/2 à 3 1/2, et elles sont plus de cinq fois plus profitables, sous ce rapport, que les fermes plus grandes.

Pour considérer maintenant l'étendue des fermes, sous le rapport de la population, nous reproduisons ici les tableaux donnant les résultats moyens relatifs à cet objet :

FERMES au-dessous de :	DOMESTIQUES mâles.	DOMESTIQUES femelles.	JEUNES GARÇ.	JOURNALIERS.
50 acres	1/3	2/5	1/2	1/6
50 à 100.	1	2/3	2/3	2/3
100 à 200.	1 3/4	3/4	2/3	1
200 à 300.	3	1	1	3
300 à 400.	2 1/2	2 1/2	2	3 3/4
400 à 500.	3	1 1/2	2	6
500 à 700.	4	2 1/2	1 1/2	9
700 à 1000	5	2	1 3/4	14
1000 et au-dessus.	5 1/2	2 3/4	2 3/4	21 1/3

Pour se faire une idée de la proportion de la population réellement affectée à chaque ferme, ou du nombre d'individus qui correspond à 100 acres ($40^{h}.54$) de terres arables, par exemple, il faut encore certaines données qui manquent dans le tableau ci-dessus, savoir, l'estimation des familles des fermiers et des journaliers.

D'après les renseignements les plus exacts qu'un auteur anglais ait pu se procurer, il estime que, sur 6 fermiers, il y en a 5 mariés, et que sur 10 journaliers il n'y a qu'un célibataire. Dans cette proportion, et en supposant que les familles des fermiers soient composées de 4 individus et celles des journaliers de 5, l'auteur donne la table suivante :

FERMES AU-DESSOUS DE :	NOMBRE d'individus par 100 acres arables.	NOMBRE d'indiv. par 100 liv. st. de rente.
50 acres	20 3/4	13 19/37
50 à 100	21 39/41	15 15/59
100 à 200	15 15/39	11 17/53
200 à 300	19 21/41	15 35/151
300 à 400	21 121/137	12 192/254
400 à 500	15	12 54/65
500 à 700	13 159/207	16 10/29
700 à 1000	19 75/453	16 256/509
Au-dessus de 1000.	14 288/505	20 220/739

XIV. FERTILISATION DES DUNES.

Une longue suite de dunes s'étend dans la Flandre occidentale, parallèlement aux côtes de la mer du Nord, sur une étendue de 67,500 mètres. La côte de Blankenberghe, depuis Wenduyne jusqu'à Heyst, est continuellement menacée par la mer ; on a dû la garantir par des ouvrages défensifs, des jetées qui se prolongent assez dans la mer pour diminuer l'action des vagues et reconquérir, en accumulant le sable, l'estran qu'elles ont envahie.

L'action violente de la mer qu'agitent des rafales de vent du sud-ouest d'une effrayante impétuosité, ne nous apprend que trop les difficultés qu'on doit éprouver pour créer des plantations dans une situation pareille à celle des dunes. Toutefois, les abris qu'offrirait une grande masse d'arbres, croissant serrés et s'appuyant les uns aux autres, sont d'un si grand avantage pour les champs qui avoisinent les dunes, qu'il importe de surmonter les obstacles qui se sont opposés jusqu'ici à la croissance des arbres dont on pourrait couvrir ces mêmes dunes. Nous avons fait connaître les redoutables effets du vent en nous occupant du climat de la Belgique. Si nous sommes convaincus que la plantation des dunes est une œuvre bien ardue, nous savons du moins qu'aucun essai concluant n'a démontré l'impossibilité d'en venir à bout. Bien plus, si nous appelons à notre aide l'expérience et le raisonnement, nous pourrons démontrer qu'une semblable entreprise a des chances probables de succès pour le versant intérieur.

Nous avons vu, dans la partie historique, qu'autrefois le pays était couvert de bois jusqu'aux bords de la mer. Le vent ne soufflait sans doute pas alors avec moins de violence qu'aujourd'hui. Si la mer s'est retirée depuis, nous devons espérer que des plantations considérables de grands arbres couvriront un jour la limite extrême des terres qu'elle nous a abandonnées. En effet, à Dunkerque, on a planté, derrière la citadelle, un bois taillis nommé le *bois du Roi*, afin d'arrêter les dunes qui menaçaient la ville. On a effectué d'autres plantations très-près de la mer, entre les fermes de la grande et de la petite saline. Celles qui entourent les maisons de campagne entre la ville et le fort de Mardyck, quoique composées d'ormes d'une mauvaise espèce et mal élagués, sont cependant d'une assez belle venue. Enfin, les environs du Roosendael et plusieurs autres lieux voisins de Dunkerque démontrent qu'il ne faut que quelques avances et des soins pour couvrir avantageusement de bois tous ces terrains sablonneux

Il y a donc lieu de s'étonner que les vastes terrains qui s'étendent au bord de la mer et parfois à une assez grande distance de la côte, restent nus ou presque nus, tandis que la végétation de plusieurs espèces y est très-vigoureuse. Il est presque certain qu'en semant ou en plantant, avec soin et intelligence, des arbres de haute futaie et des bois taillis, on y verrait la stérilité faire bientôt place à de belles plantations et à de bons bois à serpe. Mais avant de semer et de planter avec succès, il s'agit de vaincre deux difficultés, qui peut-être sont cause que tant de milliers d'hectares sont encore nus. L'une est de fixer la mobilité du sable des dunes, qui ne sont pas couvertes d'herbes; l'autre de donner des abris aux jeunes plants qui, sans cela, ne sauraient réussir, non plus que les bois taillis et les arbres.

Pour vaincre ces difficultés, voici les moyens qu'on pourrait employer. On sait que ce n'est pas la nature du terrain qui est contraire aux plantations, mais seulement le vent froid du nord qui détruit les feuilles du bois non résineux. L'expérience prouve que toutes les plantations faites en masse, soit de bois taillis, soit d'arbres de haute futaie, réussissent bien du côté du midi et diminuent par gradation, en allant vers le nord, lorsque, de ce côté, elles n'ont aucun abri : *non parce qu'on approche de la mer, mais par la seule raison que l'abri manque.* On devrait donc commencer par former des abris contre le vent du nord et les placer de manière à abriter en même temps, le mieux possible, les dunes contre le vent du sud-ouest, *qui les balaie au loin et en disperse le sable.* Ces abris consisteraient en plusieurs plantations parallèles en masse, c'est-à-dire de plants en rangées assez rapprochées de diverses espèces de bois les plus propres à donner de bons taillis ou de belles futaies, dans la direction du sud-est au nord-ouest, avec de grands intervalles de l'une à l'autre. On planterait d'abord les fonds, les endroits unis et le pied des talus des dunes, en avant du côté sud-ouest. L'année suivante, on planterait les talus et même les sommités des dunes peu élevées. Par ce moyen, on romprait la violence des vents sud-ouest, qui déplacent le sable des dunes découvertes, et l'on obtiendrait des abris qui garantiraient du vent du nord ce qu'on aurait planté ou semé du côté du midi, ou dans les intervalles des masses ou groupes de plantations.

L'expérience a montré que certaines espèces d'arbres sont plus propres que d'autres à résister au souffle des vents de mer. On considère le pin maritime comme particulièrement convenable pour aider aux plantations de bois ordinaires, et la précieuse propriété qu'il possède de résister au vent de mer a été confirmée, en Angleterre, par le comte de Galloway, qui en a planté, pour ainsi dire sur le rivage, quelques pieds qui sont devenus très-beaux. En Amérique, dans la Nouvelle-Écosse, on a trouvé que le pin de lord Weymouth *(Pinus strobus)* était plus propre à résister aux vents de mer qu'aucune autre espèce d'arbres.

Sinclair dit que le saule Huntingdon et le pin maritime sont des arbres qui semblent convenir le mieux pour résister à l'influence pernicieuse des vents d'ouest des côtes de la mer. Il se cultive à peu de frais et croît plus vite qu'aucun autre arbre. Son bois et son écorce ont aussi beaucoup de valeur. On a vu cette espèce de saule s'élever, en 28 ans, à une hauteur de 58 pieds, avec un tronc d'une grosseur considérable. On se procurerait un abri prompt et efficace sur les bords de la mer, en formant une plantation de ces saules opposée au vent du sud-ouest.

Sinclair suppose également qu'on tirerait un bon parti de la plantation d'une espèce particulière de chêne, le chêne toujours vert *(Quercus virens)*, qui abonde principalement dans les parties méridionales de l'Amérique du Nord et qui réussirait sans doute sur nos côtes, car on assure que les brises de mer sont favorables sinon nécessaires à son développement. Le même auteur mentionne qu'un if avait crû sur un rocher situé dans la mer près d'une des îles Hébrides. Lorsqu'on l'eut coupé et débité, l'on en chargea un gros bateau. La confirmation de ce fait montrerait la possibilité de faire croître des ifs dans une situation exposée aux plus violentes tempêtes; et, dès lors, au moyen de l'abri des ifs, on pourrait y faire croître d'autres arbres. L'érable sycomore est aussi une excellente défense contre les vents de mer, auxquels il résiste peut-être tout aussi bien qu'aucune autre espèce d'arbre. On a remarqué que le frêne et le sycomore commun ont de gros boutons résineux, et que leurs pousses, quoique fortes, ne sont pas exposées à se heurter l'une l'autre, au printemps, lorsqu'elles sont encore tendres; ce qui les rend propres à végéter dans les situations exposées aux grands vents. Le frêne réussit bien près de la mer, parce que sa floraison est tardive. Le bouleau, l'aune, le saule marsault réussiraient pour bois taillis.

A défaut d'autres espèces, on peut employer le sureau, qui est très-capable de résister aux influences de la mer. Ses boutures réussissent bien dans le sable sur nos côtes, principalement où le sol est humide. Il peut servir à protéger contre les vents de mer d'autres arbres plus précieux.

Les premiers abris seraient meilleurs, si on pouvait les composer d'arbres résineux, plantés à un pas l'un de l'autre, sur quatre ou cinq rangées d'épaisseur, autour du terrain qu'on veut utiliser et de 50 en 50 mètres parallèlement dans l'intérieur. Il faut pour cela une grande quantité de petits arbres en mottes, qu'on se procure par semis fait exprès.

Il serait peut-être difficile d'abriter ou de planter avec succès le sommet des monts de sable très-élevés. On pourait les abaisser ou les faire disparaître entièrement pour avoir un terrain uni à sa base. On obtient ce déplacement à peu de frais, dans l'espace de deux ou trois ans, en faisant enlever le gazon du côté qui est au sud-ouest, qu'on herse plusieurs fois, par intervalle, après l'avoir labouré; lorsque le vent souffle avec force, il enlève le sable et le disperse au loin.

Lorsque le terrain qu'on veut utiliser est d'une grande étendue, il convient de le diviser par parties parallèles, dans la direction du sud-est au nord-ouest, autant que possible. En donnant à ces parties 100 mètres de longueur sur 50 mètres de largeur, leur superficie aura un demi-hectare, qu'on peut planter entièrement de bois taillis, régulièrement entremêlés d'arbres de haute futaie, ou bien on plante seulement autour de quelques parties, et pour former enclos, quatre à cinq rangées de bois taillis espacées entre elles de $1^m,20$, et des plants à $0^m,60$, réservant l'intérieur pour terres labourables, prairies, etc.

Le côté de la mer étant celui qui endommage le plus, on sent que des masses très-épaisses doivent couvrir dans cette direction le surplus du terrain. Les plantations faites en avant des dunes sur leurs talus et même sur leurs sommets, ainsi que celles qui entourent les divisions de l'intérieur, compléteront l'abri nécessaire au succès. Pour réussir, les arbres de haute futaie doivent aussi être abrités et plantés en masse. Il est indispensable d'espacer très-peu ceux des premières rangées du côté dont on veut se garantir, sauf à en couper alternativement un ou deux, lorsque les couronnes se croiseront trop. Il est d'une grande importance de ne faire élaguer les arbres qu'en mars, et de leur laisser toujours le plus de branches possible, mais en les raccourcissant à $0^m,60$ du tronc. De tels abris amélioreraient tous les terrains en les préservant de l'action du vent, et la chute des feuilles, leurs débris, ceux de l'herbe qui croîtrait, se convertiraient insensiblement par leur décomposition en terres propres à toute espèce de culture.

La nature du terrain exige pour la plantation des fosses larges ou étroites, suivant la longueur des racines qu'on veut y placer; même pour les boutures, elles doivent avoir au moins un mètre de profondeur et être creusées quelques mois avant la plantation, afin que la terre qu'on en extrait s'ameublisse et qu'exposée au contact de l'atmosphère, elle en absorbe les gaz fertilisants. On séparera la terre du dessus de celle du centre; celle du fond sera également placée à part.

Il importe, dans la plantation, de bien orienter les arbres, car l'écorce en est bien plus tendre au nord qu'au midi, parce que l'action du soleil en faisant fondre la glace sur la jeune écorce, lui cause une distension qui brise une partie de ses fibres et de ses canaux, ce qui la rend plus dure. De plus, les intempéries de l'air, les pluies, la grêle, qui fatiguent cette écorce viennent du midi et du sud-ouest. Il est donc nécessaire de placer la partie tendre de manière à ne pas l'exposer au mauvais vent et au soleil.

La saison la plus convenable à la plantation est celle de la chute des feuilles, c'est-à-dire novembre et décembre, par un temps sec; dans les terrains humides, au mois de février. Quant aux pins et aux autres arbres verts, nous avons vu déjà que le mois d'avril leur convient le mieux.

En enlevant les arbres de la pépinière, il faut employer tous les moyens possibles pour obtenir de longues racines sans les casser ni même les forcer. Quelques précautions qu'on ait prises, un planteur soigneux les trouvera toujours insuffisantes. Les racines sont les moyens de recette de l'arbre : plus on en retranche plus l'arbre souffre. Il est vrai que la nature a de grands moyens pour réparer les pertes, mais en attendant la réparation, l'arbre languit; et, dans les dunes, il s'agit de lui prodiguer, dès le début, tout ce qui peut assurer une bonne croissance, car un arbre misérable dans sa jeunesse ne prospère jamais comme celui qui est franc de reprise.

Les boutures doivent être enfoncées à plus de $0^{m},50$; on les laisse dépasser le sol d'environ $0^{m},30$. Il est surprenant de voir comme la plupart des boutures reprennent avec facilité, lorsqu'elles sont à la profondeur nécessaire, dans le sable remué. Les boutures se plantent au mois de novembre.

Il arrive parfois que le sommet des dunes est emporté par les vents et va combler les bas-fonds plantés, de manière qu'on ne voit plus que le bout des cimes du taillis. Il semble d'abord que ce taillis soit détruit, mais il n'en est rien. On en a vu se couvrir de sable jusqu'à 4 ou 5 mètres et continuer de croître avec une vigueur extraordinaire. Les branches couchées dans le sable reprennent racine et deviennent autant de nouvelles souches séparées. Le sommet des boutures ou des branches n'est jamais recouvert, parce que le sable, que rien n'arrête, vole au delà.

Lorsque le plant du bois taillis, soit enraciné, soit par bouture, a poussé trois ans, on le coupe contre terre. Quatre ans après, on le coupe encore, et ensuite tous les cinq ans.

Les semis et la culture des arbres résineux dans les terrains des dunes pourraient se faire selon les indications que nous avons données, en nous occupant des plantations et des semis dans les landes, si se n'est qu'avant de commencer, il faut avoir des terrains bien abrités. Des propriétaires intelligents des environs de Thourout ont employé avec grand avantage le pin maritime, qui est très-robuste, pour préserver d'autres plantations. Dans la propriété de M. Ferdinand Meeus à Brenheim, où l'on avait négligé un pareil soin, une belle plantation de mélèzes a dépéri successivement, parce que le pied de ces arbres était exposé sans abri aux effets du vent du nord.

Les semis dans les dunes sont en général préférables, parce qu'au moyen du pivot, ils donnent aux arbres qui en proviennent la faculté de résister avec plus de force au vent et d'aller chercher l'humidité à une plus grande profondeur. Pour préserver le semis, il faudrait planter les six premières rangées de plants de trois ans tirés des pépinières. Afin d'assurer la croissance de ceux-ci, on planterait des topinambours sur une largeur de plusieurs mètres. L'ombre que donnent les hautes tiges de cette plante est, comme déjà nous l'avons indiqué, éminemment favorable à la réussite des semis en grand et dans les terrains sablonneux. Son emploi a encore un autre avantage bien précieux, c'est que les tubercules nouveaux croissent toujours au-dessus des anciens et s'élèvent, par conséquent, en même temps que les sables.

Une telle plantation de topinambours concourrait, d'une manière efficace, à soustraire à l'action continuelle du vent de mer le sable qu'elle consoliderait en partie, car c'est la grande mobilité que le vent de mer seul donne au sable, qui empêche de tenter aucun moyen de cultiver les dunes.

Si l'on avait à lutter contre un vent dont la violence fût moins redoutable, on pourrait même, au lieu de faire d'abord des semis sur le sommet du rang de dunes le plus voisin de la mer, enfoncer de forts piquets, clouer contre ces piquets de mauvaises planches ou des claies et exécuter les plantations derrière cet abri. Chaque année, on prolongerait cette opération, en proportion des fonds disponibles. Mais un tel abri aurait trop à souffrir du vent, quoique les sables pussent en s'amoncelant l'aider à se maintenir. Cependant, s'il produisait son effet, à la troisième ou à la quatrième année, on pourrait l'enlever pour le transporter ailleurs. On pourrait, en tout cas, faire sur une petite échelle l'essai d'un pareil abri, qui servirait à une surface n'ayant que sa longueur, il est vrai, mais ayant souvent une profondeur très-considérable.

Les arbres à bois dur et à lente végétation réussiraient peut-être mieux que d'autres, parce que la continuité de l'action du vent arrête trop ceux dont les pousses sont délicates, par suite d'une croissance trop rapide.

En Angleterre, on a surmonté, par un expédient simple, les difficultés qu'on éprouve à élever des arbres sur les bords de la mer, en protégeant contre la violence et la fréquence des vents, les jeunes arbres qu'on plantait au moyen de mottes de gazon qu'on élevait autour d'eux. On garantit ainsi leurs pousses encore tendres du souffle du vent, jusqu'à ce que leurs racines aient pris solidement possession du sol. M. Formby, en Lancashire, a réussi, par ce moyen, à planter quelques acres en arbres forestiers qui font l'ornement du canton, et il est parvenu à élever des plantations d'arbres fruitiers si près de la mer qu'on ne l'aurait pas cru possible avant qu'il l'eût exécuté.

Il n'est point de plantation qui puisse réussir lorsqu'elle est exposée à la dent des bestiaux. La clôture est la plus importante de toutes les circonstances qui se lient à la manière de les gouverner. Les bêtes à cornes occasionnent au propriétaire plus de dommage lorsqu'elles entrent dans ses taillis que lorsqu'elles pénètrent dans ses champs de blé. D'une part, elles ne feraient tort qu'à une seule récolte, tandis que, de l'autre, en broutant les pousses d'une année, elles retardent de trois ans au moins la croissance du taillis. Le bétail à cornes fait un tort considérable à la croissance des arbres, en déchirant ou en brisant la plante, et en se pressant contre les brins pour atteindre les bourgeons succulents du sommet.

Dans les dunes, il n'est point possible d'abriter les plantations par des fossés, à cause de la grande mobilité du sable; les digues recouvertes de gazons ne dureraient pas bien longtemps; les perches, plantées à peu de distance et reliées en travers avec de longues tiges de ronces, sont à la fois frayeuses et de peu de durée; l'aubépine y croît difficilement et lentement. On pourrait recourir à une variété d'ormes sauvages à bois dur, qui est très-commune dans les dunes. Ils donnent beaucoup de rejetons au pied et poussent vigoureusement. Trois plants par mètre suffisent, et, lorsque les tiges sont fortes, on les étête pour avoir tous les quatre à cinq ans une quantité de grosses perches.

Pour confirmer ce que nous avons dit déjà sur la possibilité de tirer parti des dunes, au moyen de plantations, nous pouvons citer l'autorité de Decandolle, qui a parcouru à pied les dunes, depuis Dunkerque jusqu'à l'île de Texel.

Dans le mémoire qu'il a publié sur la question de la fertilisation des dunes, il dit n'avoir négligé aucune occasion d'examiner les essais qui avaient été faits jusqu'alors pour féconder les sables. Dans le but de s'éclairer sur la végétation des dunes, il a ramassé avec soin les différents végétaux qui croissent spontanément. Il se fonde, en présentant le résultat de ses observations, sur des exemples qu'il cite pour prouver que *le sol des dunes est susceptible de fertilisation,* et que le vent est la véritable cause de leur stérilité. Il indique les moyens qui lui paraissent propres à en faciliter la culture.

Decandolle mentionne, dans son mémoire, le village La Panne, bâti au milieu des dunes, 18 ans avant qu'il le visitât, et habité par des pêcheurs qui n'avaient défriché autour de leurs habitations que ce qui était nécessaire à leur vie frugale. Ces essais faits par des hommes qui n'avaient pas même les connaissances d'un laboureur ordinaire, ont eu cependant quelques succès. Ils n'ont pas fait croître le froment, mais le seigle y est venu à merveille. La pomme de terre, la carotte y sont d'une saveur agréable. La plupart des légumes croissent dans leurs jardins. Ce savant a trouvé le pin sauvage à la hauteur de 5 mètres, l'aune, le bouleau et quelques arbustes ont crû également aux environs. L'auteur témoigne le regret que l'exemple de fertilisation offert par ce village soit le seul dans les dunes françaises, et qu'on n'ait pas même essayé, ainsi qu'on l'a fait en Hollande, de planter dans les vallons quelques arbustes dont on retirerait du bois à brûler. Les dunes hollandaises produisent également des saules, en certains vallons humides. Cet arbre est d'un grand revenu, parce qu'on en confectionne des cercles de tonneaux. Ailleurs on a planté des arbustes, dans les vallons, à l'abri du vent; mais malheureusement le principal usage qu'on a fait des dunes jusqu'à présent, a été d'y mettre des garennes. Ces sables incultes sont habités, en plusieurs endroits, par des lapins qui non-seulement broutent les végétaux indigènes des dunes, mais se répandent dans les campagnes environnantes et font un très-grand tort aux agriculteurs. La seule tentative faite en Hollande pour utiliser les dunes, tentative qui mérite quelque attention, a été commencée deux ans avant l'arrivée de Decandolle dans ce pays; elle appartient à un cultivateur nommé Heitfeld, lequel a été soutenu et encouragé par la commission des dunes.

D'après le mémoire du naturaliste français, Heitfeld entreprit, en 1798, de se créer une propriété dans les dunes voisines de Scheveningen. Son premier soin fut de se bâtir une chaumière près d'une source d'eau douce. « Cette chaumière est très-basse. » Il en a établi l'entrée au sud-ouest pour se mettre à l'abri des » vents du nord fréquents sur cette côte. En creusant pour avoir » de l'eau, il a trouvé un banc de tourbe qu'il exploite et dont » il se sert comme combustible. Cette tourbe, bien différente des » tourbes ordinaires, est d'une nature toute marine. Elle est » composée de débris de fucus. On y reconnaît des lambeaux » de *fucus digitatus*. Cette couche a un mètre de hauteur. Il » paraît qu'elle est due à un amas de plantes marines que la » mer aura formé avant l'existence des dunes et que celles-ci » auront recouvert. » Entre Zande et Petten, l'auteur a trouvé la plage couverte de blocs de tourbe marine de la même nature. « Ces blocs étaient roulés et avaient été apportés évidemment

» par la mer. Dès que Heitfeld eut bâti sa chaumière, il s'oc-
» cupa à protéger sa future possession des vents du nord-est.
» Dans ce but, selon la méthode reçue, il planta d'abord sur les
» hauteurs environnantes l'*arundo arenaria* (roseau des sables).
» Ce gramen se transplante sans difficulté, lorsqu'on l'arrache
» avec de longues racines; mais pour se préparer de l'ouvrage
» pour l'avenir, dit l'auteur, les planteurs hollandais, qui sont
» chargés par le Gouvernement d'en garnir les dunes avancées,
» le coupent avec des racines très-courtes, de manière qu'il
» périt la première ou la deuxième année, et ne pousse point de
» nouvelles racines. Ce sont elles cependant qui, par leurs en-
» trelacements, retiennent le sable mobile. Heitfeld ne plante
» plus d'*arundo*, ajoute le mémoire; il préfère planter des
» arbres pour arrêter le vent. Le peuplier blanc et le peuplier
» d'Italie réussissent bien dans ce sable dont le fond est humide.
» Il en établit des haies assez épaisses pour se soutenir contre
» les efforts du vent. C'est derrière cet abri que cet industrieux
» paysan a commencé à cultiver. L'humidité dont le sol est im-
» prégné le dispensait d'arroser pendant l'été. »

Faute de secours pécuniaires, il n'a jamais mis d'engrais, et malgré cela, l'avoine a réussi dans ce sable comme dans un terrain ordinaire. Le sarrasin s'est élevé à un mètre. Le seigle et le trèfle réussirent très-bien, mais ils gelèrent à l'époque de la visite de De Candolle. Achevons de rapporter textuellement le récit du naturaliste français : « La spergule y vient à merveille.
» Le chanvre a atteint 1m 20. Le lin a presque la même hauteur
» et a fourni la graine la plus grosse et la plus nourrie que j'aie
» encore vue. Le colza, la moutarde, y ont aussi prospéré. Il
» était probable que des légumes réussiraient dans ce sol léger
» et sablonneux, et l'expérience l'a confirmé. Les diverses va-
» riétés de pois, de lentilles, de fèves, de haricots, y ont par-
» faitement réussi; mais la culture la plus avantageuse est celle
» des plantes à racines tubéreuses et charnues. Les pommes de
» terre, les raves, les carottes, les scorsonères, les betteraves,
» les chicorées, ont prouvé, par leur prospérité et leur saveur,

» qu'elles ne se refusaient pas à croître dans les dunes. Outre » ces essais, j'ai vu chez Heitfeld des oignons, des laitues, » des épinards, de l'oseille, du persil et du céleri naissant et » bien portant. »

Le nombre et la diversité des plantes qui croissent spontanément dans les dunes est une preuve frappante de la possibilité de leur fertilisation. *La Flore des sept provinces unies*, publiée par De Gorter, indique 130 espèces de plantes indigènes des dunes. 156 espèces qui avaient échappé à De Gorter ont été indiquées, depuis lors, par M. J. Kops, secrétaire de la commission pour les dunes, qui en a communiqué la liste à De Candolle. Ce naturaliste lui-même, en herborisant dans les dunes, depuis Dunkerque jusqu'au Texel, a rencontré 85 plantes qui n'avaient pas encore été indiquées. D'où l'on voit que le nombre des espèces dont on a constaté la croissance dans les dunes s'élève à 371.

Ce nombre de plantes prouvera aux botanistes que l'idée de la fertilisation des dunes ne doit point être rangée parmi les projets hasardés, qui ne s'appuient sur aucun fait.

L'énumération des végétaux qui y vivent, prouve tellement leur tendance à une fertilité plus grande, qu'il n'est presque pas nécessaire de recourir à d'autres considérations.

Le naturaliste français fait observer que l'atmosphère, d'où les plantes tirent une partie importante de leur nourriture, est très-favorable à la végétation dans les dunes, parce que, à cause du voisinage de la mer, elle est toujours chargée de vapeurs aqueuses. Il a souvent remarqué que les lichens croissent sur les arbres qui sont près des dunes et sur le sable lui-même, avec autant d'abondance que dans les forêts les plus touffues et les plus humides.

Le sol des dunes qui, au premier aspect, est sec et aride, renferme en soi une continuelle humidité. Cette humidité du sol tient probablement à la même cause que les sources d'eau qui en sortent : c'est que les dunes ont pour base une couche d'argile qui, en empêchant les eaux pluviales de filtrer, les maintient dans un état d'humectation continue. Cet état favorise puissamment la végétation et le développement qu'y acquièrent les racines qui, d'ordinaire, y sont plus fortes que les tiges. M. De Candolle attribue l'origine du vent de mer, qui commence le matin et cesse le soir, à ce que le soleil, en paraissant sur l'horizon, réchauffe bien plus fortement ces sables secs et arides que la surface de la mer, ce qui doit établir un courant d'air de la mer aux dunes. « Cultivez ces dunes, plantez-y des arbres, couvrez » ces sables de gazon, alors la végétation produira plus de fraî- » cheur, les pluies seront plus fréquentes, et ainsi la culture fera » nécessairement diminuer l'intensité du vent, puisqu'elle dé- » terminera l'égalité de température entre la terre et la mer. »

Le naturaliste français critique les moyens suivis par ceux qui se sont occupés de la fertilisation des dunes, moyens qui se réduisent à y planter des végétaux dont les racines longues et traçantes puissent retenir le sable mobile. Il trouve que le remède de garnir avec soin les dunes avancées d'*arundo*, d'*elimus*, de *carex* et de *salix arenaria* ne sont qu'un palliatif; qu'en supposant que ces plantes réussissent parfaitement, ce qui est fort rare, on n'a fait que fixer le sable dans cette seule place; étant fort basses, elles n'empêchent pas le vent d'aller exercer ses ravages sur les dunes plus reculées. Il faudrait donc en couvrir les dunes entières; mais, outre que cela est presque impossible, on aurait peu gagné à les couvrir de plantes inutiles; en effet, par ce moyen on serait parvenu seulement à fixer un peu ces sables, sans avoir l'espérance de les remplacer par des végétaux utiles, car le vent de mer aurait toujours sa libre action, et, avec elle, les mêmes causes de stérilité continueraient à exister.

De Candolle propose, au lieu de planter dans les dunes avancées des herbes à tiges basses, d'y faire croître des haies d'arbres assez épaisses pour résister au vent, et, à la faveur de cet abri, on pourrait cultiver les sables en sécurité. Ce moyen lui paraît seul capable de rendre les dunes fertiles, et il propose de l'employer, non pas avec de faibles moyens, mais sur un espace considérable. Son plan repose sur l'idée que les arbres peuvent croître dans les dunes, et, pour prouver que ce n'est pas une proposition gratuite, il cite les travaux intéressants de l'ingénieur Bremontier dans les dunes de Bordeaux, où le pin maritime croît facilement.

De Candolle qui a trouvé dans les dunes, en Belgique et en Hollande, le bouleau, l'aune, le chêne, le pin sauvage, les peupliers noir et blanc, le peuplier d'Italie, le tremble, le frêne et l'érable, ayant tous au moins deux mètres de hauteur et quelques-uns atteignant huit ou dix mètres, en conclut que, si des arbres isolés ainsi ont pu résister assez vigoureusement aux efforts du vent pour s'élever jusque-là, il sera infiniment plus facile de les faire croître en groupes serrés. Par là, ils seront les uns pour les autres des appuis contre le vent; ils entretiendront mieux l'humidité du sol; leurs racines s'entrelaceront et fixeront le sable avec solidité; leurs branchages se croiseront et accroîtront leur force de résistance au vent. Il est hors de doute que, si les dunes étaient bordées, du côté de la mer, d'un rideau d'arbres très-touffu et d'un quart de lieue de largeur, on ne pût sans difficulté cultiver les dunes postérieures.

Parmi les arbres qui croissent très-bien en groupe et qui conviennent particulièrement pour abris ou rideaux, nous avons été à même de suivre la croissance de deux groupes de peupliers d'Italie, dans une situation exposée à un vent extrêmement violent. L'un des groupes était abrité par un corps de bâtiments. Des rafales de vent courbaient assez fréquemment jusqu'à terre la cime des peupliers du groupe le plus exposé. Ils résistaient sans se briser, et la tempête ne leur faisait perdre que quelques rameaux et des feuilles. Leur croissance, quoique prompte, fut dépassée dans une proportion assez forte par les peupliers du groupe abrité; mais, après une dizaine d'années, elle s'accéléra au point de les égaler et même de les dépasser, lorsque la cime des deux groupes s'éleva au-dessus des toits. Après vingt ans de plantation, ils avaient atteint presque toute leur hauteur.

De Candolle avoue l'immense difficulté de faire croître tous ces arbres, mais il est loin de la regarder comme insoluble. La méthode qu'il propose comme la plus utile consiste à planter sur la première lisière des *arundo* très-serrés pour en fixer le sable. Derrière le premier monticule, on planterait une lisière de peupliers d'Italie et de ceux du pays. Ces arbres reprenant facilement des boutures, serviraient d'abri aux autres. Entre ces boutures et derrière elles, on sèmera abondamment des glands, des graines d'aunes et de bouleaux, en ayant soin de replanter, chaque printemps et chaque automne, les pieds qui auraient été détruits par le vent. De Candolle pense qu'on pourra, même dès la première année, planter une troisième ligne de jeunes pieds de différents arbres qui croissent plus facilement dans le sable. Il propose quelques précautions de détail qui concourraient à faciliter l'entreprise, parce qu'il pense que si l'on peut sauver la plantation pendant deux ans, tous les jours l'entreprise sera plus assurée. Les boutures seraient plantées très-avant dans le sable. On ne sèmerait les graines de l'orme, du bouleau, de l'aune, etc., qu'après les avoir dépouillées des ailes membraneuses qui les accompagnent, et on les couvrirait d'un peu de terreau végétal. Il indique, d'après Viborg, un moyen fort simple de garantir du vent les graines de pins : c'est de semer les cônes eux-mêmes attachés encore à un bout de branche. On couvrirait les graines de branchages; les boutures qui seraient entremêlées avec les graines, rempliraient déjà cet office; mais, malgré cela, il serait utile d'entre-croiser les boutures de branches sèches, très-rameuses et fortement fichées en terre. Elles couvriraient les semences et protégeraient les jeunes plants et les boutures.

L'auteur du mémoire s'appuie sur l'heureuse réussite des essais du laborieux Heitfeld, et cite à l'appui du plan qu'il propose les forêts de chênes qui existent dans le Jutland et à Theiswilde. Le vent courbe les branches des chênes du Jutland, mais la grosseur de leurs troncs prouve leur ancienne prospérité. Selon Viborg, leur dégradation provient de ce qu'on a laissé pénétrer des bestiaux dans cette forêt, et de ce qu'on n'avait pas remplacé les pieds qui ont péri. De Candolle pense qu'après ces exemples, il n'est guère permis de douter que les arbres ne puissent s'élever dans les dunes, lorsqu'ils sont rapprochés en groupe.

Cette prévision a été pleinement confirmée par l'expérience. Les mémorables travaux de l'ingénieur Bremontier, qui est parvenu à fixer, par des semis maritimes, les dunes depuis Bayonne jusqu'à Bordeaux, en fournissent une preuve suffisante. Les habitants de plusieurs villages des côtes de la France réussissent fort bien à fixer les dunes de sable mouvant les plus escarpées et les plus élevées, à l'aide de quelques plantes qu'ils ont le soin d'y propager et d'y repiquer. Ils emploient principalement le roseau des sables, l'uvette d'Europe *(ephedra distachya)*. Les essais qui ont eu lieu dans l'île de Noirmoutiers n'y ont laissé également aucun doute sur le succès de plantations plus étendues.

Le vent est d'une grande violence dans le golfe de Gascogne : l'heureuse réussite des tentatives de fertilisation exécutées dans ces parages est d'un bon augure pour la Belgique.

L'ingénieur Bremontier commença par semer les landes en genêts à balais et en pins maritimes, et il couvrit tout son semis de branchages. Le genêt végète promptement, profitant de l'humidité qui se trouve toujours à une certaine profondeur dans les sables siliceux, tels que ceux des dunes entre Bordeaux et Bayonne.

Les genêts qui s'élèvent à la hauteur de 5 à 6 pieds, abritent les pins qui végètent plus lentement ; et quand ceux-ci ont acquis assez de force et de hauteur pour résister aux vents et aux sables, ils étouffent les genêts et forment une barrière impénétrable à l'invasion des sables, dont ils arrêtent le mouvement et les tourbillons. Ils protégent aussi les cultures des terrains intérieurs et les plantations forestières, dont l'exploitation est pour le midi de la France une source de richesses.

Le bassin d'Arcachon, où M. Bremontier a commencé ses plantations, lui doit la conservation de 17 villages. Le terme fatal de leur existence était connu et calculé ; ils devaient tous être ensevelis sous les sables dans l'espace de 50 ans. Leurs habitants dorment aujourd'hui fort tranquilles sous leurs humbles toits, qu'ils laisseront à leurs descendants avec le patrimoine de landes reçues en friche de leurs pères, et qu'ils ont converties en terres labourables, en pâturages et en plantations.

Nous avons cité les essais de fertilisation des dunes qui ont réussi dans la Flandre française, et certes on ne dira pas que ces dunes ne sont pas les mêmes que les nôtres, quant au vent et au climat. Nous avons attiré quelque peu l'attention sur les dunes converties en plantations par l'ingénieur Bremontier, depuis Bordeaux jusqu'à Bayonne. Nous passerons maintenant aux dunes de l'Écosse et de ses îles.

Pour couvrir les dunes de plantations et de moissons, pour les convertir en pâturages, il faut commencer par les lier, les consolider et les défricher. Or, les sables mobiles se montrent bien rebelles aux mains de ceux qui s'efforcent de les assujettir en vue de les fertiliser. Ne négligeons donc pas de nous éclairer des lumières, de nous appuyer de l'expérience des peuples qui, ayant entrepris de semblables conquêtes sur leur propre sol, ont eu le bonheur de sortir victorieux de la lutte.

Les habitants des îles et des côtes maritimes de l'Écosse ont beaucoup souffert de la turbulente invasion des sables : ils ont dû faire d'autant plus d'efforts pour la repousser, que la terre y manque à la charrue et qu'une nombreuse population a intérêt d'étendre et à plus forte raison de conserver le territoire qui doit la nourrir.

La côte orientale de l'Angleterre, une grande partie de celle du nord et de l'ouest de l'Écosse, sont, depuis longtemps, comme la Hollande, exposées, par l'accumulation des sables de la mer, aux fléaux d'un ensablement progressif qui, de mémoire d'homme, a déjà envahi une grande étendue de terre fertile, des fermes, des villages entiers. Les îles de Shetland et les Orcades, mais surtout les Hébrides, ont particulièrement essuyé des désastres. Parmi ces dernières, la petite île de Coll, après avoir successivement perdu 3,000 acres de son territoire, s'est vu enlever, par un ouragan de sable, 500 acres de ses meilleures terres labourables. Dans les deux îles d'Uist, dans celles de Benbecula, de Lewis, de Tiree, les habitants dépossédés de leur territoire sont souvent forcés de fuir devant l'ennemi et de transporter des villages entiers dans les parties de l'intérieur les mieux abritées. Il fallut recourir à la surveillance la plus active et déployer toute la puissance de l'autorité publique pour arrêter, en partie, les progrès de cette formidable dévastation. En 1695, le parlement d'Écosse, qui venait de rendre la salutaire loi des réunions territoriales obligatoires, pourvut par une loi subsidiaire à la conservation et à la propagation de l'*arundo arenaria*, que les Anglais appellent *sea-bent*, et que nous nommons *roseau de sable* et *hoya*, en flamand *helm*.

Si l'on s'est borné à cette plante et à l'*elymus arenarius*, ce n'est pas qu'il n'en existe d'autres propres à lier et à consolider les sables; mais on suivit à cet égard l'exemple des États de Hollande, qui avaient mis l'*arundo arenaria* sous la sauvegarde de la foi publique, en y rapportant des dispositions pénales très-rigoureuses. Sous le règne de George II, le parlement anglais poussa la sévérité jusqu'à défendre à tout particulier, voire même au seigneur de l'endroit, de couper l'*arundo arenaria*, ou de posséder cette plante, sous quelque prétexte que ce fût, dans un rayon de huit milles des côtes britanniques.

Voici, d'après l'*Hortus woburnensis*, de George Sinclair, les caractères spécifiques de l'*arundo arenaria*, connue sous les noms vulgaires de *sea-reed*, *marram*, *starr* ou *bent*. Elle appartient à l'ordre naturel des graminées et à la troisième classe de Linné. « Calice à fleur solitaire, plus long que la corolle; fleurs disposées en panicules, étalées et droites; feuilles recourbées, se terminant en pointe. » La racine est articulée et trace horizontalement à une grande distance; toute la plante est glauque; sa tige striée, unie, presque solide; ses feuilles sont étroites, raides, très-pointues; les stipules lancéolées en pointe, de la longueur d'environ un pouce, le plus généralement disjointes. La plante est haute de deux à trois pieds; elle est pérenniale et fleurit en juillet.

L'*elymus arenarius*, L., en français, élyme des sables, est de la même famille, quoiqu'il en diffère par quelques caractères spécifiques; sa racine trace plus vigoureusement encore que celle de l'*arundo arenaria*. L'une et l'autre ont des racines longues parfois de vingt pieds, qui forment un réseau fortement entrelacé, lequel arrête le mouvement des sables que le vent chasse et accumule dans leurs interstices. Leur sol naturel, dit George Sinclair, ce sont les bancs et les couches de sable sans cesse agités par les vents et les flots de la mer. Il a vu croître de compagnie dans les sables de Skegness (Lincolnshire), la *poa maritima*, la *festuca rubra*, l'*elymus arenarius* et l'*arundo arenaria*.

L'art ne peut donc mieux faire que d'étudier et d'imiter le grand procédé de la nature, qui favorise la végétation par la végétation même, comme on peut le remarquer sur les roches calcaires et siliceuses, si longtemps dénuées de terre végétale. Des graines de cryptogames apportées par les vents se fixent sur la première dissolution du sol. Il s'y forme dès lors une première végétation de lichens, à filaments déliés et élastiques, dont le détritus compose la couche primitive d'où sort une seconde végétation de cryptogames plus forts, tels que les mousses, les agarics, etc.

L'*arundo arenaria* et l'*elymus* se prêtent un merveilleux appui, dans les monticules sablonneux des côtes de l'Océan : de ses touffes garnies, la première arrête au passage les sables que le vent chasse au sommet de ces monticules, pendant que l'autre assujettit solidement leurs flancs et leur base, en y cramponnant ses fortes tiges et ses larges racines traçantes. Admirable prévision de la nature que l'action combinée de ces deux graminées! Il semble, dit George Sinclair, qu'elle les ait destinées à servir de barrière contre les envahissements de la mer, car on ne saurait leur en opposer une plus puissante et plus durable. Elles sont en outre fourragères, leur matière nutritive contenant une forte proportion de substance saccharine. L'*elymus arenarius* peut être considéré comme une sorte de canne à sucre indigène; il en contient plus que le tiers de son poids, et en plus grande quantité que l'*arundo arenaria*, la différence étant de 4 à 5. Haché et mêlé avec du grain et du foin ordinaire, il produit un fourrage des plus substantiels et des plus savoureux, dont le bétail se montre très-friand en tout temps. A l'épreuve des vents, de la pluie et du froid, il dure jusqu'à la fin du printemps et jusqu'au moment où il est remplacé par le nouvel herbage. Il est regrettable que la voracité de leurs racines ne permette point de cultiver ces graminées dans un assolement régulier.

Remarquons cependant que ces graminées, si précieuses d'ailleurs dans l'œuvre que la nature leur assigne, ne complètent pas un système de consolidation à elles deux ; elles ne forment pas un gazon continu sur la surface de la terre ; elles croissent en groupes détachés et se laissent traverser par les sables aux endroits mêmes où elles sont le plus rapprochées. Très-propres à lier et à affermir les sables, à une assez grande profondeur, elles sont impuissantes pour fixer la surface.

Le docteur Walker a traité du mouvement des sables *(sand-drift)*, dans son *Histoire économique des Hébrides.* Nous allons donner, d'après lui, avec plusieurs de ses excellentes remarques, une liste des différentes plantes qui croissent sur le bord de la mer, aussi bien que l'*arundo arenaria.* Il les divise en trois classes : 1° les plantes pérenniales, qui ne sont pas propres à servir de pâture, mais qui peuvent couvrir et lier, par une couche de végétation, la surface des sables mobiles ; 2° les graminées et autres plantes pérenniales, propres à la fois à la nourriture des bestiaux et à la fixation des sables ; 3° les plantes maritimes annuelles qui, couvrant la surface de la terre d'une couche de verdure, concourent à assujettir les sables de la superficie et rempliraient complétement cet important objet, si elles étaient pourvues du système de racines traçantes par lesquelles les pérenniales consolident la masse intérieure des bancs, des monticules, et de toute autre espèce d'accumulation de sables.

Les plantes pérenniales impropres à la pâture sont les suivantes :

Le gaillet jaune (*Galium verum*, L. — *Cheese renning*);
La pulmonaire maritime (*Pulmonaria maritima*, L. — *Sea bugloss*);
Le liseron ou soldanelle (*Convolvulus soldanella*, L. — *Scottish sea bind weed*);
La glauce maritime (*Glaux maritima*, L. — *Salt-wort*);
Le panicaut maritime (*Eryngium maritimum*, L. — *Sea eringo*);
La livèche d'Écosse (*Ligusticum scoticum*, L. — *Scottish sea parslhey*);
Le statice gazon d'Olympe (*Statice armeria*, L. — *Thrift*);
L'oseille maritime (*Rumex maritimus*, L. — *Golden dock*);
La sabline péploïde (*Arenaria peploides*, L. — *Sea chickweed*);
Le pavot cornu (*Chelidonium glaucium*, L. — *Yellow horned puppy*);
Le cresson officinal (*Cochlearia officinalis*, L. — *Scurvy grass*);
Le sisymbre de Mona (*Sisymbrium monense*, L. — *Manks rocket*);
Le sisymbre des sables (*Sisymbrium arenosum*, L. — *Sand rocket*);
Le bec-de-grue à feuilles de ciguë (*Geranium cicutarium*, L. — *Hemlock-leaved crands bill*);
Le bec-de-grue sanguin (*Geranium sanguineum*, L. — *Bloody crands bill*);
La bugrane rampante (*Ononis repens*, L. — *Cresping test harrou*);
L'armoise maritime (*Artemisia maritima*, L. — *Sea wormwood*);
La camomille maritime (*Anthemis maritima*, L. — *Sea camomile*);

Le docteur Walker remarque que, de toutes ces plantes, une seule est vénéneuse, le *Chelidonium glaucium (Yellow horned puppy)*, mais qu'en général elles sont peu recherchées des bestiaux; qu'au reste elles croissent, avec vigueur, comme celles des deux autres divisions, dans les couches de sables mobiles, mais que les plantes de cette première division doivent être employées de préférence, pour arrêter les premiers mouvements des sables, parce qu'en rapprochant le plus possible les arbres et les plantes, on diminue d'autant l'action du vent et des sables sur chacun d'eux. Lorsque les plantes sont levées à une certaine hauteur, il faut former dans leurs interstices un gazon continu qui comprime la surface. Il est facile de se procurer de ces diverses espèces de graines dans le voisinage de la mer. On les recueille en été et en automne. On mêle bien cette masse de graines et on les conserve jusqu'à la fin du printemps. On saisit pour les semer le moment le plus favorable à leur prompte végétation; on choisit celui d'une pluie fine, de crainte que la graine déposée dans un sable sec et brûlant ne se calcine. Cette espèce de sol convient cependant le mieux au rapide développement de ces plantes, pourvu qu'un certain degré d'humidité seconde sa chaleur naturelle. On ensable les graines à l'aide d'une herse légère garnie d'épines, et on passe le rouleau dessus. Pour ensemencer, on doit se régler sur la direction des vents qui règnent le plus ordinairement. On commence en se tenant au vent et on se dirige vers le point opposé. Ces diverses plantes ainsi semées sur l'espèce de terrain qui leur convient le mieux, couvriront, dans le courant de l'été, toute la surface sablonneuse d'une couche épaisse de verdure.

Cette première plantation devra être l'extrême barrière contre les sables, en partant du bord de la mer. Comme ses produits ne sont pas propres à la nourriture des bestiaux, il y a lieu d'espérer que cette barrière sera respectée, et qu'on laissera à la plantation le temps de se bien fortifier, par une longue suite de productions annuelles. Il faudra faire un choix utile de plantations intérieures : les deux autres divisions, cultivées soit à part, soit séparément, devront être composées de plantes propres à remplir un double but : celui de lier les sables et de nourrir les bestiaux.

Voici la liste que le docteur Walker a donnée des graminées et d'autres plantes pérenniales propres à former de bonnes pâtures sur un terrain sablonneux :

La canche aquatique (*Aira aquatica*, L. — *Water hair grass*);
L'élyme des sables (*Elymus arenarius*, L. — *Sea lyme grass*);
Le pâturin fouet (*Poa flagellifera*, L. — *Sea meadow grass*);
Le chiendent jonc (*Triticum junceum*, L. — *Sea wledt grass*);
Le chiendent maritime (*Triticum maritimum*, L. — *Sea spiked grass*);
La laîche des sables (*Carex arenarius*, L. — *Sea carex*;
La laiche d'Oscar (*Carex Oscaris*, L. — *Oscar's carex*);
La laiche maritime (*Carex maritima*, L. — *Maritime carex*);
Le plantain maritime (*Plantago maritima*, L. — *Sea plantain*);
Le plantain à feuilles charnues (*Plantago carnosa*, L. — *Succulens plantain*);
Le troscar maritime (*Triglochin maritimum*, L. — *Sea spined grass*);
La bette vulgaire (*Beta vulgaris*, L. — *Sea beet*);
Le behen maritime (*Cucubalus maritimus*, L. — *Sea campion*);
Le raifort maritime (*Raphanus maritimus*, L. — *Sea radish*);
Le chou marin (*Crambe maritima*, L. — *Sea cole wort*);
La buniade maritime (*Bunias cakile*, L. — *Sea rocket*);

La vesce à fleurs nombreuses (*Vicia cracca*, L. — *Justed wetch*);
L'astragale des sables (*Astragalus arenarius*, L. — *Sand wetch*);
Le salsifis de pré (*Tragopogon pratense*, L. *Yellow goats beard*).

On trouve dans l'ouvrage du docteur Walker le détail des propriétés utiles qui recommandent particulièrement les plantes précédentes. En parlant de la canche aquatique, il fait observer que certaines plantes aquatiques croissent également bien dans une couche de sable mobile, parce qu'elles y trouvent à étendre leurs racines comme dans l'eau. La canche aquatique croît surtout avec vigueur sur les sables voisins de la limite de la haute mer. C'est une graminée pérenniale qui conserve toute sa verdure en hiver et se multiplie aisément de graine. Sa végétation est si forte et si active, que ses pousses traçantes d'une saison excèdent souvent un mètre de longueur. Elle couvre tout le terrain qui environne sa tige de ses drageons, dont chaque nœud s'enracine, ce qui forme autour d'elle un épais et solide gazon, car chacun de ces nœuds donne naissance à une plante nouvelle.

Ce fourrage n'est pas assez élevé pour pouvoir se faucher facilement, mais il forme une excellente pâture. Aucune autre espèce de graminée, dit le docteur Walker, ne se rapproche davantage des pâturins, et les bestiaux paraissent même la préférer au pâturin annuel, qu'ils recherchent si avidement dans les pâturages ordinaires; aussi l'on est fondé à conclure que, de toutes les plantes employées jusqu'à ce jour à la consolidation d'une surface sablonneuse, il en est peu qui réunissent au même degré les propriétés qui doivent la faire préférer.

La *poa flagellifera (sea meadow grass)* n'a encore été trouvée que sur l'espace de sable compris entre l'extrême laisse de basse mer et le terme des plus hautes marées. On ne doit rien négliger pour la cultiver hors de ces limites. Ses jets présentent parfois une longueur de 3 à 4 pieds. S'étalant autour de la plante-mère, ils s'enracinent par chacun de leurs nœuds, pour former autant de nouvelles plantes, d'où résulte bientôt un épais gazon. Les bestiaux et les bêtes à laine s'en repaissent avec avidité, surtout ces dernières, auxquelles son fourrage fin et court est très-salutaire.

La *festuca gallovidiensis (Galloway fescue)* et l'*elymus arenarius (sea lyme grass)* brident les sables aussi bien que les graminées précédentes, et ils forment une très-bonne pâture. La première abonde dans l'Argyleshire et dans les Hébrides; elle croît et s'étend avec une grande vigueur dans le sable; son herbage est très-recherché des bestiaux. Quant à l'*elymus arenarius*, c'est une fort belle plante, dont on ne peut trop encourager la propagation : elle seule est maintenant employée en Suède pour arrêter les progrès des ensablements. Dans l'île de Pabbey, où elle abonde le plus, les bestiaux en mangent tout le feuillage et en rongent la tige jusque dans l'intérieur du sable. Le docteur Walker met l'*elymus arenarius* au-dessus de l'*arundo arenaria.*

Les autres graminées qui suivent dans la liste lui paraissent plus spécialement utiles, par l'emploi de leurs racines traçantes que par la bonté de leur fourrage; il en excepte cependant le *carex Oscaris*, une des meilleures de la famille, répandue sur les côtes orientales et occidentales de l'Écosse, la *plantago maritima et carnosa (sea and succulent plantain)*, le *raphanus maritimus (sea radish)* et le *cucubalus maritimus (sea campion).*

La *plantago carnosa* (le plantain succulent) mérite une recommandation particulière; les bestiaux la préfèrent à presque toutes les autres plantes. Elle les engraisse promptement ainsi que les bêtes à laine. Elle a environ un pied de hauteur; on en formerait de bons pâturages, à la fois salutaires et agréables, à cause de la saveur saline que cette graminée a de commun avec toutes celles de cette famille qui croissent dans le voisinage de la mer.

Le *raphanus maritimus (sea radish)* croît en abondance dans les îles et sur les côtes occidentales de l'Écosse, et le *cucubalus maritimus (sea campion)* se plaît sur presque tous les rivages de la Grande-Bretagne. La première de ces deux plantes étale ses feuilles en forme d'étoile sur la surface des sables, et lance perpendiculairement du milieu de sa tige de grosses pousses succulentes, à la hauteur de 2 et 3 pieds. Elle conserve en hiver la fraîcheur de son feuillage; plus à l'épreuve de la gelée que le turneps et la plupart des espèces de choux, elle pourrait se cultiver en grand pour nourrir le bétail, dans les premiers mois du printemps, lorsqu'on a de la peine à remplacer les provisions épuisées. Cultivée dans les jardins, elle devient plus volumineuse et plus succulente, et remplace avec avantage le gros radis noir. Le *cucubalus maritimus* se distingue par un feuillage croquant et savoureux ; il a la senteur et le goût des plus belles cosses de pois de jardin; il est fort aimé des bestiaux. Les pousses de ses racines articulées consolident par leurs entrelacements la surface mobile des sables. Il donne beaucoup de graines. Très-commun dans les sables voisins de la mer, il croît avec vigueur parmi les plantes alpines et sur le sommet de quelques montagnes élevées de l'Angleterre.

Une multitude de plantes à fleurs couvre aussi les prairies sablonneuses des îles Hébrides. Le voyageur y trouve simultanément la fleur du trèfle blanc, rouge et jaune, celle du *cucubalus maritimus (sea campion)*, du *bunias cakile (sea rocket)*, de l'*astragalus arenarius (sandy wetch)*, du *geranium sanguineum (bloody cranes bill)*, enfin une grande variété de renoncules. La *vicia cracca (tufled wetch)* embellit des champs entiers de ses innombrables fleurs couleurs de pourpre. Les Hébrides ne récoltent pas de fourrage plus abondant, plus substantiel. Il se pâture très-bien sur place; non-seulement il convient comme fourrage naturel, mais on en pourrait tirer un plus grand parti encore si on le cultivait régulièrement.

Nous pourrons essayer dans les dunes et dans les landes, surtout dans le voisinage du nouveau canal, diverses espèces de cultures de plantes à racines pivotantes et profondes. On a cultivé avec succès la garance dans les sables des environs d'Haguenau en Alsace. Cette culture demande, il est vrai, des labours très-profonds et beaucoup d'engrais, ou plutôt le sol les demande, mais il existe peu de cultures qui soient plus profitables et qui tendent davantage à consolider le terrain et à l'approprier à d'autres emplois également productifs.

Il nous reste à indiquer les plantes annuelles que recommande le docteur Walker, comme propres à assujettir la superficie des sables. Il se borne aux six plantes suivantes :

Le phalaris des sables (*Phalaris arenaria*, L. — *Sea canary grass*);
L'auserine maritime (*Chenopodium maritimum*, L. — *White glass wort*);
La soude kali (*Salsola kali*, L. — *Prickly glass wort*);
L'arroche laciniée (*Atriplex laciniata*, L. — *Sea crache*);
L'arroche hastée (*Atriplex hastata*, L. — *Spear leared crache*);
La spergule des champs (*Spergula arvensis*, L. — *Sparrey*).

Cette dernière plante, la spergule des champs, cultivée depuis longtemps en Hollande, est au premier rang des fourrages maritimes; sa végétation est si rapide qu'en quelques semaines elle peut couvrir de verdure et fixer un terrain de sables mobiles. On peut y faire paître des bestiaux; mais si le principal objet de la plantation est de consolider un terrain sablonneux, on doit laisser mûrir les plantes et attendre que leurs graines tombent sur les sables. De toutes les plantes annuelles cultivées en plein champ, la vesce des bois *(commun tare)* et le sarrasin *(buck weat)* sont celles qu'il convient le mieux de semer sur un sable léger.

Rien n'est plus dangereux pour ces sortes de culture que le voisinage des dunes et autres éminences de cette espèce, parce que ces lieux sont plus exposés à l'action des vents, et qu'on parvient très-difficilement à les revêtir d'une couche végétale; mais si l'on ne peut aisément consolider leur superficie, on peut du moins assujettir, comme nous l'avons dit, leur masse intérieure par *l'arundo arenaria* et *l'elymus arenarius*. Le docteur Walker conseille d'y joindre diverses espèces de saules qui croissent fort bien dans les sables mobiles, surtout le *salix argentea* et celui des Hébrides, *salix hebridiana*, qu'on trouve en abondance sur la côte orientale de l'Écosse et dans les îles dont il porte le nom. Ces deux espèces non-seulement réussissent très-bien dans les sables mobiles, mais elles ont la propriété de s'étaler et de prendre racine dans la couche superficielle du terrain. Des boutures de ces saules, enfoncées à deux et trois pieds de profondeur dans les dunes, suffiront pour empêcher leur sables de couvrir à une grande distance les terrains environnants. A défaut de ces deux espèces, on peut encore y planter, avec succès, celles qui croissent presqu'à fleur de terre dans les fonds humides. Toute couche épaisse de sable mobile est favorable à la croissance des diverses sortes de saules; car si cette couche sablonneuse est aride et meuble à quelques pouces de la surface, en pénétrant à une plus grande profondeur, on est sûr de trouver l'intérieur humide et compacte, non pas tant par la filtration des eaux pluviales que par l'action ascendante des eaux souterraines, pompées à travers le massif sablonneux.

On comprendra que des plantes provenant de semis faits dans un sol aussi coulant et aussi mobile doivent, les premières années, être traitées avec beaucoup de ménagement. Il faut se contenter de les faucher la première année, et peut-être même la seconde et la troisième. On endommagerait inévitablement la plantation en y introduisant du bétail, des chevaux, même des bêtes à laine : les bestiaux défoncent la surface du terrain, les chevaux et les bêtes à laine rongent la plante jusqu'au cœur de la racine. Ces dernières font cependant moins de tort que les deux autres, parce qu'elles compensent celui qu'elles peuvent causer, au moyen de leurs graisses excrémentielles, si profitables à un semis de graminées. Mais si on voulait tirer de ces animaux un avantage bien plus considérable, sous ce dernier rapport, il conviendrait de les parquer, car alors, outre les dépôts de ces graisses, si efficaces pour enrichir le sol, on aurait leur piétinement pour le raffermir. Si l'on se borne à faucher, les premières années, il faut, immédiatement après l'opération, passer le rouleau sur le terrain, précaution indispensable pour bien enraciner et tasser le plant dans la terre.

Nous pouvons confirmer ce qui précède par un exemple récent d'une consolidation de sables, qui a converti en une très-bonne pâture environ cent vingt arpents d'un terrain complétement stérile. On trouve le compte détaillé de cette utile opération dans le sixième volume des *Transactions* de la société de la Haute-Écosse (*Highland-society*). En voici le résumé :

M. Alexandre Mac Leod, d'Harris, dans le comté d'Inverness, avait dans sa ferme un terrain de plus de cent acres d'Écosse complétement ensablé, en hiver et au printemps, et assez fortement pendant l'été. Ce terrain était couvert de bancs de sable très-élevés, où l'on ne voyait ni herbe ni verdure d'aucune espèce; mais, en revanche, la presque totalité de ce sable était calcaire, car il se composait de débris et de dépouilles de mollusques et d'une grande variété de coquillages. Ce motif détermina M. Mac Leod à essayer de le rendre productif. Les couches de sable de la côte orientale de l'Écosse, surtout dans les environs d'Aberdeen, et celles qui bordent les Murray *(frith* et *frith of forth),* sont siliceuses et granitiques. On sait que ces sables sont formés par les eaux qui les déposent : or, les eaux abandonnent plus facilement les matières siliceuses, qui ne sont que suspendues, que les matières calcaires tenues en dissolution. Les sables siliceux, ne conservant pas l'humidité, sont, par cette raison, très-mobiles et cèdent avec facilité à l'action des vents. Ces terrains doivent donc être d'une culture difficile.

En septembre 1819, il commença ses opérations en divisant le terrain et en y formant diverses clôtures par des pieux. Les plantations de l'*arundo arenaria* devant être faites dans un temps humide, il faut les commencer vers le 20 octobre, et ne pas les prolonger au delà des premiers jours de mars. Comme l'*arundo arenaria* peut se couper à rez de terre sans danger, qu'au contraire elle repousse bientôt avec vigueur, cette plante fut coupée à deux pouces en terre, au moyen d'une petite bêche à manche court et fort tranchante, l'ouvrier tenant la tige serrée de la main gauche. Un autre ouvrier s'empressa de l'aller planter dans une tranchée de huit à neuf pouces de profondeur, choisie vers les parties de terrain les plus exposées aux bouffées de sable. La bêche, dont on se sert pour la plantation, est d'une forme allongée et se termine en pointe. On planta, en tassant fortement, une poignée de l'*arundo* dans la tranchée, à la distance de douze pouces, plus ou moins, selon son exposition. Comme elle avait été bien assujettie en place, elle ne tarda pas d'enfoncer ses racines dans la terre et de les étendre sous la surface du sol, pendant le mois même de la plantation. Elle conserva sa verdure presque tout l'hiver. Au mois d'avril suivant, ses jeunes pousses commencèrent à paraître, et bientôt elles remplacèrent la vieille tige.

Cette plante ne demande aucun soin de culture, aucun amendement, qu'elle soit enterrée à la bêche ou à la charrue, ou semée à la volée. M. Mac Leod sema dans les intervalles libres une petite quantité de graine de navette, qu'il est nécessaire de couvrir aussitôt d'herbes marines ou de fumier.

Il ne faut que très-peu d'années pour voir croître dans les interstices de cette même plante, le trèfle blanc et le trèfle rouge, pourvu qu'ils y trouvent un bon abri. L'*arundo arenaria* produit ordinairement de la graine dès la première année; mais dans les situations exposées, il est rare qu'elle acquière assez de maturité pour être employée comme semence. Il convient donc, pour toute sûreté, lorsqu'on se trouve en présence de latitudes élevées, de propager cette plante par ses racines et non par ses graines.

Encouragé par le succès de cette première opération, M. Mac Leod se décida à enclore et à planter trois autres portions de terrains plus ou moins étendues, appartenant à d'autres exploitations, de manière qu'il joignit à la satisfaction d'avoir fertilisé plusieurs centaines d'arpents jusqu'alors stériles, le bonheur d'avoir préservé les cultures du voisinage d'un très-dangereux ensablement.

Le mélange des vieilles tiges et des jeunes pousses forme à cette plante une multitude de touffes, qui arrêtent et fixent les sables poussés par le vent, et abritent les graines apportées avec les sables. Bientôt ces graines s'y développent et remplissent les intervalles de la plantation. Les plantes qui y croissent le plus communément sont le *gallium verum*, l'*anthyllis vulneraria*, le *lotus corniculatus*, l'*aira canina*, l'*aspargia autumnalis*, le *carex arenarius*, l'*achillea mille folium*, le *sedum sexangulare*, le *daucus carota*, etc. On a remarqué un effet singulier de la formation du gazon croissant au pied de la plantation : il n'a pas plutôt pris possession complète du terrain, que l'*arundo arenaria* donne des signes de langueur et de décadence; elle dépérit et finit par céder la place à une plus utile végétation.

A Domburg, dans l'île de Walcheren, des arbres séculaires,

une forêt de cinquante hectares, offrent une délicieuse promenade. Cette végétation très-admirée existe depuis fort longtemps à l'intérieur des dunes. Avant l'époque des envahissements de la mer, il paraît, en effet, que le clocher de Domburg et les bois environnants en étaient éloignés d'une lieue, tandis qu'aujourd'hui ils y touchent. Les vapeurs salines trop abondantes nuisent à la végétation, aussi voit-on les arbres se pencher du côté opposé à la mer, et les têtes des vieux chênes souffrir et se dessécher dès qu'elles sont trop en prise à l'action du vent, en dépassant l'abri des dunes, tandis que les branches abritées sont verdoyantes.

Dans les derniers jours d'août 1848, nous avons parcouru les dunes, depuis Ostende jusqu'à la frontière de France, et, tout en observant des faits analogues, nous nous sommes assuré que la culture y prenait quelque extension; mais que ses progrès seraient bien plus rapides, si des moyens suffisants venaient en aide aux efforts individuels.

Depuis Ostende jusqu'à une certaine distance de Nieuport, l'espace couvert par les dunes n'offre qu'une zone assez étroite; en approchant de Nieuport, à partir du village de Westende, elle va en s'élargissant.

Près du village de Mariakerke, des chaumières se sont établies au pied des dunes; leurs jardins, dont le sol est le sable même des dunes, produisent d'assez beaux légumes, à l'aide des cendres de tourbe, seul combustible des journaliers qui occupent ces habitations. Ces jardins présentent d'assez grandes différences de culture; les chaumières dont ils dépendent varient également d'aspect. Les habitants les plus soigneux, ceux dont les chaumières étaient les mieux tenues, réunissaient, dans une fosse, des matières propres à convertir en engrais; et les choux, les céleris, les carottes, les poireaux, les betteraves, les oignons, les haricots et l'oseille y venaient bien. Il s'y trouvait aussi du tabac, mais la culture en était rare. Nous vîmes récolter des pommes de terre jaunes, qui donnaient un produit abondant.

La première précaution à laquelle ils songent tous, c'est de créer des abris. Les jardins, proportionnés à l'importance des chaumières, sont entourés de parapets en terre, auxquels viennent s'adosser des plantations de peupliers, d'aunes, de saules, etc., provenant de boutures.

A l'intérieur même des jardins, pour préserver un semis de carottes, dont la belle venue nous frappa, on lui avait donné comme abri, un enclos de branches sèches de 50 centimètres de hauteur.

Dans d'autres jardins, nous remarquâmes que les lignes de céleris et de poireaux étaient séparées entre elles par une élévation de terre d'environ 25 centimètres, qui les préservait du vent.

Le chemin longeant le pied des dunes, dont il n'est séparé que par les jardins et les chaumières, offre, sur une largeur de 20 mètres, un beau gazon bien fourni, parce qu'il a été foulé et pâturé depuis longtemps par le bétail. L'herbe est mêlée de beaucoup de trèfle, dont la croissance doit être attribuée à la chaux provenant de la décomposition d'une grande quantité de fragments de coquillages.

Le saule des sables se trouve en grande quantité dans ces dunes. Le frêne en têtard, l'orme tortillard, réussissent bien en plusieurs endroits. Nous avons rencontré une aubépine vieille et d'une belle taille, couverte de baies. Une haie de peupliers d'Italie, fraîche et vigoureuse, du côté opposé à la mer, avait ses rameaux dégarnis et desséchés du côté de la mer, par le souffle continuel du vent. En général, les plantations sont simples, tandis que, pour prospérer, elles devraient être épaisses, en rangées touffues, qu'on éclaircirait à mesure de la croissance. Cette remarque s'applique particulièrement aux peupliers d'Italie. Nous les avons trouvés d'une bien meilleure venue, groupés en grand nombre, que plantés isolément.

Entre Middelkerke et Westende se trouve un taillis d'aunes vigoureux, parce qu'il est abrité par une élévation de terre de 2 mètres. A Oostduynkerke, le lilas garnissait le versant des dunes près d'une ferme moins en prise à l'action du vent. Entre

Coxyde et la Panne, un très-vaste espace, abrité de tout côté par les dunes et formé du même sable, était pâturé par un troupeau très-nombreux de belles bêtes à cornes.

La Panne est un petit village qui s'étend le long du pavé conduisant de la mer à Furnes. Les pêcheurs qui l'habitent, aidés par les secours généreux de M. P. Bortier, de Bruxelles, qui y fait un noble usage de sa fortune, sont parvenus à fertiliser le sable des dunes. M. Bortier a fait bâtir de jolies habitations, de petites fermes, qui donnent à la Panne l'aspect le plus riant et le plus coquet. Grâce à ses soins bienfaisants, les sables mouvants ont été fixés et couverts de beaux produits, et ce n'est pas sans étonnement qu'on voit les petites fermes de ces lieux arides, entourées d'arbres fruitiers et pourvues de nombreux bestiaux d'une belle espèce.

Nous pensons qu'en multipliant les abris, en les disposant d'une manière convenable, en mêlant au sable des dunes l'humus qui lui manque, on pourrait utiliser une grande étendue des terrains qu'elles occupent; mais il nous paraît très-difficile, sinon impossible, de réussir dans les parties le plus rapprochées de la mer.

La tourbe se trouve presque partout à portée du canal de Furnes à Nieuport; il serait donc bien facile de la transporter là où les besoins du sol la réclament, car la construction de quelques embranchements à ce canal et de quelques routes pavées n'offrirait pas de grandes difficultés. La tourbe étant une production végétale, il est tout naturel de supposer qu'on peut la convertir en engrais. La grande difficulté est de soumettre cette substance à la fermentation.

Dans les bassins de décharge d'Ostende, les eaux amènent à chaque décharge une quantité de tourbe du fond. Des Anglais ont pris, il y a cinq ans, un brevet pour l'exploitation de cette tourbe et ont voulu l'employer à la fabrication du gaz; mais les produits en étant trop minimes, ils y ont renoncé, et peut-être aujourd'hui ne permettraient-ils pas de profiter de cette tourbe.

On trouve généralement la tourbe, en couches très-épaisses,

aux environs de Nieuport et de Furnes. D'après les renseignements que nous avons pris à Pervyse, village d'où l'on peut facilement la transporter par eau, la tourbe gît en couches de 8 à 10 pieds d'épaisseur, à la profondeur de 7 à 8 pieds sous le sol. On y extrait, par verge (15 centiares) 3,000 morceaux d'une pelletée de bêche chacun. Nous n'avons donc pas à craindre qu'elle fasse défaut, quelle que soit la quantité que réclame la fertilisation des dunes.

La première précaution à prendre pour l'emploi de la tourbe comme engrais, c'est de la briser et de la pulvériser dans un parfait état de sécheresse. Pour la débarrasser de l'acide carbonique qu'elle contient en quantité trop considérable, on la dispose en couches alternatives avec du fumier d'étable ou de la matière fécale. La décomposition de ces matières animales donne de l'ammoniaque qui, s'unissant à l'acide carbonique, surabondant dans la tourbe, forme du carbonate d'ammoniaque, lequel augmente de beaucoup la valeur de cette espèce d'engrais. La combinaison de l'acide avec l'ammoniaque ramollit la tourbe et facilite son entière décomposition. Pour activer la fermentation, on retourne les tas et on y ajoute de la chaux, dans la proportion de $^1/_5$ de la tourbe employée. Le tout doit être bien exactement mêlé.

On peut également obtenir le même résultat en employant les urines des étables, les eaux grasses ou les eaux de lessive pour arroser la tourbe mise en tas, que l'on mêle ensuite avec du fumier ou de la chaux, ce qui donne un engrais précieux pour les dunes.

En Angleterre, on emploie souvent une autre méthode en vue d'utiliser la tourbe comme engrais : c'est de la mêler avec de la potasse. Cette méthode conviendrait peut-être fort bien dans nos dunes écartées, où il est difficile d'obtenir des engrais. La quantité de potasse nécessaire est si minime, qu'il est aisé de se la procurer; en effet, 100 kilog. de potasse suffisent pour préparer la quantité de tourbe nécessaire à l'engrais d'un hectare, et plus la tourbe est sèche, plus on peut épargner sur la quantité de potasse qu'on emploie.

Pour assurer l'effet de la potasse sur la tourbe, il faut la faire dissoudre dans de l'eau bouillante. Après avoir bien séché et brisé la tourbe, on la dispose, en une couche d'un pied d'épaisseur, sur un espace carré. On allume du feu tout auprès, et on y établit une grande chaudière, dans laquelle on met 1 kilog. de potasse pour 20 litres d'eau. On a soin de remuer jusqu'à ce que l'eau soit bouillante. Cette dissolution est jetée ensuite, d'une manière égale, sur toutes les parties du tas; on s'arrête quand on l'a suffisamment humecté. On met ensuite une couche nouvelle de tourbe sèche, et l'on recommence l'opération jusqu'à complète saturation du tas. On peut ainsi élever successivement le tas à une hauteur raisonnable.

Lorsqu'on a préparé, de cette manière, une quantité suffisante de tourbe, on la laisse reposer pendant quelques semaines, puis on retourne le tas. Lors de cette dernière opération, il faut ajouter de la chaux vive et avoir soin de bien retourner et mêler à la bêche. Après quelques semaines de repos, le tas, ainsi mélangé, doit être retourné de nouveau et haché menu. La fermentation succède à ce remuement, et l'engrais est prêt à être employé.

Les points les plus importants pour la préparation de ces divers composts, sont :

1° De sécher complétement la tourbe;

2° De la briser autant que possible;

3° D'incorporer intimement les autres substances à la tourbe;

4° De laisser le tas reposer un temps suffisant, après chaque opération.

L'effet de la tourbe ainsi préparée sera très-avantageux sur les terres légères et graveleuses des dunes, non-seulement comme engrais, mais pour donner au sol plus de consistance. Si la tourbe est bien brisée et émiettée, elle forme un très-bon engrais à répandre en couverture sur les récoltes, lors de la croissance des plantes, ou bien sur les mauvais prés. Quand on l'emploie sur les blés, on doit choisir le printemps. En Écosse et en Angleterre, lorsqu'on l'applique à l'orge, on l'enterre à la herse, avec la graine.

Nous sommes entré dans ces détails, parce que l'engrais de tourbe nous paraît un auxiliaire bien utile et bien efficace, si l'on se décide à tenter la fertilisation des dunes. La facilité qu'offrent les voies navigables, la proximité et l'abondance des couches de tourbe feront sentir aisément le prodigieux avantage qu'il y aurait à utiliser, dans les villes de Nieuport, Furnes et Dixmude, les urines, les eaux grasses et les eaux de lessive pour en saturer une grande masse de tourbe, et en former, par le mélange de la chaux, un compost qu'on transporterait ensuite comme engrais dans les dunes.

L'exemple de ce qui se pratique à Gand et dans les autres villes des Flandres, pour le commerce du fumier, que les pauvres ramassent dans les rues, nous indique quelles importantes ressources on pourrait créer dans ces trois villes, dont le territoire riche et gras ne réclame pas l'emploi des urines et des autres engrais liquides, si nécessaires aux terres sablonneuses.

Afin de faciliter les transports, on pourrait recourir à la construction de quelques embranchements au canal qui s'étend le long des dunes. Ces canaux, combinés avec des chemins de fer provisoires, établis à l'aide de rails hors de service et reportés successivement dans les endroits qu'on voudrait amender, au moyen de la tourbe et de l'argile, permettraient de convertir en pâturages fertiles tout le terrain qu'on aurait au préalable entouré de plantations tutélaires.

XV. EMPLOI DE L'ARMÉE.

Économiser et simplifier autant que possible le travail, tel est le problème que l'on doit s'appliquer à résoudre dans l'organisation d'une grande exploitation agricole. A plus forte raison faut-il s'ingénier à réduire les frais d'une entreprise aussi considérable que celle des premières opérations du défrichement d'une vaste étendue de landes.

Ces opérations exigeront de grands travaux, tant pour le creusement des fossés destinés à écouler les eaux, afin de dessécher les terres, que pour le transport des amendements, des matériaux destinés à la construction des routes et des bâtiments d'exploitations rurales. Le labourage et les plantations demandent, à leur tour, un grand nombre de bras et d'attelages.

Nous devons donc songer à deux sortes de travaux essentiels pour l'agriculture, celui des attelages et celui qui se fait à bras d'hommes. Une batterie montée réunit, par son organisation, ces deux éléments de tout travail agricole, la main-d'œuvre et les moyens de transport et de labourage. Nous proposons d'en organiser une, spécialement pour le défrichement, parce que le travail des attelages est le plus important et le plus coûteux : il est le plus important, parce que le défrichement réclame une suite d'opérations qu'il ne faut ni interrompre, ni réduire, de crainte de ne pouvoir façonner convenablement les terres en temps opportun; il est le plus coûteux, parce qu'il entraîne non-seulement l'entretien des animaux, mais aussi celui de leurs conducteurs, et que cet entretien doit se compter, pour toute l'année, et non par journée de travail, comme dans une entreprise particulière. De plus, au début d'un défrichement, les travaux n'étant pas toujours également répartis, ni les mêmes, chaque année, on est dans la nécessité d'entretenir plus d'attelages qu'il n'en faudrait pour l'exécution de travaux plus réguliers. De là une masse de fortes dépenses pour les particuliers. Ils se trouvent donc en face de conditions désavantageuses. Le Gouvernement, au contraire, en utilisant les chevaux de l'artillerie, a tous ses frais couverts, et peut exécuter les travaux du défrichement avec une grande rapidité et sur une grande échelle.

Le cultivateur doit chercher à économiser le plus possible sur ses attelages, et il ne le peut qu'en restreignant les cultures qui exigent beaucoup de travaux d'attelage, en mettant une partie de ses champs en pâturages, si quelque autre cause ne s'y oppose; en recourant à la jachère complète pour mieux répartir les travaux, et surtout en procédant avec une sage lenteur.

Le Gouvernement, doté des puissants moyens que nous allons indiquer, peut agir vite et bien pour secourir nos compatriotes des campagnes des Flandres.

Ces quelques considérations nous montrent déjà, à l'évidence, l'immense avantage qu'aurait le Gouvernement belge, qui affecte à une destination purement militaire la dépense nécessaire à l'entretien de 5,000 chevaux, s'il employait, pour la transformation des landes en terres fertiles, 200 hommes et 200 chevaux, choisis spécialement à cette fin, et s'il en augmentait le nombre, à mesure que l'expérience viendrait à démontrer les bons résultats qu'on retirerait de leur travail.

Dans la Campine, le sol est très-léger, c'est un grand avantage; deux chevaux, un cheval même, suffit à la charrue, qui peut labourer, en un jour, une étendue de terre double de celle qui exige, dans les terres très-fortes, une charrue attelée de quatre chevaux. La proportion est donc de 8 à 1 ; ainsi, sans exiger une quantité démesurée de bêtes de travail, le défrichement s'opérera dans nos landes sablonneuses avec une étonnante rapidité.

Nous proposons de faire choix, dans l'artillerie montée, de 200 hommes, cultivateurs de profession, avant leur entrée dans l'armée, habitués à la culture des terres sablonneuses, situées dans les deux Flandres, la province d'Anvers et le Limbourg.

Nous aurons ainsi l'équivalent de la force active d'une grande commune rurale. En effet, ces 200 hommes, tous jeunes et forts, et comparativement bien nourris, seraient, dans leurs villages respectifs, des travailleurs d'élite, à cause de leur âge et du bon choix qu'on en fait, lorsqu'on les désigne comme miliciens pour l'artillerie.

Pour nous faire mieux comprendre, à cause de l'habit qu'ils portent, supposons un instant que ces hommes ne soient point au service militaire, mais que le Gouvernement ait le droit de disposer légalement de 200 travailleurs d'élite, l'élément le plus vital de la campagne, et qu'il les prenne dans les villages des quatre provinces que nous venons de désigner, là où bon lui semble. S'il réunissait alors ces 200 travailleurs sur un point déterminé des landes, en leur donnant, pour les diriger, des chefs capables de mener convenablement les travaux qu'il y aurait à exécuter, et en mettant à leur disposition 200 bons chevaux de trait, quels immenses résultats ne pourrait-il pas attendre d'une pareille combinaison, d'une pareille concentration de force d'action agricole, si nous pouvons nous exprimer ainsi!

200 travailleurs représentent l'élément le plus vigoureux de la population d'une commune de 1,000 âmes, parce que chacun d'eux peut soutenir une famille par son travail, et que l'on compte, en général, 5 têtes par foyer.

200 chevaux de trait nous donnent 100 charrues. Dans les Flandres, les fermiers cultivent, avec 100 charrues, 2,250 hectares, sans qu'ils en tiennent la moitié en prairies, comme nous proposons de le faire pendant les six premières années du défrichement.

100 charrues, à 2 chevaux, opéreraient vite dans le sol léger des landes, après qu'il aurait été défoncé.

On compte 250 jours de travail par année et par attelage. En supposant qu'une de nos charrues laboure 50 ares (2 journaux) par jour, nos 100 charrues laboureraient, chaque jour, 50 hectares, si elles pouvaient toutes être employées à ce travail, et quarante jours suffiraient pour mettre en contact avec l'air atmosphérique la couche supérieure du sol qu'on veut soumettre à la culture et pour assurer, par le fait du défoncement, au moyen d'une seconde charrue qui suivrait la première, la filtration des eaux dans la couche inférieure. En Norfolk, où le sol a la même constitution géologique que celui de la Campine, sur lequel nous proposons d'opérer, la charrue retourne parfaitement, à 5 ou 6 pouces de profondeur, 2 acres, qui font 81 ares et 8 centiares. Cette étendue de 2 acres y est communément considérée comme l'ouvrage d'une journée pour la charrue.

Nous comptons la moitié du temps en plus, soit soixante

jours, parce qu'une partie des attelages serait employée à d'autres travaux, ou se trouverait peut-être momentanément hors de service, et qu'il faut déduire aussi $^{1}/_{7}$ pour les jours de repos ou les dimanches.

En Flandre, on compte deux chevaux (1) par ferme de 20 hectares. Van Aelbroeck (2) estime qu'une couple de chevaux suffit pour assurer le travail d'une ferme de 22 à 23 hectares, étendue ordinaire de celles des environs de Gand. Cette donnée est la même que celle du comte de Lichtervelde, mais en ajoutant les prairies aux terres de labour.

D'après les données que nous proposons, la culture serait réduite à 2 $^{1}/_{2}$ hectares par cheval, à cause de la conversion en prairies de la moitié des terres. Le défrichement, confié à la troupe, marcherait donc avec une étonnante célérité.

Les travaux de labourage qui demandent deux mois, devraient commencer vers le milieu du mois de mars. La terre retournée profiterait des gaz fertilisants qu'y introduiraient les pluies d'équinoxe, dont les sables s'imbibent.

Il nous paraît possible, d'après le large calcul que nous venons de faire, de labourer la majeure partie des 1,000 hectares du 15 mars au 15 mai, et de leur faire produire, à l'aide du fumier, de la chaux et du plâtre mis en couverture, les récoltes que nous avons indiquées au chapitre du défrichement.

Le Gouvernement dispose donc d'une grande force agricole, qui gît dans l'artillerie montée. Dès qu'il voudra l'appliquer aux travaux de défrichement, il pourra créer, en peu d'années, l'équivalent d'une nouvelle province, pour ainsi dire sans frais, puisque l'entretien des hommes et des chevaux est assuré ailleurs.

Le début d'un défrichement est coûteux et pénible, parce que le sol ne produisant rien, il faut souvent tirer de loin tout ce

(1) Le comte de Lichtervelde, *Mémoire sur les fonds ruraux*. Gand. 1815, p. 62.

(2) *Agriculture de la Flandre*, p. 109.

qui est nécessaire à la nourriture des hommes et des animaux. Ici, rien de semblable, ni vieillards, ni femmes, ni enfants; le transport de la nourriture est réduit au *minimum* indispensable pour une phalange de travailleurs actifs, qui peut progresser sur une vaste zone de terres incultes, se fixant sur le sol, à l'endroit désigné, pour lui faire subir une transformation complète; l'abandonnant ensuite, dès qu'elle en a assuré la fécondité, pour continuer sa marche fertilisante.

A mesure que les landes auraient été mises en état de produire, qu'elles seraient sillonnées de fossés pour l'écoulement des eaux, traversées par des routes nombreuses, garnies de plantations qui assurent aux récoltes un abri protecteur, pourvues de bâtiments d'exploitation, l'État opérerait, à son profit, la vente de ces propriétés rurales.

Dès que ces fermes nouvelles entreraient dans le domaine privé, les acquéreurs, pour continuer la culture, devraient nécessairement y installer une population nombreuse, afin de suppléer la troupe qui se serait portée sur une nouvelle partie de landes de mille hectares.

Mieux vaudrait peut-être d'opérer comme nous allons l'indiquer :

La première année serait consacrée au défrichement;

Pendant la deuxième, on construirait une ferme par bloc d'environ cinquante hectares;

La troisième année, on y installerait un fermier sans bail et pour un modique loyer;

Pendant les trois années suivantes, on élèverait progressivement son bail au niveau de la valeur des terres, et l'on mettrait la ferme en vente, après la construction des routes.

Dans les fermes actuelles des Flandres, lorsque la famille est nombreuse, un seul des fils succède au père, parce que le propriétaire ne peut diviser sa ferme. Il en résulte que les autres fils ne s'établissent point, faute de fermes disponibles.

Nous trouverons une pépinière précieuse de fermiers intelligents dans ces derniers, qui, ne pouvant obtenir la même occupation dans les champs où ils ont passé leur jeunesse, ne se soucient pas de donner un travail de mercenaire à cette même terre qu'ils ont cultivée longtemps pour leurs pères. A l'âge de vingt-cinq à trente ans, ils sont dans une position difficile, parce qu'ils ne peuvent ni se marier ni s'établir à leur tour, plusieurs ménages s'entendant mal pour la vie en commun sous le même toit. Ce fait se produit presque généralement dans la plupart des fermes de la Flandre, et des milliers de ces fils de fermiers sont disponibles.

Ces fils de fermiers possèdent une longue pratique de la culture des terres sablonneuses et souvent un petit capital résultant de leur part dans l'héritage du père. S'ils étaient sûrs d'occuper dans la Campine quelques fermes attenantes les unes aux autres, la difficulté qui avait arrêté leur placement n'existant plus, ils pourraient se marier à une fille de fermier, qui les seconderait très-bien dans la direction d'une exploitation agricole, et dont la dot augmenterait le pécule dont chacun d'eux pourrait disposer. Ainsi, en leur donnant la certitude de s'établir dans une ferme, avantage qui leur manque dans les Flandres, puisqu'ils n'y ont pas de terre, nous trouverons un nombre suffisant de fermiers expérimentés, instruits et actifs, tout formés et tout prêts à entrer dans les fermes que nous proposons de construire sur les terres fertilisées par la troupe, pour peu qu'ils jugent les conditions avantageuses.

Ce que nous avançons ici est prouvé à Meerle, sur les terres défrichées par MM. Voortman et Jacquemyns, auxquels beaucoup de fermiers s'adressent pour obtenir à bail des landes, à mesure qu'elles sont défrichées, à l'instar des premiers qui s'y sont établis et dont la prospérité les stimule comme un exemple à suivre.

On conduirait sur les lieux, au moment où la récolte de la deuxième année est sur pied, quelques-uns de ces fils de fermiers, reconnus aptes à diriger une exploitation agricole, dans les terres sablonneuses dont ils connaissent la culture depuis leur enfance. En voyant les fermes et les terres, ils se feraient une idée exacte de la valeur de l'exploitation et établiraient leurs calculs. Nous sommes persuadé que le Gouvernement agirait dans son propre intérêt, en leur donnant ces terres à très-bas prix, pendant les deux premières années. En vue de les aider, on s'engagerait à faire pour eux les transports indispensables, pendant ces deux premières années, à un prix convenu. Ils seraient alors à même de suppléer, à l'aide d'un petit capital, au bétail qui leur manque, en achetant quelques vaches laitières et une certaine quantité de veaux, dont ils garniraient leurs étables. Après peu d'années, ces veaux seraient autant de bêtes à lait ou de boucherie.

Chaque fermier se procurerait ainsi les engrais nécessaires, en faisant consommer les fourrages et les pailles produits par les cinquante hectares de sa ferme. A mesure que ce bétail, par le fait de sa croissance, exigerait plus de nourriture, le fermier en vendrait quelques têtes et achèterait, au moyen des sommes qui en proviendraient, ce qui lui manque pour compléter le matériel de la ferme. La fermière dirigerait la laiterie qui, à la quatrieme année après le défrichement, la seconde après l'installation du fermier, serait en pleine vigueur; de sorte qu'à la cinquième année, l'augmentation du produit permettrait celui du prix de loyer, et la ferme serait dans des conditions d'exploitation favorables aux yeux des capitalistes, qui se présenteraient pour la visiter, au moment de la mise en vente simultanée de plusieurs autres. Cette vente aurait lieu à la sixième année après le défrichement. Les acquéreurs règleraient naturellement leurs enchères, d'après l'intérêt qu'ils retireraient du capital engagé. D'autre part, des terres amendées par l'argile, situées à portée de routes pavées et pourvues de bâtiments bien appropriés, se vendraient sans doute de 1,200 à 1,500 francs l'hectare, ce qui n'est pas exagéré, puisqu'on voit de médiocres terres, dans des conditions moins avantageuses, se vendre à ce prix.

Le Gouvernement retirerait sans doute également un bénéfice de la construction des bâtiments, lors de la vente, puisque les particuliers qui, comme lui, auraient à payer les matériaux et la main-d'œuvre, ont à payer de plus le transport de ces matériaux, lequel nécessite une dépense fort considérable et dont bénéficierait le Gouvernement. Nous calculons le bénéfice total à 1,000 francs par hectare. Le Gouvernement, en opérant sur cent mille hectares de landes qu'il peut défricher par la troupe, en moins de vingt ans, ferait entrer ainsi cent millions dans les caisses de l'État.

L'acquéreur, s'il n'avait point de fermier à la main, serait heureux de conclure un bail avec celui qui cultive ces terres. S'il en était autrement, notre fermier irait occuper de nouveau, à bas prix, une autre ferme, sur un défrichement de deux ans, comme il l'aurait fait trois ans auparavant. Il s'y installerait alors, pourvu du bétail et du matériel nécessaire : ce qui serait tout à son avantage et lui ferait réaliser de grands bénéfices, à cause du bas prix de ses terres.

Ces conditions lui sont très-favorables, puisque, s'il ne peut s'entendre avec l'acquéreur ni conclure un bail à long terme, il trouve toujours une ferme nouvelle, prête à le recevoir à un prix tel qu'il doit avoir au moins autant de bénéfice à changer de terre, à cause du bas prix, qu'il en aurait à continuer, à un prix plus élevé, la culture de celle qu'il occupe.

Ces fermiers, tirés des villages de la Flandre, amèneraient avec eux bon nombre de campagnards, pour les employer comme journaliers, domestiques de ferme, garçons d'étable ou vachers, etc. Leurs familles seraient installées dans de petites chaumières construites pour elles à portée de la ferme. Ces familles, avec leur chef, conviennent le mieux pour la culture dans la Campine, parce qu'elles ont une longue pratique de la culture d'une terre pareille, et surtout l'habitude des soins que réclame la récolte du lin, qui croît très-bien dans ces landes nouvellement défrichées. Cependant M. Voortman, qui en a fait l'expérience à Meerle, doit, à regret, y renoncer, parce qu'il ne peut trouver le moyen de faire donner au lin les soins nombreux que cette plante exige.

Le Gouvernement parviendrait à soulager ainsi d'une manière efficace la population des Flandres, comme nous avons eu occasion de le faire remarquer déjà.

Il y aurait encore un autre avantage pour l'État : les achats de chevaux pour l'artillerie, lors d'une apparence d'hostilité, et leur revente, peu de mois après, lors d'une apparence de paix, ne peuvent s'effectuer sans de grandes pertes pour le trésor public. L'État ne peut conserver un nombre suffisant de chevaux, parce que leur entretien coûterait trop. Mais lorsque ces chevaux créeront la nourriture qu'exige leur entretien, et qu'on les emploiera à de grands travaux productifs pour le trésor, leur présence, loin d'être une charge, deviendra une source de bénéfices, et leur emploi au défrichement sera pour l'État une combinaison éminemment lucrative.

Les achats et les reventes de chevaux résultant des appréhensions de guerre et des espérances de paix, se sont représentées, avec les dépenses qu'elles entraînent, en 1839 et en 1848, mais, cette fois, dans une moindre proportion.

Note ajoutée depuis le jugement du concours. — Si le Gouvernement entrait dans ces vues, le défrichement s'opérerait comme suit :

La troupe se porterait successivement sur divers points des landes, pour y mettre les terres incultes en état de produire les pailles et les fourrages nécessaires au bétail, dont le fumier assurera la continuation de la culture.

Dès que la troupe abandonnerait une étendue de terre de mille hectares, suffisamment fertilisée pour assurer la subsistance d'une population flamande et de son bétail, celle-ci viendrait s'y installer, tandis que la troupe mettrait en culture un nouvel espace.

Cette population flamande, composée de journaliers avec leur famille, habiterait des chaumières groupées à portée de fermes qui se loueraient à des cultivateurs d'une classe plus élevée, à des fils de fermiers flamands, dont un grand nombre ne trouvent pas à s'établir, faute d'occasion, dans les Flandres, où toutes les fermes sont occupées.

Les journaliers vivraient du produit d'un petit champ dépendant de leur chaumière, et du salaire que leur rapporterait, ainsi qu'à leurs femmes, le travail à la ferme. La culture flamande y réussirait infailliblement, parce que ses procédés conviennent très-bien à la Campine, dont le sol et le climat sont analogues à ceux de la Flandre.

Après une expérience favorable, tentée à l'aide d'une seule batterie montée, on opérerait progressivement sur une plus grande échelle, et le Gouvernement obtiendrait un énorme bénéfice de la vente successive d'une vaste étendue de terres fertilisées par l'artillerie.

Une autre considération fort importante milite en faveur du défrichement par le Gouvernement, au moyen de l'artillerie : c'est la difficulté de se procurer et d'amener sur place les engrais nécessaires. Cette difficulté est signalée dans le rapport de M. l'ingénieur en chef Kummer, *Moniteur* du 3 août 1848, page 2114; il dit avoir employé sur deux hectares tout l'engrais qu'il a pu se procurer sur les lieux, en ayant recours au fumier des quatre chevaux appartenant à la brigade de gendarmerie d'Overpelt. La récolte de ces deux hectares produisit 12 pour cent du capital engagé (page 2116, à la 2me colonne).

Cette difficulté si grande pour les particuliers n'existe pas pour le Gouvernement, qui peut disposer du fumier que produisent les chevaux des régiments en garnison à Malines, Louvain, Bruxelles, Gand et Anvers. On irait l'enlever régulièrement, chaque semaine, à jour fixe, dans l'une de ces garnisons situées toutes sur le chemin de fer. La direction assurerait le transport des chariots partant à vide d'Anvers et revenant chargés, pendant que les attelages s'y reposeraient pour reconduire, le lendemain, les chariots à l'endroit où se fait le défrichement.

Une seule fois par semaine, au jour déterminé, les chariots, à leur arrivée à la station, dans chacune de ces garnisons, seraient immédiatement attelés, conduits à la caserne, chargés et ramenés à la station.

S'il y avait plus d'avantage pour l'État à faire le transport par eau, toutes ces garnisons s'y prêteront également.

Le Gouvernement peut ainsi surmonter le plus grand obstacle à la fertilisation des landes de la Campine : celui d'amener sur place une quantité de fumier suffisante pour en obtenir une première récolte. Le but que nous devons atteindre, c'est d'entretenir du bétail qui nous procure les engrais destinés aux récoltes ultérieures.

Sans bétail point de fumier; donc nos terres ne sauraient nous fournir par elles-mêmes les engrais, tant qu'elles ne produiront ni les pailles ni les fourrages indispensables au bétail. Mais pour récolter pailles et fourrages, il faut d'abord mettre la terre en état de les produire.

De là, nécessité inévitable d'amener sur chaque hectare qu'on défriche une quantité suffisante d'engrais tirée du dehors, pour en obtenir la première récolte, qui émancipe en quelque sorte la terre, au point de vue de la fécondité; car cette récolte, convertie en fumier par le bétail qui la consomme, offre le moyen de restituer à chaque hectare plus de force productive qu'il n'en a perdu.

Dès lors, on peut augmenter progressivement la fertilité du sol par le sol lui-même, qui, à l'aide de la première fumure indispensable, doit se suffire, si l'on a soin, pendant quelques années, de lui rendre, sous forme d'engrais, tout le produit ou l'équivalent du produit de ses récoltes. Il ne faut donc pas, au prix même de quelques sacrifices, hésiter à tirer du dehors des engrais en grande abondance, qu'il s'agit surtout de bien employer.

Le rapport de l'ingénieur Kummer nous prouve que les particuliers ne peuvent guère se procurer cet élément producteur indispensable, élément *primordial*, puisque, à l'aide des récoltes qu'il donne, il garantit le succès de toute la culture subséquente, qui ne dépend plus alors que d'un bon système d'assolement et d'amendement.

XVI. ROUTES ET VOIES DE COMMUNICATION.

Le premier moyen, dit Sinclair, d'introduire des améliorations dans l'industrie agricole d'un pays, c'est d'y construire des routes.

Les routes coûtent beaucoup d'argent et le trésor public n'est pas toujours à même de faire les sacrifices que comporte leur construction. Si l'on doit recourir à l'entreprise, le pays tout entier contribue à payer des améliorations qui, en définitive, profitent directement aux possesseurs des terres environnantes, par l'augmentation de valeur qu'acquièrent leurs propriétés, grâce à la dépense faite par le Gouvernement. Dans un pays où la population est aussi clair-semée que dans la Campine, il n'est pas présumable que, d'ici à longtemps, les entreprises particulières se chargent de spéculer sur la confection des routes. Ce n'est que lorsque les centres de population se sont multipliés et rapprochés, que l'esprit d'entreprise s'attache à calculer le produit probable des routes, en le comparant aux sommes que nécessite leur construction.

Rien ne peut mieux contribuer à l'amélioration de nos landes que de bonnes routes. Les matériaux ne manqueront pas aux empierrements, si l'on utilise les fragments qui obstruent les carrières sur l'Ourthe et que les propriétaires de ces carrières y délivrent pour rien, heureux d'en être débarrassés, à cause de l'encombrement résultant de ces débris. Nous construirons donc des routes à un prix bien minime, si nous parvenons à transporter gratuitement ces mêmes débris, depuis les carrières jusqu'à pied-d'œuvre.

Nous avions principalement en vue cette utile opération, en insistant sur le concours que prêteraient des travailleurs et des attelages fournis par l'armée, dont le séjour dans la Campine doterait, pour toujours, cette contrée d'un immense bienfait. Elle aurait, en effet, rendu les roulages faciles, économiques et rapides pour l'agriculteur, à la prospérité duquel l'économie et la célérité sont deux conditions indispensables, dans une contrée où l'amélioration agricole présente de grandes difficultés à vaincre.

Des carrières de l'Ourthe, on transporterait bien facilement ces matériaux par la Meuse et le canal de la Campine, en y employant quelques bateaux conduits par des pontonniers en garnison à Liége. Du canal de la Campine on les voiturerait, pendant l'hiver, au moyen des attelages employés au défrichement. Il est superflu de dire que la construction des routes commencerait par l'extrémité aboutissant au canal, de manière à faire servir à leur consolidation le transport successif des matériaux.

Nous pouvons citer un exemple remarquable de l'action que produit sur le défrichement la construction des routes. Dans le pays de Waes, près de Belcele, village entre Lokeren et St-Nicolas, une certaine étendue de bruyère se maintint fort longtemps après que toutes les autres, longeant la route, avaient été défrichées. La route n'était point pavée dans cette partie, parce que les entrepreneurs, que leur contrat obligeait à en supporter, quelques années, les frais d'entretien, y laissèrent, à dessein, cette solution de continuité le plus longtemps possible, afin que les gros chariots ne pussent la parcourir de Gand à Anvers sans rompre charge. Pour éviter cet inconvénient, on ne chargeait que des voitures plus légères, et la route se conservait beaucoup mieux, au grand avantage des entrepreneurs, mais au détriment du public. Cette route, commencée en 1775, ne fut entièrement terminée qu'une trentaine d'années après, lorsque le passage de Napoléon, en 1803, força les entrepreneurs à la parachever. Depuis lors, peu d'années s'écoulèrent, qu'on vit disparaître entièrement la bruyère. Elle a disparu presque complétement aussi le long de la chaussée d'Anvers à Breda, et les progrès rapides des défrichements qui côtoient la route construite, il y a peu d'années, d'Oostmalle à Hoogstraeten, promettent que là aussi la route aura bientôt repoussé le contact de la bruyère qui, moins fertile, le long du pavé d'Anvers à Turnhout, est restée plus longtemps inculte.

En parcourant le chemin de fer de Gand sur Anvers, dont le tracé est parallèle à la route, on est frappé de la dissemblance que présente la culture de ce parcours avec celle des terres qui longent le pavé : les sapinières abondent près du chemin de fer, et l'on ne reconnaît plus là le beau pays de Waes.

Il serait donc inexcusable de ne pas donner toute l'attention qu'il mérite, à ce mode de construction de routes, si facile et si économique. Cette opération, qui est de la plus haute importance, au point de vue de l'accélération des défrichements, est toute dans l'intérêt de l'État, car elle peut, sans frais, augmenter considérablement la valeur des terres qui se trouveraient presque toutes à la portée des routes nombreuses, dues aux travaux des troupes qu'on emploierait au défrichement de la Campine. Ces routes, dont la construction se ferait graduellement, seraient parallèles à la distance de quelques kilomètres et reliées entre elles, afin que toutes les terres à mettre en exploitation pussent bien en profiter.

Les troupes creuseraient aussi les canaux de desséchement, dont le développement doit activer les grandes améliorations agricoles. Les voies navigables se lient à l'écoulement des eaux surabondantes, qui nécessite le creusement de ces voies. Il est inutile d'en chercher la perfection, il vaut mieux les multiplier, en les combinant avec les travaux de desséchement, afin d'aboutir, par eau, presque partout, ce qui n'est pas difficile dans un territoire aussi plat, qui exigerait peu d'écluses, où le terrain coûte peu de chose et où l'on exécuterait presque pour rien les travaux de déblai et de remblai.

Nous avons insisté itérativement sur ce point à cause des immenses avantages qui s'y rattachent. L'exécution est d'ailleurs facile, si l'on creuse des canaux de décharge d'une dimension pareille à celle qui est usitée dans les environs de Gand et dont le Vaerdeken et le Burgraven-stroom peuvent nous donner l'idée la plus exacte, parce qu'ils sont navigables sur divers rameaux, dans une étendue de plusieurs lieues, qui offrent, grâce à leur utile parcours, des dépôts de briques, tuiles, chaux, etc.

De tels canaux suffiraient, la mise en culture et l'amélioration du sol feraient, en peu de temps, de très-grands progrès. Nous ne reviendrons pas sur ce que nous avons dit à cet égard. On appréciera facilement qu'il importe peu que ces canaux soient navigables ou non, pendant une grande partie de l'année, pourvu qu'on puisse, dans la saison des pluies, transporter à peu de frais les approvisionnements pondéreux : la houille, les briques, les tuiles, les bois de construction, la chaux, les engrais et autres amendements, tels que le limon de l'Escaut, etc., en les chargeant sur des bacs d'un faible tirant d'eau, semblables à ceux dont on se sert pour draguer les canaux dans les villes de la Flandre. Ces canaux, tout en facilitant le transport de ces objets et l'écoulement des produits, auraient l'avantage de ménager les routes pavées ou empierrées, et permettraient de les conserver dans un état praticable, sans de fortes dépenses d'entretien; ils apporteraient ainsi un perfectionnement très-important à l'état matériel de la Campine.

C'est par la combinaison de tels moyens, que nous parviendrons à effacer la grande lacune que les landes de la Campine laissent encore dans notre sol cultivé. Bientôt, il faut l'espérer du moins, grâce aux incitations de l'Académie, grâce à l'active énergie du Gouvernement et au concours patriotique et dévoué de l'armée, ces landes dont la vue nous attriste, parce qu'elles sont susceptibles de nourrir, dans l'aisance et le bonheur, une nombreuse population, obtiendront, à leur tour, une transfor mation analogue à celle qui fertilisa, il y a quelques siècles, le pays de Waes. Abandonnerons-nous longtemps encore aux angoisses du besoin cette population rurale des Flandres, si précieuse pour les terres nouvellement défrichées, puisque la culture d'un sol sablonneux, pareil à celui de nos landes, lui est familier?

XVII. CONCLUSIONS. — PAUPÉRISME. — RÉSUMÉ.

Plusieurs causes s'opposent au défrichement par des entreprises particulières. Le défrichement exige de trop grandes sommes, pour que celui qui l'entreprend ne soit point arrêté ni gêné dans ses travaux. En projetant une telle opération, il est d'une haute importance de savoir si l'on peut ou si l'on ne peut pas y donner des soins continuels. La plupart des personnes qui, par leur fortune, seraient à même de s'occuper de pareilles entreprises, sont étrangères à l'agriculture par leur position et par leurs habitudes.

Si l'on s'en rapporte à un agent préposé à la surveillance, on doit, à moins d'avoir un singulier bonheur, s'attendre à des mécomptes, qui font renoncer souvent à ces projets, après une grande perte d'argent. Le défaut d'expérience et d'attention a fait dépenser des sommes considérables à quelques personnes, ce qui a inspiré une telle terreur des entreprises de défrichements, qu'on voit bien souvent en butte à toute l'aigreur de la critique ceux qui, par leurs habitudes et par leurs dispositions, ont plus de chances de réussite. Nous devons citer particulièrement, parmi ces derniers, M. le comte Augustin de Baillet, qui a mis en culture, avec un grand succès, à Brasschaet, les mêmes bruyères qui avaient précédemment amené la ruine de M. Foulé. M. de Baillet opère, il est vrai, dans des conditions tout à fait dissemblables de celles de son prédécesseur. La culture plus étendue du sapin a fourni des abris; et chaque année, M. de Baillet a pu disposer jusqu'ici du fumier que produisent 400 hommes et 180 chevaux, pendant un séjour d'environ trois mois, sur les landes, lors des exercices du polygone d'artillerie.

M. Frédéric Van der Brugge de Nayer, de son côté, a parfaitement réussi dans la Flandre occidentale, à Wynghene, près de Ruysselede.

Pourquoi faire des frais inutiles? Tel est le dicton ordinaire; pourquoi hasarder des essais téméraires et lutter contre la nature? Dès lors, on croit avoir tout dit; vous avez beau citer les exemples qui ont réussi ailleurs, vous n'en passez pas moins pour un rêveur absurde, et vous êtes désigné comme tel aux ignorants.

Chez bon nombre de petits cultivateurs de la Campine, c'est un préjugé bien arrêté, que leurs pères et leurs prédécesseurs ont été suffisamment instruits par l'expérience, dans l'art de cultiver les terres qu'ils habitent et d'en tirer le meilleur parti possible. Ils disent qu'il vaut mieux se conformer avec persévérance à ce qui existe, afin de n'encourir ni travail, ni frais inutiles, sans la moindre certitude d'un résultat heureux.

Il est vrai que leur défiance est justifiée, jusqu'à un certain point, par la grande diversité d'opinions de la plupart de ceux qui leur donnent des conseils d'amélioration; mais, pour le public éclairé, il est juste d'admettre que la science agricole a fait de grands progrès depuis l'époque où l'on a cultivé, dans la Campine, d'après la méthode que les prédécesseurs de la génération actuelle ont adoptée, et dont la plupart des cultivateurs campinois s'obstinent encore aujourd'hui à ne pas se départir.

La science agricole, dans ces derniers temps, a retiré un grand avantage de l'application d'utiles découvertes en chimie, en physique, en physiologie végétale.

Davy, Liebig, Boussingault, Payen, etc., en Angleterre, en Allemagne et en France, ont donné une puissante impulsion aux progrès de l'agriculture. En appliquant le fruit de leurs découvertes, il y a peu de terrains si ingrats qu'on ne puisse améliorer, pourvu qu'on y mette du jugement et de la constance.

Les sables les plus secs, les plus stériles, ont été rendus productifs par le mélange de la glaise ou d'autres terres. Les terres aigres s'améliorent par la chaux et les cendres. Les marais ont été convertis en terres fertiles par des saignées, pour en écouler les eaux, et les effets de cette amélioration sont souvent efficaces, au point de rendre les marais desséchés très-productifs, tandis que, dans bien des cas, les frais du dessèchement n'ont pas été fort coûteux.

L'expérience prouve que l'usage de la chaux est d'un effet prodigieux sur les terres nouvellement défrichées dans la Campine. La chaux est à bas prix en Belgique, et elle peut être transportée à bon compte par le nouveau canal.

La main-d'œuvre occasionne une dépense énorme, mais l'emploi de l'armée offre le moyen de supprimer presque entièrement cette dépense.

Nous avons vu, à la partie historique, quels motifs futiles on opposait, après les guerres de Louis XIV, en Hollande, à ceux qui proposaient de défricher les landes, en profitant de l'expérience des Flamands et des Brabançons qui, depuis longtemps, et chaque jour encore, à cette époque, mettaient en culture une étendue considérable de terres arides et sablonneuses, au moyen du fumier qu'ils tiraient de la Hollande même. L'auteur du mémoire hollandais que nous avons cité, proposait, il y a plus d'un siècle, le moyen que nous proposons aujourd'hui : il voulait qu'on établît dans les landes quelques familles pauvres de Flandre ou de Brabant, connaissant à fond la culture des terres sablonneuses, et qu'on leur accordât des avantages, afin de les stimuler par leur propre intérêt. Maintenant ce moyen serait bien plus facilement praticable, et le serait sur une plus grande échelle, à cause de la misère qui afflige les populations flamandes.

Le pays de Waes, la Flandre presque entière, les environs de Malines, toutes les localités enfin où les engrais demandés à la Hollande abordaient facilement par eau, virent s'accroître avec étonnement la prospérité agricole des sables défrichés.

Pourquoi donc les bruyères de la Campine ne subiraient-elles pas une semblable transformation? L'expérience de la mise en culture du pays de Waes serait-elle perdue pour nous?

Un auteur étranger, en parlant du pays de Waes, s'exprime de cette manière : « Ce sol ne consiste *qu'en un sable tout pareil » à celui des plus mauvaises bruyères de la Campine:* il est sec » et si mouvant qu'on a peine à y avancer, pendant les séche- » resses, partout où les routes ne sont point pavées. Mais ce » désagrément, dont on ne peut s'apercevoir que dans les che- » mins de traverse, fait un contraste d'autant plus frappant avec » les terres joignantes, que celles-ci n'offrent à la vue qu'un su- » perbe terreau noir et d'une épaisseur étonnante, fruit des » travaux et des engrais employés par le laboureur avide pen- » dant le cours de plusieurs siècles (1). »

Des preuves palpables ne permettent plus de douter qu'en joignant à l'usage d'un assolement judicieux une attention constante à augmenter et à mieux appliquer les engrais, on ne puisse obtenir un énorme produit de nos landes en friche et affranchir la Belgique de l'obligation de payer des millions aux étrangers pour l'achat des grains qui lui manquent.

Pour venir sûrement en aide à notre industrie manufacturière, il faut étendre le marché intérieur; c'est là le moyen le plus efficace, et ce moyen dépend entièrement de nous.

Les millions qui sortent du pays pour payer les grains qui nous manquent, profiteraient à l'industrie manufacturière, si le sol de la Belgique pouvait produire assez de céréales. Supposons la Campine fertilisée : le prix des produits agricoles que les cultivateurs en retireraient doit être regardé comme un revenu additionnel pour la nation entière, puisque ces cultivateurs feraient vivre des ouvriers, employés à la fabrication d'articles dont ils ont besoin, et qu'ils désirent posséder, aussitôt qu'ils ont les moyens de les acquérir. Il est certain que l'excédant des produits agricoles sur les frais de culture augmenterait la consommation des étoffes, etc. En effet, à l'exception de ce que les individus, occupés à la culture des landes défrichées, consommeraient pour vivre et pour payer les frais de culture, le reste serait, en ma-

(1) Paquet Syphorien, *Voyage pittoresque dans la Belgique*, t. II, p. 103.

jeure partie, échangé contre des produits d'utilité fournis par les manufactures. On peut dire que chaque défrichement qui augmente les fruits du sol dans une proportion plus forte que les avances, tourne à l'avantage des fabriques, parce que l'argent touché, à titre de revenu, par le propriétaire, est un des véhicules les plus énergiques de la prospérité manufacturière ; et dès lors l'accroissement du revenu public résulte de l'accroissement même de la production et du progrès de la richesse nationale.

Si la population et le nombre des consommateurs de produits manufacturés doivent immédiatement s'accroître de beaucoup, par le fait du défrichement des landes, la fertilité du sol, à son tour, augmentera par l'extension même de la population, car la fécondité du sol et le chiffre de la population se lient et réagissent l'une sur l'autre dans les terres médiocres. Nous sommes donc fondé à le dire, l'accroissement de population dans les landes, y amène la fertilité, qui donne, à son tour, les moyens d'entretenir une population de plus en plus nombreuse.

Pour soulager les Flandres, nous déverserions sur le sol fertilisé de la Campine les campagnards flamands, qui s'y trouveraient dans des conditions heureuses, comparativement aux moyens d'existence qu'ils se procurent dans leurs villages, par le travail et par le secours de la bienfaisance. Les administrations locales des Flandres s'ingénient en vain à créer du travail pour les populations campagnardes, qui sont aujourd'hui une charge pour les communes; tandis que ces mêmes campagnards auraient une existence assurée et même une aisance relative, par suite de leur transmigration dans les parties des landes campinoises que la troupe aurait fertilisées pour les y recevoir.

C'est parce qu'une telle population manquait à la colonie de bienfaisance de Wortel, qui dut souvent employer aux travaux de l'agriculture le rébut des villes, voire même des dépôts de mendicité, que cette tentative échoua.

La plupart de ces familles nécessiteuses que la société de bienfaisance installait à Wortel, n'entendaient rien à la culture des terres : aussi leur bétail, mal soigné, dépérissait à vue d'œil, ne donnait que de mauvais fumiers, en quantité insuffisante, et la culture dépérissait naturellement avec le bétail, tandis qu'on voyait prospérer celle des villages avoisinants.

Mais alors les populations flamandes vivaient prospères dans leurs villages; la fabrication des toiles, jointe à un peu de culture, assurait leur modeste existence. Maintenant la fabrication de la toile ne leur donne plus qu'un salaire minime, et les travaux agricoles ne peuvent, à beaucoup près, employer tous les bras désœuvrés, dont ils n'utilisent d'ailleurs un nombre considérable que pendant une faible partie de l'année.

On peut dire qu'en général la population agricole devient plus robuste par l'habitude des fatigues, et plus honnête par celle d'une vie occupée. Une bonne politique doit tendre à augmenter la population rurale, et l'on peut connaître sûrement la force réelle d'un pays par l'accroissement ou le déclin de la population de ses campagnes.

Il serait bien regrettable de laisser s'éteindre sur place ces vaillants campagnards des Flandres, si utiles, si précieux pour les terres à défricher dans la Campine, à cause de leur aptitude agricole et de la connaissance qu'ils possèdent de la culture d'un sol sablonneux.

Espérons que la sagesse du Gouvernement, reconnaissant la vérité de ce qui précède, inaugurera par un mode prompt et efficace le défrichement de la Campine, afin de sauver et de conserver cette masse d'hommes doués de tous les avantages que nous venons d'énoncer. Aujourd'hui la misère les décime, mais transplantés dans la Campine défrichée, ils deviendraient ce qu'ils ont été, pendant des siècles, le soutien le plus sûr de la nation belge.

Malgré le temps d'arrêt momentané qui se montre dans le chiffre de l'accroissement de notre population, le Gouvernement belge doit faire une étude approfondie des mesures successives qu'il importe de prendre, en vue d'augmenter les denrées alimentaires. Dans les campagnes des Flandres, le salaire est trop réduit pour payer une nourriture convenable et les grains que le commerce importe annuellement pour subvenir à l'insuffisance de la production sur notre sol.

Tout Belge qu'inspire l'amour de la patrie pense avec inquiétude, avec effroi même, à ce que devra produire le sol de la Belgique dans 20 ans, époque où la population se sera augmentée de près de moitié, si les lois de l'accroissement normal ne se modifient.

D'après le statisticien Moreau de Jonnès, l'accroissement annuel de la population en Belgique est de 1 sur 60 habitants. La période de doublement du nombre des habitants est 41 ans.

Cette augmentation de population s'opère surtout dans les classes qui vivent du produit de leur travail manuel; elle est moindre dans les classes aisées. La Belgique est malheureusement en tête de tous les autres États de l'Europe. Cette progression peut devenir funeste au pays, si l'on n'envisage bien à temps la question des subsistances.

L'auteur déjà cité, en recherchant dans les archives de la statistique de l'Europe les recensements et les mouvements de la population dans chaque État, a établi, par la moyenne de plusieurs années récentes, quel est le terme de l'accroissement individuel et a donné l'étendue de la période de doublement du nombre des habitants; il en énumère ainsi les résultats (1) :

	ACCROISSEMENT annuel.		PÉRIODE de doublement.
Belgique	1 sur 60	habitants.	41 ans.
Hollande	1 62	—	42
États-Sardes	1 62	—	42
Norwége	1 73	—	50
Irlande	1 72	—	50
Autriche	1 74	—	52
Pologne	1 74	—	52
Espagne	1 82	—	57

(1) *Éléments de statistique*, par Alex. Moreau de Jonnès. Paris, chez Guillaumin, 1847, in-12. p. 314.

	ACCROISSEMENT annuel.	PÉRIODE de doublement.
	—	—
Écosse	1 sur 82 habitans. . .	57 ans.
Suède	1 85 — . . .	59
Grande-Bretagne et Irlande.	1 90 — . . .	62
Italie	1 94 — . . .	66
Prusse	1 103 — . . .	70
Royaume de Naples . . .	1 108 — . . .	75
Angleterre	1 112 — . . .	78
Allemagne	1 116 — . . .	79
Danemarck	1 120 — . . .	83
Empire russe	1 137 — . . .	95
Suisse.	1 140 — . . .	97
Portugal	1 140 — . . .	97
France	1 170 — . . .	118

L'auteur, en produisant ces chiffres importants, dit qu'ils tracent l'horoscope des sociétés européennes, qu'ils réfléchissent l'image de l'avenir, dégagée des ténèbres par les lumières du présent. Il fait remarquer que, sur 21 peuples, il ne s'en trouve pas plus de 2 dont les termes de l'accroissement soient semblables.

« La Belgique, dit-il, qui est adjacente à la France, accroît » continuellement le nombre de ses habitants de 1 sur 60. C'est » une proportion dont la rapidité est triple de celle de la » France, et qui la menace de voir doubler sa population en » l'espace de 41 ans. En prenant des moyennes très-minimes, » on trouve qu'en 1880, elle doit avoir sept millions d'habitants » ou plus de 4,000 par lieue carrée moyenne; ce qui ne donne » pas un demi-hectare à chacun pour toute chose : culture, fo- » rêts, chemins, rivières et propriétés bâties. Encore n'est-ce là » qu'une supputation très-réservée, car un calcul plus large » promet à la Belgique six mille habitants par lieue carrée. » Or, il n'y a pas d'exemple qu'un peuple puisse subsister avec » une telle accumulation d'hommes. L'Attique avait jadis » 5,000 personnes par lieue carrée de son petit territoire; mais » Athènes était alimentée par son commerce, et dégagée, par

» ses colonies, du trop plein de la population. De nos jours, l'île » de Ré, dont la surface n'a pas 4 lieues carrées, a plus de » 17,000 habitants, ou 4,400 pour chacune. Mais la moitié de » cette population est composée de marins qui séjournent bien » plus souvent sur l'Océan que dans leurs foyers. *Il faut néces-* » *sairement à la Belgique des ressources quelconques, qui lui* » *permettent une transmigration annuelle d'environ 60,000 per-* » *sonnes, mesure dont l'urgence ne peut souffrir aucun retard.*

» La Hollande et les États-Sardes éprouvent un accroisse- » ment de leur population presque aussi grand, et qui leur » donnerait la triste expectative de la voir doubler en 42 ans, » *s'ils étaient bloqués, dans leur territoire, comme les provinces* » *Belges;* mais la Hollande est comme l'Attique; elle est nourrie » par son commerce maritime qui, avec ses colonies, absorbe » une partie de ses habitants. Quant à la Savoie et au Piémont, » leur population est bien moins agglomérée, et d'ailleurs ses » habitudes cosmopolites lui font trouver partout du travail et » une nouvelle patrie. »

Les réflexions que l'auteur, chef des travaux de la statistique générale de France, émet au sujet de l'Irlande, pourraient peut-être bien s'appliquer plus tard à notre pays. Nous croyons utile de les rapporter ici, en les recommandant à l'appréciation de ceux de nos concitoyens qui se préoccupent de l'avenir de notre belle patrie.

Après avoir dit que le moindre terme qu'on puisse assigner à l'accroissement des habitants de l'Irlande est un 72me, de sorte qu'en 1890, la population serait de 4,000 personnes par lieue carrée, M. Moreau de Jonnès s'exprime ainsi :

« Rien parmi toutes les calamités qui affligent les peuples ne » peut égaler le malheur d'un tel avenir. L'ouragan des Antilles, » qui renverse les villes, exerce sur les campagnes une ventila- » tion salutaire; il fait cesser l'infection des marais et arrête les » épidémies dans leur cours meurtrier. — Le fleuve, dont les » eaux débordées viennent de dévaster ses rivages, est à peine » rentré dans son lit, que déjà les blés verdoient dans les champs

» qui, la veille, étaient couverts de 20 pieds d'eau. — Un peuple, » dont la patrie est envahie par des ennemis formidables, peut » trouver son salut dans le courage et le dévouement des ci- » toyens. — Enfin, les révolutions elles-mêmes qui, pour rajeu- » nir les nations, les baignent dans leur propre sang, sont des » remèdes héroïques dont le succès parvient, avec le temps, à » faire oublier ou pardonner la violence. Il n'est point, comme » on le voit, de fléau quelque terrible qu'il puisse être, qui ne » soit accompagné d'une espérance, et même suivi d'une con- » solation.

» Il ne faut rien attendre de semblable dans un malheur dont » le pays est accablé, quand la population excède les limites de la » production possible de son territoire. Alors le temps lui-même, » qui guérit tous les autres maux de la société, ajoute chaque » année à la détresse publique, en multipliant le nombre des » habitants, et en agrandissant le cercle de leurs besoins. Les » subsistances devenant plus rares, leur prix s'élève, et les classes » pauvres, qui ne peuvent plus les acheter, sont réduites à vivre » d'aliments malsains qui affaiblissent leur constitution et joi- » gnent la maladie à la misère. Les salaires qui, dans la disette, » devraient s'augmenter, diminuent au contraire considéra- » blement, par la concurrence que se font, par la nécessité de » vivre, les travailleurs rendus plus nombreux. Bientôt le frein » des lois est impuissant pour détourner l'indigence de la voie » du crime. La faim ne s'arrête plus devant le droit de pro- » priété; elle ne recule point devant l'homicide; elle brave l'au- » torité publique et ses châtiments; et l'intelligence populaire, » qui devait servir à la prospérité sociale, n'est employée qu'à » organiser le pillage, le meurtre et l'incendie.

» Ce tableau est tracé avec des couleurs historiques..... Les » malheurs de l'Irlande sont aggravés et éternisés par l'accrois- » sement sans bornes de sa population.

» Assurément aucun des autres pays de l'Europe n'est dans » cet état de délabrement; cependant *le chiffre de l'accroissement » de la population de plusieurs d'entre eux montre évidemment*

» *qu'ils sont en proie à la même cause de ruine.* Il ne faut pas se » faire illusion sur cette plaie de la société européenne : elle est » incurable. »

M. Moreau de Jonnès dit encore, au sujet de l'accroissement prodigieux des classes indigentes, qu'elles semblent d'autant plus prolifiques qu'elles sont plus misérables. Plus la misère est grande, plus l'excédant de population s'accroît et plus la société est surchargée d'êtres humains qui sont pour elle un fardeau, et qui, tôt ou tard deviendront un danger. On s'étonne de voir sortir d'une pareille source une surabondance d'hommes trois à quatre fois plus grande que la reproduction ordinaire des peuples qui vivent dans l'aisance domestique, au milieu de tous les biens de la civilisation. M. Moreau de Jonnès certifie, d'après les témoignages irrécusables fournis par la statistique de l'Angleterre et de l'Irlande, ce phénomène social : que la misère publique décime à la fois les populations, et double le nombre des individus qui les composent. Il signale ce fait, *qu'en 1790, les ouvriers des campagnes étaient à ceux des villes comme deux sont à un, tandis qu'en 1841, c'était déjà l'inverse.* Il ne considère pas la transmigration dans un autre hémisphère comme un moyen propre à détourner les sources intarissables de calamités qui proviennent d'un accroissement désordonné de la population; et il cite comme exemple de l'impossibilité de transporter dans les contrées lointaines d'outre-mer les populations dont l'Europe est surchargée, ce fait, que chacun des 80,000 criminels que l'Angleterre a envoyés à Botany-Bay lui a coûté bien plus qu'il n'en faudrait pour soutenir une nombreuse et honnête famille.

Les émigrations ne sont pas dans nos mœurs. Quand même nous ne trouverions pas d'obstacles dans les esprits, les émigrations ne sauraient nous délivrer de la surcharge de population, dont elles n'empêcheraient point l'accroissement constant. Une faible partie de cet accroissement pourrait seule s'écouler au dehors; elle se composerait d'individus vigoureux et actifs, tandis que la partie improductive et infirme, représentant ceux qui ne peuvent que difficilement pourvoir à leur subsistance, resterait dans le pays; et, après avoir été soutenue par le travail des émigrants, elle tomberait entièrement à la charge de ses concitoyens, alors que les secours de la bienfaisance seraient diminués du produit du travail des gens d'élite, des travailleurs expatriés.

Nous ne pouvons compter sur les résultats de l'émigration, puisque l'Angleterre, qui a bien plus de ressources que nous, par ses colonies, n'y trouve pas un remède efficace contre le paupérisme.

Mais les populations ouvrières que les grandes manufactures agglomèrent généralement dans nos villes, trouveraient dans un déplacement à la campagne un soulagement bien réel, au point de vue de la salubrité et du bien-être matériel.

A la campagne, l'ouvrier se procure des aliments de meilleure qualité, le pain surtout, et à moindre prix qu'en ville. La chaumière qu'il habite offre le plus souvent un coin de terre qui se prête à la culture de quelques légumes. Cette culture, que sa femme et lui ne perdent jamais de vue, et pour laquelle ils trouvent si souvent un peu de temps disponible, a le grand avantage de tirer parti des plus petits espaces et de tous les moments, parce qu'elle se fait au logis.

Une telle production, quelque faible qu'elle paraisse, donne à l'ouvrier qui s'y livre plus de bien-être et plus de sûreté de ne pas tomber, du jour au lendemain, dans une misère complète. Elle le fixe au sol et le fait participer d'une façon moins indirecte à cet attachement au pays, à ses lois, au Gouvernement, qu'engendre la propriété. Elle exerce, par le travail en plein air, une heureuse influence sur sa santé.

En ville, cette importante ressource lui échappe; ses enfants y végètent, entassés dans des chambres privées d'air pur et situées le plus souvent dans des rues étroites et des quartiers malsains.

C'est donc à l'agriculture que nous devons recourir; c'est vers notre sol que nous devons nous retourner, décidés à entamer, avec énergie et persévérance, la culture de toute terre en friche, susceptible de donner à la longue un bon rapport. Adoptons un système de défrichement qui n'exige pas de trop fortes avances de fonds. Il est indispensable à la nation Belge, dont la population va croissant, par une progression aussi rapide, de chercher, à étendre constamment son territoire productif et à le rendre de jour en jour plus fertile.

Nous croyons pouvoir nous résumer en établissant que :

L'expérience de ce qui s'est fait dans le pays de Waes, de ce qui se fait journellement dans la Campine, prouve qu'on peut fertiliser les sables, par un travail plus ou moins pénible, nécessitant plus ou moins de frais, d'après la qualité et le site du sol.

Le manque de population, signalé dans le rapport de la commission d'agriculture de la province d'Anvers, sur les causes qui retardent le défrichement, est l'obstacle réel.

La difficulté d'installer et d'entretenir une population suffisante, pour opérer avec efficacité, sur une étendue assez considérable de landes en friche, est pour les particuliers une difficulté presque insurmontable.

Cette installation, au contraire, deviendrait bien simple et bien facile, si les landes étaient préalablement défrichées et amenées au point de fertilité nécessaire pour produire et les denrées alimentaires indispensables à la population qu'on y verserait, et les fourrages pour les animaux qui fourniraient les engrais.

Le Gouvernement, au moyen de quelques centaines d'hommes et d'attelages, dont les frais d'entretien sont assurés déjà par le budget de la guerre, peut faire exécuter bien facilement ce travail préalable, et se hâter de mettre le terrain en vente, dès qu'il aurait été transformé, comme nous l'avons dit, sillonné de routes, amendé par l'argile, et mis en état de production par la troupe.

La voie que nous proposons était autrefois suivie par les abbayes. Cette voie les a presque toujours conduites au succès. C'est ainsi que l'abbaye de Tongerloo est parvenue à créer 70 villages dans la Campine.

Nous insistons sur son opportunité, parce que l'extension de l'agriculture est le seul palliatif, le seul obstacle aux maux qui menacent la Belgique, par l'accroissement excessif de sa population; car le fléau du paupérisme, qui en découle, est, paraît-il, sans remède.

En face de ce fléau, le pays doit veiller, le Gouvernement doit agir et l'artillerie se dévouer : cette arme, n'en doutons pas, saura servir utilement la patrie par son travail, comme elle sut la servir glorieusement, au prix de son sang, dans la campagne de 1831.

Cette considération et les réflexions qu'elles nous suggèrent, nous rappellent notre devise; nous la répéterons en terminant :

La terre, bien ou mal employée et les travaux des sujets, bien ou mal dirigés, décident de la richesse ou de l'indigence des États.

Observations météorologiques faites dans la bruyère de Braeschaet, du 4 juillet au 4 octobre 1844.

JUILLET.	A 9 H. MAT.		A MIDI.		A 5 H. SOIR.		ÉTAT DU CIEL.	VENTS.
	BAROM. à 0°.	THERM. cent.	BAROM. à 0°.	THERM. cent.	BAROM. à 0°.	THERM. cent.		
	p. l.		p. l.		p. l.			
4	27 9	18°,0	27 9	18°,0	27 8	19°,0	Pluie.	SE., modéré.
5	27 8	16,0	27 9	17,0	27 9	19,0	Couvert.	SO., modéré.
6	27 4	15,0	28 0	16,1	28 1	16,1	Nuageux.	ENE., fort.
7	28 1	14,3	28 2	16,4	28 2	16,1	Couvert.	E., modéré.
8	28 0	13,4	23 1	17,0	28 1	19,0	Couvert.	O.-E., modéré.
9	28 2	15,3	28 2	17,4	28 2	19,0	Couvert.	O., modéré.
10	28 2	16,0	28 3	18,3	28 3	20,0	Beau.	ENE., modéré.
11	28 0	15,0	28 0	16,4	28 1	19,2	Couvert, pluie.	SSO., modéré.
12	28 0	15,2	28 0	16,3	28 0	18,0	Nuageux, pluie.	OSO., fort.
13	28 0	15,4	28 0	16,1	27 8	18,1	Nuageux, pluie.	SO.
14	27 7	16,1	27 7	18,3	27 7	19,4	Nuageux, pluie.	O., fort.
15	28 1	16,2	28 1	19,1	28 1	20,0	Nuageux, pluie.	O., modéré.
16	28 2	15,0	28 2	16,4	28 2	18,0	Couvert.	NO.
17	23 3	14,2	28 3	16,1	28 3	19,0	Couvert.	O.
18	28 0	14,1	28 0	15,2	28 0	17,0	Couvert.	ENE.
19	27 8	14,0	27 8	14,2	27 8	16,0	Orageux, tonnerre.	ENE., fort.
20	28 2	14,2	28 2	14,3	28 4	17,1	Nuageux, pluie.	SSO., très-fort.
21	28 4	15,0	28 4	18,0	28 5	21,0	Beau.	E.-O.
22	28 5	18,0	25 5	22,0	28 5	25,0	Beau.	O.-NE.
23	28 4	20,2	28 4	24,2	28 4	25,0	Beau.	NNE.
24	28 2	19,4	28 2	23,3	28 2	26,2	Beau.	NNE.
25	28 2	20,0	28 2	24,0	28 2	26,0	Beau.	NNE.-N.
26	28 0	19,0	28 0	19,0	28 0	17,2	Orageux, pluie contin.	SSO.
27	28 3	15,4	28 3	16,3	28 3	17,0	Couvert, pluie.	ONO-E.
28	28 4	18,0	28 4	20,4	28 4	23,0	Beau.	NNO.-S.
29	28 2	17,0	28 2	17,0	28 2	17,0	Couvert, pluie.	SSO., fort.
30	28 1	16,4	28 1	18,0	27 8	20,0	Couvert, pluie.	O., modéré.
31	27 7	16,0	27 7	16,3	28 8	17,4	Pluie continuelle.	O., fort.

AOÛT.	A 9 H. MAT.		A MIDI.		A 3 H. SOIR.		ÉTAT DU CIEL.	VENTS.
	BAROM. à 0°.	THERM. cent.	BAROM. à 0°.	THERM. cent.	BAROM. à 0°.	THERM. cent.		
	p. l.		p. l.		p. l.			
1	27 9	14,°2	27 9	17,°0	27 9	16,°0	Nuageux, pluie.	OSO., fort.
2	28 0	14,4	28 2	16,4	28 2	19,0	Nuageux, pluie.	OSO., très-fort.
3	28 0	13,4	27 8	17,0	27 8	19,0	Nuageux, pluie (orage).	SO.
4	27 9	14,2	28 0	16,2	28 2	18,0	Nuageux, pluie.	OSO., fort.
5	28 3	15,0	28 3	18,0	28 3	20,0	Couvert.	O., modéré.
6	28 1	19,3	28 1	23,0	28 0	21,2	E. tonn. (orag.), pluie.	SO.
7	28 1	16,0	28 1	18,2	28 1	20,0	Couvert.	OSO.
8	28 1	16,2	28 0	17,4	28 0	16,4	Couvert, pluie.	SO.
9	28 1	15,2	28 1	16,4	28 1	19,0	Couvert.	ONO.
10	28 1	14,4	28 0	16,0	28 0	17,0	Couvert.	O.-E.
11	28 1	14,0	28 2	16,0	28 2	19,3	Couvert, pluie.	ENE.
12	28 0	15,2	28 0	17,3	27 9	18,4	Couvert, pluie.	SO., assez fort.
13	27 9	15,2	28 0	17,1	28 0	16,2	Couvert, pluie.	O.
14	27 8	16,3	27 8	17,4	27 6	15,4	Nuageux, pluie.	OSS.
15	27 6	15,0	27 7	15,4	27 7	14,0	Pluie continuelle.	OSO., fort.
16	28 1	16,0	28 2	17,0	28 3	18,4	Couvert.	O.-E.
17	28 2	15,0	28 2	17,0	28 2	18,4	Couvert, pluie.	SSO.
18	28 3	14,4	28 3	16,0	28 4	14,3	Couvert, pluie faible.	OSO., fort.
19	28 3	13,4	28 3	14,4	28 4	15,4	Couvert.	O., très-fort.
20	28 2	15,0	28 1	18,0	28 1	19,3	Brouill., pluie en ondées, tonn.	OSO.
21	28 0	14,2	28 1	15,0	28 1	16,0	Couvert.	O.
22	28 1	14,1	28 1	15,4	28 1	16,3	Couvert.	OSO.
23	28 2	14,4	28 2	17,0	28 2	19,4	Nuageux, pluie.	O.
24	28 1	15,3	28 0	16,2	27 9	17,0	Nuag., pluie en ondées.	NO.
25	28 0	15,0	28 2	15,0	28 3	16,0	Pluie.	O.
26	28 2	13,1	28 3	15,2	28 3	15,4	Nuageux.	O.
27	28 3½	13,2	28 3½	14,4	28 3½	15,1	Couvert.	O.
28	28 4	12,2	28 4	15,0	28 4	17,0	Beau.	NNO.
29	28 4	12,0	28 4	15,0	28 4	16,4	Beau.	NNO.
30	28 4	13,0	28 4	14,0	38 4	16,2	Brouillard couvert.	N.
31	28 6	13,3	28 6	17,4	28 6	21,0	Beau.	N.

SEPTEMBRE.	A 9 H. MAT.		A MIDI.		A 3 H. SOIR.		ÉTAT DU CIEL.	VENTS.
	BAROM. à 0°.	THERM. cent.	BAROM. à 0°.	THERM. cent.	BAROM. à 0°.	THERM. cent.		
	p. l.		p. l.		p. l.			
1	28 6	15°,0	28 6	19°,0	28 6	23°,0	Beau.	NNO.
2	28 6	16,0	28 6	19,1	28 6	22,0	Beau.	NO.
3	28 4	13,4	28 4	16,0	28 4	18,0	Couvert.	N.
4	28 3	17,0	28 3	22,0	28 3	24,0	Beau	N.
5	28 3	17,2	28 3	22,3	28 3	25,0	Beau.	NO.
6	28 4	17,4	28 4	23,2	28 4	25,2	Beau (quelques éclairs).	SO.
7	28 4	19,0	28 4	20,4	28 3	25,4	Nuag. (quelq. éclairs).	SSO.
8	28 2	18,4	28 2	23,3	28 1	24,0	Très-orageux, pluie.	SO.-N.
9	28 0	18,3	28 0	20,0	28 0	20,2	Nuageux.	O.
10	28 1	17,0	28 1	17,3	28 1	18,0	Pluie, nuageux.	OSO.
11	28 3	14,3	28 3	16,2	28 3	17,4	Nuageux.	NNO.
12	28 3	13,0	28 3½	15,1	28 4	16,2	Couvert.	O.
13	28 4	14,4	28 4	16,3	28 4	17,0	Couvert.	ONO.
14	28 4	14,1	28 4	16,4	28 4	18,4	Couvert.	SO.
15	28 4	14,0	28 3	17,0	28 3	19,0	Couvert.	OSO.
16	28 2	18,0	28 2	19,0	28 2	20,2	Couvert, pluie.	O.
17	28 1	17,1	28 1	19,0	28 0	19,4	Orageux, pluie.	OSO.
18	28 1	14,2	28 2	14,4	28 2	15,2	Couvert, pluie.	NNO.
19	28 3	12,0	28 3	14,0	28 3	15,0	Nuageux.	N.
20	28 3½	13,0	28 3½	15,0	28 4	16,4	Beau.	N.
21	28 4	12,1	28 4	14,0	28 4	14,4	Couvert.	N.
22	28 4	7,3	28 4	11,4	28 4	13,1	Beau.	NNE.
23	28 0	7,0	28 0	8,4	28 0	10,3	Pluie.	N.
24	28 1	9,2	28 2	10,3	28 3	12,0	Couvert.	NO.
25	28 5	7,3	28 5	12,0	28 5	14,4	Beau.	NO.
26	28 6	9,0	28 6	13,4	28 6	15,3	Beau.	N.
27	28 6	9,3	28 6	15,0	28 5	17,4	Beau.	NE.
28	28 5	10,0	28 4	15,0	28 3	18,0	Beau.	NE.
29	28 2	11,0	28 2	12,0	28 3	12,1	Pluie.	NO.
30	28 6	9,2	28 6	10,4	28 6	12,0	Nuageux.	NO.

OCTOBRE.	A 9 H. MAT.		A MIDI.		5 H. SOIR.		ÉTAT DU CIEL.	VENTS.
	BAROM. à 0°.	THERM. cent.	BAROM. à 0°.	THERM. cent.	BAROM. à 0°.	THERM. cent.		
	p. l.		p. l.		p. l.			
1	28 6	7°,0	28 5	10,4	28 4	13,0	Beau.	SO.
2	28 0	10,0	27 7	12,4	27 7	14,4	Couvert, pluie.	O.
3	28 0	13,0	28 0	14,2	28 0	15,2	Couvert, pluie.	O.

TABLE DES MATIÈRES.

Pages.

I. Aperçu historique 6
II. Considérations générales sur le défrichement des landes de la Campine 89
III. Climat. 105
IV. Sol. 111
V. Amendement. 120
VI. Engrais 158
VII. Écoulement des eaux et irrigations 172
VIII. Clôtures, plantations pour abris 178
IX. Plantations 188
X. Défrichement. 201
XI. Assolement 214
XII. Prairies 238
XIII. Grandes et petites fermes 245
XIV. Fertilisation des dunes. 262
XV. Emploi de l'armée 297
XVI. Routes et voies de communication 308
XVII. Conclusions. — Paupérisme. — Résumé 312

FIN.

SOUS PRESSE :

Exposé général de l'agriculture luxembourgeoise, ou dissertation raisonnée sur les meilleurs moyens de fertiliser les landes des Ardennes, sous le triple point de vue de la création de forêts, d'enclos, de rideaux d'arbres, de prairies et de terres arables, ainsi que sous le rapport de l'irrigation, par Henri Le Docte, 1 vol. in-8°.

Mémoire sur la chimie, la physiologie végétale et l'agriculture, par le même, 1 vol. in-8°.

www.ingramcontent.com/pod-product-compliance
Ingram Content Group UK Ltd.
Pitfield, Milton Keynes, MK11 3LW, UK
UKHW020306230726
13925UKWH00001B/251

9 782013 615853